微生物酵素与美容保健

◎任　清　付国亮　编著

中国农业科学技术出版社

图书在版编目（CIP）数据

微生物酵素与美容保健 / 任清，付国亮编著. —北京：中国农业科学技术出版社，2009
ISBN 978 - 7 - 5116 - 0045 - 5

Ⅰ. 微…　Ⅱ. ①任…②付…　Ⅲ. 微生物 - 发酵 - 应用 - 美容 ②微生物 - 发酵 - 应用 - 保健　Ⅳ. TQ460.38 R161

中国版本图书馆 CIP 数据核字（2009）第 171013 号

责任编辑　张孝安
责任校对　贾晓红

出 版 者　中国农业科学技术出版社
北京市中关村南大街 12 号　邮编：100081
电　　话　(010)82109708(编辑室)(010)82109704(发行部)
(010)82109703(读者服务部)
传　　真　(010)82109700
网　　址　http://www.castp.cn
经 销 者　新华书店北京发行所
印 刷 者　北京富泰印刷有限责任公司
开　　本　710 mm×980 mm　1/16
印　　张　18
字　　数　250 千字
版　　次　2009 年 6 月第 1 版　2015年6月第3次印刷
定　　价　35.00 元

前　言

近年来，随着对益生菌生理性状、营养特性和抗菌功能研究的深入，益生菌开始广泛应用于食品工业、医药工业和保健品行业。微生物酵素是以新鲜蔬菜、水果为原料，经益生菌发酵而形成的微生物制剂，由于其独特的生物活性和良好医疗保健功能迅速成为医药工业和保健品行业的新宠。作为新型的生物学功能试剂，微生物酵素生产工艺独特，成分复杂，针对不同的疾病，具有多重的保健功效。因此，对于从事微生物酵素生产和开发的科技工作者和广大消费者，迫切需要学习和了解微生物酵素的生物学特性和保健功效。

随着经济的发展，生活水平的提高，人们对美容产品消费档次的提升，天然、绿色、安全和无副作用的功能性化妆品越来越受到消费者的青睐，微生物酵素是传统工艺和现代生物科技相集合的产物，作为新型的生物学功能试剂，正好符合现代化妆品对功效成分的需求。目前，市场上已经出现了酵素化妆品，酵素洗面、酵素浴也开始在一些美容店流行起来。但是，由于对微生物酵素的来源、微生物酵素的美容机理和微生物酵素的美容功效缺乏了解，未能科学地使用，没有达到预期的目标。笔者曾经多次收到一些消费者和相关工作人员 的咨询。

基于上述两种情况，北京工商大学和北京中加保罗生物科技有限公司的科技工作者在从事微生物酵素科研和生产实践的基础上编写此书，既有理论介绍，又有生产实践经验的总结，同时结合科研成果总结了微生物酵素的实用保健美容技术。本书共分为四章，第一章介绍了益生菌的基础知识、发展历史、研究现状以及与人类的关系；第二章介绍了酵素的概念、酵素的组成特性以及酵素与生命活动的关系；第三章主要介绍了微生物酵素的保健功效和实用保健技术；第四章结合科研成果介绍了微生物酵素的美容功效和实用美容技术。适用于微生物酵素产品研制、开发和生产等行业的专业技术人员以及消费者参考使用。

本书由任清和付国亮编著，王三元、刘永国、王友升和王昌涛共同参加了编写工作。第一章由付国亮和王三元编写，第二章由任清和王昌涛编写，第三章由付国亮编写，第四章由任清、刘永国和王友升编写。此外，于晓艳和张晓平参与了文献查阅和前期资料的整理工作。

本书在编写过程中得到了北京中加保罗生物科技有限公司、北京工商大学化学与环境工程学院和北京市植物资源研究开发重点实验室的大力支持，在此表示衷心的感谢。

由于编者水平有限，加之时间仓促，书中难免有疏漏和不妥之处，恳请读者批评指正。

编　者

2009 年 6 月

目 录

第一章　人体健康的守护神——益生菌

第一节　益生菌概述

一、益生菌基础知识

益生菌（probiotics）一词来源于希腊文，意思是“对生命有益的细菌”。简而言之，就是通过摄取适量的、对食用者身体健康能发挥有效作用的活菌。常常被称为“有益细菌”（Friendly Bacteria）。益生菌较为专业的说法是指食入后通过改善宿主肠道菌群生态平衡而发挥有益作用，达到提高宿主（人和动物）健康水平和健康状态的活菌制剂及其代谢产物。益生菌须是“非致病的、活的微生物细菌。由单一菌种或混合菌种的培养物制成的食品，当将其用于人或动物，在达到足够剂量时，可通过改善肠道微生物的平衡及其性能，从而对宿主产生有益作用，并且抑制有害菌在肠内的繁殖，促进肠道运动，从而提高肠道机能，改善排便状况”。

由益生菌生产的产品叫益生菌制品，其中包括活菌体、死菌体、菌体成分和代谢产物。这种制品能改善机体微生物和酶的平衡并刺激特异性或非特异性免疫机制，达到防治某些疾病、促进新陈代谢和生长发育、增强体质、提高产量、延缓衰老和延长寿命的目的。益生菌制品的概念尽管听起来有些陌生，但实际上，人们熟悉的酸奶、酸乳酪等食品都属于益生菌制品一类。

栖息在人体的数以亿计的细菌，其种类多达400余种，重达两千克。这些细菌，绝大多数都与人共生存，形成了一个微小的生态系统，对于维持人体正常生长发育十分重要。肠道、口腔、皮肤、阴道是人体四大菌库。肠道中的细菌形成了肠内微生态菌群，其中除了对身体有益的乳酸菌和双歧杆菌外，还混杂了对身体有害的细菌。对人体有害的称为有害菌；对人体有益的称为有益菌。也有介于二者之间的条件致病菌，即在一定条件下会导致人体生病的细菌。所有这些细菌形成了肠道的微生态平衡。益生菌有多种特性与功能（表 1－1）。

表 1－1　益生菌的特性与功能

益生菌的特性	功能
来自于人体（用于人类时）	与种有关的健康效应和保持活性，可用于功能性食品和疗效药品
对酸和胆汁的稳定性	在肠道中存活，保持黏附和定植性能
黏附在人肠道细胞和肠黏膜糖蛋白（黏蛋白）	调节免疫力，竞争性排斥病原体
在人肠道中竞争和排斥性和定植	在肠道中增殖，竞争性排斥病原体，刺激有益菌群，通过接触与肠有关淋巴组织调节免疫力
产生抗微生物物质	抑制病原菌，使肠道菌群正常化
抗龋齿和抗病原菌	排斥病原菌，防止病原体黏附，使口腔菌群正常化
在食品和疗效食品中的安全性	正确的细菌学鉴定（属、种、株），描述和证明安全
临床认可和证明健康效应	在不同产品和人群中的最小有效剂量效果资料

在多基质的肠道环境中，与常驻菌和已形成的微生物有效地竞争来获得营养的能力，是在选择和补充益生菌时还未充分研究的一个属性。益生菌的生存力在有益生元碳水化合物的存在下可大大地增强。

以前抗生素能杀灭多种细菌并有效治疗许多疾病，因此得到了大家的青睐。但由于抗药性带来的副作用逐渐使人们变得忧心忡忡。而到了 21 世纪，如何预防疾病成了主流的观念。这时，益生菌产品受到了普遍的接受和喜爱，人们可以不用顾及副作用，随时可以从食品中吸取，具有“已病治病，未病防病，无病保健”的特点。现在，市场化的益生菌产品被人们广泛熟知的概念之一就是代替抗生素、同时摒弃抗生素副作用的优异产品。

人的身体是一个细菌的乐园（图 1－1）。人们常说：“做好事并不难，难的是一辈子都做好事。”。然而幸运的是，通过近百年的研究，科学家们惊喜的在另一个世界——肠生态中发现了一种一辈子都

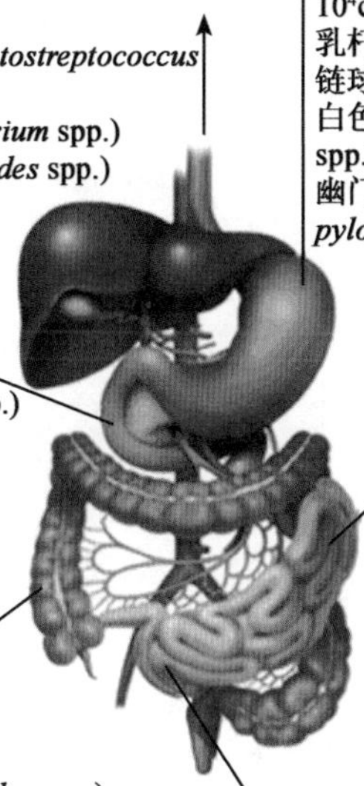

口腔 Mouth
消化链球菌属 (*Peptostreptococcus* spp.)
梭菌属 (*Fusobacterium* spp.)
拟杆菌属 (*Bacteroides* spp.)

胃 Stomach
10^4cfu/ml
乳杆菌属 (*Lactobacillus* spp.)
链球菌属 (*Streptococcus* spp.)
白色念珠菌属 (*Candida albicans* spp.)
幽门螺杆菌属 (*Helicobacter pylori* spp.)

十二指肠 Duodenum
10^3~10^4cfu/ml
拟杆菌属 (*Bacteroides* spp.)
乳杆菌属 (*Lactobacillus* spp.)
白色念珠菌属 (*Candida albicans* spp.)
链球菌属 (*Streptococcus* spp.)

空肠 Jejunum
10^6~10^7cfu/ml
拟杆菌属 (*Bacteroides* spp.)
乳杆菌属 (*Lactobacillus* spp.)
链球菌属 (*Streptococcus* spp.)
白色念珠菌属 (*Candida albicans* spp.)

结肠 Colon
10^{10}~10^{11}cfu/ml
拟杆菌属 (*Bacteroides* spp.)
杆菌属 (*Bacillus* spp.)
双歧杆菌属 (*Bifidobacterium* spp.)
梭菌属 (*Clostridium* spp.)
肠球菌属 (*Enterococcus* spp.)
真杆菌属 (*Eubacterium* spp.)
梭菌属 (*Fusobacterium* spp.)
消化链球菌属 (*Peptostreptococcus* spp.)
瘤胃球菌属 (*Ruminococcus* spp.)
链球菌属 (*Streptococcus* spp.)

回肠 Ileum
10^7~10^8cfu/ml
拟杆菌属 (*Bacteroides* spp.)
梭菌属 (*Clostridium* spp.)
肠球菌属 (*Enterococcus* spp.)
乳杆菌属 (*Lactobacillus* spp.)
肠杆菌科 (Enterobacteriaceae)
韦荣球菌属 (*Veillonella* spp.)
双歧杆菌属 (*Bifidobacterium* spp.)

图 1－1　人体内部器官与益生菌

只做好事的人体第一好菌“双歧杆菌”。乳酸菌和双歧杆菌就是有益菌家族的优等生。通过产生 H_2O_2、抑菌素、有机酸、二乙酰、乙醛等物质和其他因子，可有效抑制肠道腐败菌生长繁殖、减少毒素、促进排便、改善肠功能并发挥抗肿瘤，免疫调节等保健功能。不同菌株其保健功能不同，相互配合得恰当可发挥良好的生理功能。益生菌的功效研究目前已涉及改善高血压、高血脂、高血糖的症状并降低癌症发生率、提高免疫力和控制体重方面。

表 1－2　可用于保健食品的益生菌菌种名单

菌种名称	拉丁名称
两歧双歧杆菌	*Bifidobacterium bifidum*
婴儿双歧杆菌	*Bifidobacterium infantis*
长双歧杆菌	*Bifidobacterium longum*
短双歧杆菌	*Bifidobacterium breve*
青春双歧杆菌	*Bifidobacterium adolescentis*
德氏乳杆菌保加利亚种	*Lactobacillus delbrueckii* subsp. *bulgaricus*
嗜酸乳杆菌	*Lactobacillus acidophilus*
干酪乳杆菌干酪亚种	*Lactobacillus casei* subsp. *Casei*
嗜热链球菌	*Streptococcus thermophilus*
罗伊氏乳杆菌	*Lactobacillus reuteri*

目前应用于人体的益生菌有常见的菌株包括：①乳酸菌（乳酸杆菌、双歧杆菌、粪肠球菌、粪链球菌、枯草杆菌）；②芽胞杆菌（蜡状芽胞杆菌、地衣芽胞杆菌）；③非常驻菌（丁酸梭菌、酪酸梭菌）。益生菌制剂有两种剂型，分为固态（胶囊、颗粒、片剂）和液态（口服液、发酵乳）。根据所含菌种数可分为多联活菌制剂和单菌制剂。以保健食品为例，中国国家药监局在 2005 年 5 月 20 日发布的《可用于保健食品的益生菌菌种名单》（国食药监注［2005］202 号），人体内部的主要益生菌分为 4 大类（表 1－3）。

某些市场销售的药品品牌，例如，“整肠生”、“妈咪爱”主要有枯草杆菌、肠球菌二联活菌。

常见益生菌主要指两大类乳酸菌群：一类为双歧杆菌，常见的有婴儿双歧杆菌、长双歧杆菌、短双歧杆菌和青春双歧杆菌等；另一类为乳杆菌，如嗜酸乳杆菌、干酪乳杆菌、鼠李糖乳杆菌、植物乳杆菌和罗伊氏乳杆菌等。从安全性角度考虑，目前工业用益生菌主要来源于健康人体、动物和传统食物（发酵乳制品和泡菜等发酵食品）。

益生菌的产品主要包括两类，单菌制品和多菌制品。益生菌的单菌制品包括孢子乳酸杆菌、乳酸杆菌、双歧杆菌、肠球菌、酪酸菌（丁酸梭状芽孢杆菌）、丙酸菌和大肠杆菌等。多菌制品为上述两种以上菌的组合。

表 1-3　人体内部主要益生菌分类

Lactobacilli 乳杆菌属	*Bifidobacteria* 双歧杆菌属	Others 其他细菌属	Fungi 真菌
Lacidophius 嗜酸乳杆菌	*B. bifidum* 两歧双歧杆菌	*Streptococcus themoptilus* 嗜热链球菌	*Saccharomyces cerevisice* 酿酒酵母
L. casei subsp casei 干酪乳杆菌干酪亚种	*B. infantis* 婴儿双歧杆菌	*Enterococcus faecatis* 粪肠球菌	*Saccharomyces boutardi* 布拉酵母菌
L. deibrueckii subsp buigncus 德氏乳杆菌 保加利亚亚种	*B. Longum* 长双歧杆菌	*Enterococcus faecum* 屎肠球菌	
L. deibrueckii subsp lactis 德氏乳杆菌乳酸亚种	*B. thermophiium* 嗜热双歧杆菌	*Lactococcus lactis* 乳酸乳球菌	
L. reuteri 罗伊氏乳杆菌	*B. adolescent* 青春双歧杆菌	*Propionibacteriun treudenieichii* 费氏丙酸菌	
L. brevis 短乳杆菌	*B. lactis* 乳酸以歧杆菌	*Bacllus clausll* 克劳氏芽孢杆菌	
L. paracasei 副干酪乳杆菌	*B. animals* 动物双歧杆菌	*Bacillus coagulans* 凝结芽孢杆菌	
L. curvatus 弯曲乳杆菌	*B. breve* 短双歧杆菌	*Pediococcus pentosaceus* 戊糖片球菌	
L. termentum 发酵乳杆菌		*Pediococcus acidilacticll* 乳酸片球菌	
L. plantaium 植物乳杆菌			
L. casell subsp rhamnosus 干酪乳杆菌鼠李糖亚种			
L. salivaricus 唾液乳杆菌			
L. gasseri 格氏乳杆菌			
L. johnsonii 约氏乳杆菌			
L. heivencus 瑞士乳杆菌			
L. sake 清酒乳杆菌			
L. kefyt 开菲尔乳杆菌			

二、益生菌研究的发展历程

1857年，法国微生物学家巴斯德研究了牛奶的变酸过程。他把鲜牛奶和酸牛奶分别放在显微镜下观察，发现它们都含有同样的一些极小的生物——乳酸菌，而酸牛奶中的乳酸菌的数量远比鲜牛奶中的多。这一发现说明，牛奶变酸与这些乳酸菌的活动密切相关。

1878年，李斯特（Lister）首次从酸败的牛奶中分离出乳酸乳球菌。

1892年，德国妇产科医生Doderlein在研究阴道时提出产乳酸的微生物对宿主——人体有益。

1899年，法国巴黎儿童医院的蒂赛（Henry Tissier），率先从健康母乳喂养的婴儿粪便中分离了第一株菌种双歧杆菌（当时称为分叉杆菌），他发现双岐杆菌与婴儿患腹泻的频率和营养都有关系。

1900~1901年，Moro，Beijerinck和Cahn各自研究了肠道中的乳酸菌。丹麦人奥拉—严森（OrIa-JerlSerl）首次对乳酸菌进行了分类。

1905年，保加利亚科学家斯塔门·戈里戈罗夫第一次发现并从酸奶中分离了“保加利亚乳酸杆菌”，同时向世界宣传保加利亚酸奶。

1908年，俄国科学家诺贝尔奖获得者伊力亚·梅契尼科夫（Elie Metchnikoff）正式提出了“酸奶长寿”理论。通过对保加利亚人的饮食习惯进行研究，他发现长寿人群有着经常饮用含有益生菌的发酵牛奶的传统。他在其著作《延年益寿》（Prolongation of Life）中系统地阐述了自己的观点和发现。

1915年，Daviel Newman首次利用乳酸菌临床治疗膀胱感染。

1917年，德国Alfred Nissle教授从第一次世界大战士兵的粪便中发现一株大肠杆菌。这名士兵在一次严重的志贺氏菌大爆发中没有发生小肠炎。在抗生素还没有被发现的那个时代，Nissle利用这株菌在治疗肠道感染疾病（由沙门氏菌和志贺氏菌）取得可观成果。这株大肠杆菌现仍然在使用，它是为数不多的非乳酸菌益生菌。

1919年，怀着对巴尔干半岛有益酸奶和巴斯德研究所微生物研究成果的极大兴趣，伊萨克·卡拉索在西班牙巴塞罗那创立了公司（达能前身）。而且他常常召集许多医学博士到工厂讨论酸奶的益处。

1920 年，Rettger 证明梅契尼科夫所说的保加利亚细菌（保加利亚乳杆菌）不能在人体的肠道中存活。发酵食品和梅契尼科夫的学说在那时受到怀疑。

1922 年，Rettger 和 Cheplin 报道了嗜酸乳杆菌酸奶所具有的临床功效，特别是对消化的功能性。

1930 年，医学博士代田稔博士在日本京都帝国大学（现在的京都大学）医学部的微生物学研究室首次成功地分离出来自人体肠道的乳酸杆菌，并经过强化培养，使它能活着到达肠内。

1935 年，乳酸菌饮料问世，益生菌开始走向产业化。

1945 年，无菌动物模型和悉生动物模型建立。

1954 年，Vergio 引入与抗生素或其他抗菌剂相对的术语“Probiotika”，提出抗生素和其他抗菌剂对肠道菌群有害，而“Probiotika”对肠道菌群有利。

1957 年，Gordon 等人在《柳叶刀（The Lancet）》中提出了有效的乳杆菌疗法标准：乳杆菌应该没有致病性，能够在肠道中生长，当活菌数量达到 $10^7 \sim 10^9$ 时，明显具有有益菌群的作用。同时，德国柏林自由大学的 Haenel 教授研究了厌氧菌的培养方法，提出“肠道厌氧菌占绝对优势”的理论。日本学者光岗知足（Tomotari Mitsuoka）开始了肠内菌群的研究，最后建立了肠内菌群分析的经典方法和对肠道菌群作出了全面分析。

1962 年，Bogdanov 从保加利亚乳杆菌中分离出了 3 种具有抗癌活性的糖肽，首次报道了乳酸菌的抗癌作用。

1965 年，Lilly D. M. 和 Stillwell R. H. 在《科学》杂志上发表的论文“益生菌——由微生物产生的生长促进因素”中最先使用益生菌 Probiotic 这个定义来描述一种微生物对其他微生物促进生长的作用。

20 世纪 70 年代初由沃斯（Woese）、奥森（Olsen）等提出 16S rRNA 寡核苷酸序列分析法来对细菌进行鉴定。构建了现已被确认的全生命系统进化树，越来越多的细菌依据16S rDNA被正确分类或重新分类，给乳酸菌的鉴定和肠内菌群分析带来极大方便。

1971年，Sperti用益生菌（Probiotic）描述刺激微生物生长的组织提取物。

1974年，Paker将益生菌定义为对肠道微生物平衡有利的细菌。

1977年，微生态学（Microecology）由德国人Volker Rush首先提出。他在赫尔本建立了微生态学研究所并从事对双歧杆菌、乳杆菌、大肠杆菌等活菌作生态疗法的研究与应用。Gilliland对肠道乳杆菌的降低胆固醇作用进行了研究，提出了乳酸菌在生长过程中通过降解胆盐促进胆固醇的分解代谢，从而降低胆固醇含量的观点。

1979年，中国的微生态学研究开始。自中国微生物学会人畜共患病病原学专业委员会下属的正常菌群学组的成立。1988年2月15日，中华预防医学会微生态学分会的成立，才有了学术组织。1988年，《中国微生态学杂志》创刊。

20世纪80年代初大连医科大学康白教授首先研制成功促菌生（蜡杆芽胞杆菌）。

1983年，由美国Tufts大学两名美国教授Sherwood Gorbach和Barry Goldin从健康人体分离出了LGG（鼠李糖乳杆菌）并于1985年获得专利。LGG菌种具有活性强、耐胃酸的特点，能够在肠道中定殖长达两周。

1988年底丹麦的汉森中心实验室生产出超浓缩的直投式酸奶发酵剂。直投式酸奶发酵剂（Directed Vat Set，DVS）是指一系列高度浓缩和标准化的冷冻干燥发酵剂菌种，可直接加入到热处理的原料乳中进行发酵，而无须对其进行活化、扩培等其他预处理工作。直投式酸奶发酵剂的活菌数一般为10^{10} ~ 10^{12}CFU/g。

1989年，英国福勒博士（Dr. Roy Fuller）将益生菌定义为：益生菌是额外补充的活性微生物，能改善肠道菌群的平衡而对宿主的健康有益。他所强调的益生菌的功效和益处必须经过临床验证的。

20世纪90年代，中国学者张篪教授对世界第五长寿区——中国广西壮族自治区巴马地区百岁以上老人体内的双歧杆菌进行了系统的研究，也发现长寿老人体内的双歧杆菌比普通老人要多得多。同时中医药微生态学建立。杨景云等学者开始对中国的传统中药与微生态关系进行了系统的研究。

1992 年，Havennar 对益生菌的定义进行了扩展，解释为一种单一的或混合的活的微生物培养物，应用于人或动物，通过改善固有菌群的性质对寄主产生有益的影响。

1995 年，吉布森（Gibson）把能在大肠中调整菌群的食品称为益生元。

1998 年，Guarner 和 Schaafsma 给出了更通俗的定义：益生菌是活的微生物，当摄入足够量时，能给予宿主健康作用。

1999 年，Tannock 作了总结：细菌是人体（还有高级动物和昆虫）中的正常居住者。胃肠道中发现超过 400 多种细菌。

2001 年，联合国粮农组织（FAO）和世界卫生组织（WHO）也对益生菌做了如下定义：通过摄取适当的量、对食用者的身体健康能发挥有效作用的活菌。联合国粮农组织和世界卫生组织组成的专家联合顾问团强烈建议用分子生物学的手段鉴定益生菌并推荐益生菌存放于国际性菌种保藏中心。具体的步骤是：先做表型鉴定，再做基因鉴定。基因鉴定的方法有 DNA/DNA 杂交，16S RNA 序列分析或其他国际上认可的方法。然后到 RDP（ribosomal data base project，www. cme. msu. edu/RDP/）上验证鉴定结果。

2001 年，法国完成第一株乳酸菌即乳酸乳球菌 IL1403 的全基因组测序。

2002 年，微生物学教授 Savage 宣布：正常菌群是人体的第十大系统——微生态系统。

2005 年，美国北卡罗来纳州立大学 Dobrogosz 和 Versalovic 教授提出了免疫益生菌的概念（Immunoprobiotics）。

2006 年，意大利 M. Del Pianoa 等认为益生菌应该定义为一定程度上能耐受胃液、胆汁和胰脏分泌物而黏附于肠道上皮细胞并在肠道中定殖的一类活的微生物。提出从粪便中分离的“益生菌”有可能多数是浮游菌，而非黏附菌。

2007 年，美国《科学》杂志预测：人类共生微生物的研究将可能是国际科学研究在 2008 年取得突破的 7 个重要领域之一。12 月 9～10 日，英、美、法、中等国科学家在美酝酿成立“人类微生物组国际研究联盟（IHMC）”，计划 2008 年 4 月联合启动“人类元基因组计划”，开始对人类元基因组的全面研究。这项被称为“第二人类基因组计划”的项目将对人体内所有共生的微生物群落进行测序和功能分析，其序列测定工作量至少相当于 10 个人类基因组计划并有可能发现超过 100 万个新的基因，最终在新药研发、药物毒性控制和个体化用药等方面实现突破性进展。

2008 年，荷兰乌得勒支大学医学中心研究者在柳叶刀杂志上报道了益生菌可能会引起重症急性胰腺炎患者的肠道致命性局部缺血危险。

从 20 世纪 80 年代，我国微生态学家康白、刘秉阳、陈延熙、梅汝鸿、何明清等率先在中国研制出了人用益生菌制品、植物用益生菌制品（增产菌）和动物用益生菌制品。之后，这种新兴生物制品工业取得了很大的发展。

三、益生菌市场的目前状况

随着益生菌研究应用的发展，寻找促进益生菌生长繁殖的物质也引起了科学家的兴趣。一时间，双歧因子、功能性食品应运而生。这类物质有很多优点，对机体作用的结果也与益生菌有很多相同与相似之处。为了把二者在科学术语上加以有机的联系，1995 年 Gibson 把能在大肠中调整益生菌菌群的食品称之为益生元（prebiotics）。同益生菌一样，益生元在日本的研究也非常火爆。中国紧跟其后，相继开发了不少产品。

总结益生菌近年来研究开发进展，概括为以下三个方面：

第一，基础理论研究方面，研究益生菌和益生元在肠道内的作用机制，开发诊断工具和生物标记来对此评价；人体微生态理论和益生元基因组；评价免疫学生物标记及其在益生菌上的利用；检测益生菌对不同人群中胃肠疾病、胃肠感染和过敏的作用。

第二，生产技术方面，同益生菌产品生产相关技术的进一步发展：菌种的筛选、优化、训育，高密度培养技术，冻干保护剂，微胶囊、肠溶性胶囊等；益生元产品生产相关技术的进一步发展：生产用机械设备，合成或分解技术，浓缩与提纯技术等；利用分子生物学和基因工程技术，改造生理性细菌的基因，将外源性有益基因转入生理性细菌中，构建成优良的工程菌株等的研究，从而研制出更多更有效的新型益生菌制剂。可利用食品级的质粒，将外源 DNA 整合到目标菌的染色体上，并且利用调节系统来进行修饰。

随着微生态学的发展与完善，筛选或新表达各种有益的益生元，或改造植物类益生元的基因。

第三，益生菌产品方面，一方面确保益生菌产品的稳定性和有效性；另一方面追求产品创新与多元化，益生菌产品的创新无非体现在功能上、口感上、品质上和概念上。如何开发功能更新更完美、概念更创新、口感更好的制品是每个生产企业当前迫切需要解决的问题。目前，维生素族、氨基酸系列、矿物元素、低聚糖系列、膳食纤维、核苷酸、ARA、DHA、CPP、牛磺酸和卵磷脂等功能性配料基本上在活性益生菌产品中都有应用。随着消费者对健康的日益重视，各种健康、优质的原料也逐渐成为研发人员的首选。

在欧美等国家，以乳酸菌发酵的乳制品已有上百年的历史，其在乳制品市场占有相当大的比重。据英国某调研公司调查，欧共体国家中对乳酸菌乳制品的消费，每年都以 17% 左右的比例增长。在日本、欧洲，活性乳酸菌发酵酸奶在乳制品中的比例高达 80%，在北美也有 30%。而在中国台湾地区，活性乳酸菌发酵酸奶的消费量也已超过 70%。

中国现在是世界上的经济大国，每年 GDP 保持在 10% 左右迅猛增长，经济发展速度世界第一。再加上 13 亿人口形成的一个潜在的庞大市场。世界各国的品牌企业无不垂涎三尺，都希望能在中国开拓新事业，抢占市场份额。由于人们的生活水平不断提高，如何预防疾病，保持身体健康的保健意识已经贯穿人们的整个思维。因此，今后益生菌产品在中国的市场肯定将以高速度发展壮大。

古人在很早就很重视养生，提出“药食同源”，“药补不如食补”

等理论。中国人的饮食结构是很合理的。注重荤素搭配，食物中富含纤维和益生元。古老的中药有很多就是通过调理肠道菌群而发挥作用的，在某种程度上说，益生菌与中药“不谋而合”。某些中药如人参、枸杞就直接具有益生元的作用。随着基因组学的发展，肠道菌群成为了人类不可缺少的另一半，还有望从基因水平上揭开中医药之谜。

从有目的性的使用和研究的次序来讲，益生元是建立在先前益生菌的广泛使用的基础之上的。笔者认为益生元可以比益生菌更为广泛地加入到多种食品中，肯定能促进益生菌在肠道中的存活。还有，合生元被认为是益生菌保持肠道微生态有效的方法。

肠道菌群是非常活跃的，对饮食反应强烈。如果它们出现问题，就会导致急性（如胃肠炎）或慢性病症（如肠癌、IBD 和 IBS），而直接表现为临床症状。益生元在食品中逐渐被扩大应用范围，能够促进原住肠道有益菌的增殖。这样可以直接预防某些使人虚弱的病症。另外肠道有益菌的成分或产物还有可能影响一些例如冠心病、自闭症和食物过敏等系统疾病。正在进行的研究可能会通过肠道菌和它们活性的靶向作用，来更有效地控制这些情况中的定义和试验方法。

益生元和益生菌为的是同一个目标，即改变肠道菌群使其更有益于人体。益生元只是对肠道才产生作用，它们是友善细菌的食物，增强友善细菌的存活。益生元的应用远超过活性益生菌在食品中的应用。

益生元在许多食物中天然存在。例如，洋蓟、大蒜、洋葱、马铃薯、芦笋、菊芋、香蕉、韭菜、黄瓜和鹰嘴豆以及向日葵籽。这些可以刺激乳酸菌（乳杆菌和双歧杆菌）——这一大类益生菌或友善细菌的生长繁殖。

是不是只食用前面提到的益生元天然食品就足以保持健康了？答案是否定的。毕竟市售的益生菌饮品不仅含有数十亿以上的友善细菌，还包括糖、改性淀粉和色素等一般酸奶的典型特征。最主要是因为天然食品只是含有少量的益生元，而你每天应该至少食用 5g（相当于一满袋洋葱）才能具有益生元的显著作用。所以，活性成分应该被提纯（或人工合成）出来，然后添加进其他食品中或用作膳食补充剂。重要的是如果想获得稳定的益生菌或益生元摄入水平，离开饮料和补充剂是不可能的。

询问一些患肠易激症、肠癌、溃疡性结肠炎或有过食物中毒的人是否身体足够好时可以不需要益生菌饮品。实际上减少这些疾病和其他肠道相关紊乱危险的方法就是增加益生菌在胃肠道中的数量。益生菌疗法不像许多饮食和药物介入治疗，它是无害的。这也是使用益生菌对胃肠道疾病进行治疗的一个重要优点。

第二节 益生菌与不同人群

一、益生菌与婴幼儿

婴幼儿属于免疫力较弱的群体，可是使用化学药物又会给这些敏感的宝宝带来伤害。同时婴幼儿又是一个很麻烦的群体，不能较准确地表达各种不适，经常表现出全身性不适。这样益生菌独特的以菌制菌的天然生态疗法对婴儿来说显得必需而且十分重要。如今婴幼儿食品中添加益生菌和益生元已成为一种潮流。

婴幼儿需要补充益生菌的理由大致分为两个方面：一是改善免疫力，预防多种疾病；二是促进消化，让宝宝健康快乐地长大。

1. 改善免疫力，预防多种疾病

许多宝宝从健康母体刚出生时是“清洁的”，但在出生后的几天后，宝宝的胃肠道中就会定殖细菌。随着肠道内、皮肤上正常细菌的寄存，人体免疫系统就开始启动、发育，直到基本成熟。婴儿的肠胃系统占到了免疫系统的2/3，所以胃肠道中正常菌群的的建立就显得至关重要。如果菌群建立过迟或不良，就会出现相应的疾病。

益生菌可为宝宝肠道迅速建立和保持正常菌群。乳杆菌对婴儿的作用与成人基本相似，而双歧杆菌对婴幼儿有着重要的意义。因为在人乳中发现了双歧因子。母乳中的双歧因子是由含N-已酰葡萄糖糖胺的多糖组成。目前，除人乳外没有其他哺乳动物的乳汁能促进双歧杆菌的生长。双歧杆菌包括婴儿双歧杆菌，两歧双歧杆菌，长双歧杆菌和短双歧杆菌，在婴儿大肠中是优势菌。它们是特定的种，与在成人肠道中的双歧杆菌不尽相同。这些菌属于厌氧菌，不需要氧气生活。它们发酵碳水化合物产生醋酸和乳酸和少量的甲酸。就如它的名字一样，婴儿双歧杆菌是婴儿身体胃肠道内的天然“居住者”。

宝宝肚中常见的益生菌能够抵抗致病菌从宝宝肠道上入侵并定殖。因为致病菌是夺取营养素的强者且紧紧地黏附于肠道壁。当肠道中“居住”足量的婴儿菌时，有害菌就没有地方“定居”。益生菌产生的醋酸和乳酸增加了肠道的酸度，进一步阻止了不良菌的生长。这些友善细菌还有助于氮素的保留，保证宝宝正常的体重。婴儿的双歧杆菌能阻止硝酸盐转化为潜在致癌物亚硝酸盐。当然，它们还能产生重要的 B 族维生素和抵御病菌的免疫球蛋白 A。

研究表明超过 20% 的婴儿可能会受到过敏性症状的侵袭，25% 的新生儿和幼儿受到激烈的、过度的绞痛影响。最近中国一项调查显示，在未满周岁的婴儿中间，上呼吸道感染的发病率竟高达 79% 。益生菌通过代谢可产生短链脂肪酸。该脂肪酸为肠道细胞提供能量，用以强化黏液层。这个黏液层是阻挡病原体和过敏原的屏障。

2. 促进消化吸收，愉快健康成长

婴儿期是人类生命生长发育的第一高峰期。一方面，婴儿的体重平均每月增长 0. 5kg 以上，身体平均增长 25cm，还有脑重达到成人的 2/3。幼儿虽不及婴儿那么迅猛，但也很旺盛，体重每年增加约 2kg，身高每年平均 10cm，头围每年以 1cm 速度增长；另一方面，婴幼儿的口腔狭小，唾液分泌少，乳牙正处于萌出阶段。胃容量在不断长大的过程中，胃肠道的消化酶的分泌与蠕动能力也很低。

发育迅猛与消化吸收功能的局限形成了很大的反差，而益生菌促进消化吸收的功能可以很好缓和这一矛盾，有效避免了消化功能的紊乱和营养不良，使宝宝健康成长。例如，在中国缺钙问题较突出，这种钙的缺乏关键是吸收功能弱。益生菌给宝宝带来益处的同时也可以促进钙的吸收。益生菌产生的酸性物质能增加肠道的酸度，益生菌的运动可以增加肠的蠕动，有利于钙的吸收。益生菌还能分解乳糖和提高蛋白的消化率。Rasic 博士发现，当体重过轻的婴儿通过膳食补充婴儿双歧杆菌后，能够增加氮的驻留，进而帮助孩子达到正常体重。双歧杆菌也会产生 B 族维生素，这些对新生儿来说非常重要。

由于一些很小的疾病，宝宝常常又哭又闹，表现出对打针喝药的排斥，父母感到很头疼。很多益生菌可以加快某些疾病的恢复，甚至一些益生菌可以直接用于治疗如腹泻等类的疾病。当人体生病时，食欲不振，消化吸收功能减弱主要是肠道菌群偏离了正常平衡，同时缺乏运动来强化自己的身体。益生菌在于强化消化功能，提升食欲，使宝宝尽快从疾病的痛苦中恢复，健康快乐地成长。

3. 婴幼儿服用益生菌可以提高自身的保护作用

（1）食欲不振、消化不良、急慢性腹泻、大便干燥和颜色深以及吸收功能不好引起的营养不良时，都可以给宝宝补充益生菌。

（2）服用抗菌素时。抗菌素尤其是广谱抗菌素不能识别有害菌和有益菌，所以把它们全部杀死。过后补点益生菌会对维持肠道菌群的平衡起到很好的作用。

（3）早产、剖腹产如不是母乳喂养的宝宝，不能从妈妈那儿得到足够的益生元，为了肠道菌群的正常化，应该适量补充益生菌和益生元。

（4）对于免疫力低下或者需要增强免疫力的特殊时刻（如某种流行疾病期间），能够起到预防作用。

（5）带宝宝出行或旅游时带点益生菌类产品，如果宝宝肠胃不舒服，服用后能够有效缓解。

二、益生菌与母乳喂养

曾几何时，母乳被认为是婴儿最好的食物。直到现在，好多人仍然对此深信不疑。然而，即使是自然界最完美的食物也会被人类破坏的地球生态所污染。生态环境的污染和现代社会的生活方式使得许多妇女不泌乳或泌乳量减少，同时乳的品质也在不断下降。这种状况在大城市和重污染地区表现得尤为明显。人和哺乳动物肠道的正常菌群中，双歧杆菌是主要菌种，对稳定肠道生态环境起重要作用。由于母乳喂养能促进婴儿肠道中双歧杆菌生长，因而母乳喂养婴儿肠道中产气荚膜梭菌数量较少，人工喂养则促进产气荚膜梭菌生长，表明双歧杆菌能抑制产气荚膜梭菌在肠道中定殖。

有证据表明，世界范围内的母乳质量已有所下降。显然主要是因为空气、水源和食物链中发现了污染物的存在。母乳质量直接影响到宝宝的肠道菌群的组成。如今宝宝的肠道菌群与半个世纪前的婴儿的肠道菌群已有很大不同。尽管婴儿双歧杆菌是优先的定殖菌，更多最近的研究显示其他种双歧杆菌，例如两歧双歧杆菌和长双歧杆菌，现在在母乳喂养的宝宝肠道中也是优势菌。

有专家指出婴儿双歧杆菌不如其他双歧杆菌“强壮”，也就是很少能在食物链、空气和水中发现它的身影。虽然如此，婴儿双歧杆菌却能在肠道中抵抗侵入的危险微生物，包括大肠杆菌、克雷氏杆菌和甚至沙门氏菌。

在研究“婴儿和成人肠道中婴儿双歧杆菌和两歧双歧杆菌的存在”中，报道了在将近30年内德国婴儿肠道菌群组成的变化。这项研究显示了母乳喂养宝宝的双歧杆菌数量减少和菌株的下降。有益菌下降的同时伴有不需要的致病微生物数量的增加。随后几年，即研究的最后几年发现超过10%的宝宝在他们的粪便中没有检出双歧杆菌。

同时，在早产的宝宝中也发现了相同的趋势。尽管早产婴儿双歧杆菌的数量少于足孕宝宝，但是在这些很脆弱的新生命中也有少量的双歧杆菌存在。

研究发现了两类危险菌——克雷白（氏）杆菌属和大肠致病菌在一些同龄的婴儿体内能够稳定增长。这些种类致病菌现在普遍发现对抗生素具有抗性。研究者也注意到婴儿胃肠道的pH值平均水平逐渐上升，表明了大肠中酸度的降低。显然这样就会促进不良细菌和真菌的过度生长。

很多国家的研究者已经证实了以上的发现。采用电脑模型，一组科学家预言婴儿肠道中正不可避免地面对着有益菌的持续流失同时伴随着危险致病菌的增加。这场菌群的替换将带来很严重的后果。

1980年，美国临床营养杂志出版了一篇论文“母乳喂养对新生儿肠道双歧菌群的影响，“作者为H. Beerens，C. Romond和C. Neut三位医生。三位指出用不同组合的双歧杆菌喂养婴儿，双歧杆菌的数量可能相近，但种类有差别。这些差别会对健康产生很大的影响。这项研究还显示用牛乳和母乳喂养的婴儿的主要区别在于牛乳喂养的宝宝会存在很高含量且危险的拟杆菌属、梭菌属和大肠杆菌属细菌。这样的高含量并不会随着孩子的长大而降低。

在检查了各种可以增强婴儿胃肠道中有益菌定殖的食物来源后，医生的结论是人乳仍然是最好的。人乳中存在一种特殊的因子即人们今天熟知的“双歧因子”益生元。世界上没有其他哺乳动物的乳汁能促进双歧杆菌的生长。

三、益生菌与儿童青少年

儿童青少年时期是人的一生中身心发展的重要时期，为了满足营养需要，合理安排好膳食，必须充分考虑儿童青少年生理上的特点。

最为突出地就是儿童青少年正处于生长发育阶段，除了维持新陈代谢外，尚需满足组织生长发育的需要，故单位体重的营养素和能量需要量一般均高于成年人。不同年龄生长发育的速度不同。如 3 ~ 6 岁儿童每年身高增长 5 ~ 7cm，体重增加 1.5 ~ 2kg，而青春期少年（女孩 12 ~ 14 岁，男孩 14 ~ 16 岁）生长发育进入第二个高峰期，生长速度增至约 2 倍。据估计，约 50% 的人体体重和 15% 的身高是在此期获得的。在这两个生长高峰期应该注意三个主要关键点：一是尽管摄入了许多营养丰富的食物，是否保证有很好的吸收呢？二是有许多孩子吸收太好了，出现了营养过剩，肥胖严重影响了智力的发育和增加了心血管疾病的危险。三是还有许多孩子偏食，身体抵抗力很弱，老是患上各种感冒和胃肠不适等疾病。

益生菌可以解决这些问题，首先益生菌可以帮助消化，促进营养素的吸收，其中钙的吸收是一个聚焦问题，益生菌酸奶不仅含有丰富的钙质，其中益生菌可以酸化肠道，提高钙离子的吸收；其次，大量益生菌可以控制体重。益生菌能够削弱胆汁酸吸收脂肪的功能。喝了益生菌酸奶会产生饱腹感，减少了食物的过量摄入；最后益生菌可以促进消化，消化好了，食欲自然也就好了。益生菌还能提高机体免疫力，预防和治疗许多上呼吸道感染和消化道的疾病。

应该注意培养儿童和青少年良好的饮食习惯，引导他们摄入益生菌这种功能性食品。每天摄入适量的益生菌产品，可以保持身体健康。

四、益生菌与妇科保健

健康妇女阴道中寄居有50多种微生物（包括需氧菌与厌氧菌），也是一个微生态。乳杆菌在阴道中为优势菌，占95%以上，达8×10^7cfu/ml。目前，从健康妇女阴道中至少分离出来16种乳杆菌，数量较多的有嗜酸乳杆菌、唾液乳杆菌和发酵乳杆菌等。需氧菌包括：阴道杆菌（占优势）、棒杆菌、非溶血性链球菌、肠球菌、表皮葡萄球菌、大肠杆菌和加德纳尔菌。厌氧菌包括消化球菌、消化链球菌、类杆菌和梭杆菌等。此外还有支原体和念珠菌。阴道内的微生物以乳杆菌为主，占总微生物量的90%～95%。健康女性阴道中常见分离的乳杆菌有脆弱乳杆菌（*L. crispatus*）、詹氏乳杆菌（*L. jensenii*）、格氏乳杆菌（*L. gasseri*）、发酵乳杆菌和阴道乳杆菌等。

阴道中这些菌群形成一种平衡的生态。当机体免疫力低下，内分泌水平变化或外来某种因素（组织损伤、性交等）破坏了这种微生态平衡，这些常住菌群中的有害菌便会冲破阴道黏膜屏障而引起感染。目前，全球有10亿女性受到阴道和尿道不适的困扰。

虽然都是乳杆菌，但阴道内乳杆菌和消化道内乳杆菌还是有些不同。首先，阴道乳杆菌的数量远远少于肠道乳杆菌，双歧杆菌数量不像肠道中比例那么大。其次，较显著的就是定殖于肠道的益生菌很多都不能定殖于阴道黏膜。还有最重要的一点就是，肠道益生菌必须对胃酸、胆汁和胰腺分泌物具有很强的耐受性才能到达肠道而起到益生作用。但当维持阴道菌群平衡使用涂抹或灌注方法时，无须对胃酸、胆汁和胰腺分泌物具有很强的耐受性。一般的产酸的乳杆菌就能发挥一定作用。此外口服益生菌相关产品也能减少阴道感染。

阴道中正常的酸性环境就是由这些乳杆菌来维持的。酸性可以抑制病原微生物的生长。阴道中乳杆菌最具有实际意义的就是产生过氧化氢或细菌素等抗菌物质。这些物质可以预防和治疗各种感染（如衣原体感染、淋病和酵母感染）和炎症（如细菌性阴道炎）。阴道是艾滋病毒的主要传播途径之一。某些益生菌产生抗菌物质可以杀死

HIV 病毒。这样能对艾滋病的传播起到一定的阻碍作用。多项临床研究显示食用嗜酸乳杆菌酸奶可以减少阴道酵母的感染。德国的一项使用乳杆菌治疗滴虫性阴道炎的研究显示了97%的治愈率。Eschanbach 等报道，对67名细菌性阴道炎患者和28名健康妇女阴道乳杆菌进行比较，显示在健康妇女中阴道的96%的乳杆菌为产过氧化氢的菌株，而从细菌性阴道炎患者中分离的乳杆菌绝大多数是不产过氧化氢的乳杆菌，其产过氧化氢的乳杆菌只占6%。

阴道炎是阴道菌群失调的局部表现，阴道内消毒和上消炎药是个误区，原因是这些药物在杀死致病菌的同时，也杀死了起自洁作用的正常阴道菌群，所以只能取得暂时缓解，由于失去正常菌群的保护，新一轮感染很快出现，导致迁延反复。常见炎症有四种：葡萄球菌比例增加，就说是细菌性阴道炎；衣原体比例增加，就称之衣原体性阴道炎；阴道内出现滴虫就称为滴虫性阴道炎；阴道内出现霉菌，就叫霉菌性阴道炎。同时也存在多重感染。

白色念珠菌（*Candida albicans*，一种真菌）感染而引起阴道炎是比较常见的一种，其特点是阴道分泌物引起剧痒和灼热感。人们早就认识到灌注酸奶可以杀死引起感染的真菌。健康状况下，阴道乳杆菌将糖原转化成乳酸，使阴道酸碱度即 pH 值保持在4.0~4.5之间，这样，有效地抑制念珠菌和其他有害菌的生长繁殖。一旦有益菌失去优势，造成阴道菌群平衡失调，念珠菌就会大量繁殖，引起真菌感染，厌氧菌可增加上千倍，厌氧菌与需氧菌之比可达100∶1到1 000∶1。

近年来流行一种阴道菌群置换术疗法。阴道菌群置换术是采用消毒杀菌剂把阴道内包括正常菌群在内的所有微生物杀死后，换上分离自阴道经纯培养的乳杆菌，使阴道 pH 值维持在3~4之间，抑制其他微生物的繁殖，以维持阴道正常环境。

除了合理生活保健之外，益生菌正是为女性健康保驾护航的有力武器。

五、益生菌与女性美容保健

“爱美之心，人皆有之”，而女性更甚。细腻、滑润而富有弹性的皮肤，是古今中外的所有女性所梦寐以求的事情。为此，自古以来的女性作了不懈的努力。用糠袋和黄莺粪洗脸，以及使用各种高档化妆品。现代人还不顾危险来洗肠和换血，以达到排毒养颜的目的。随着人们物质生活水平的不断提高，女性对美容的要求越来越高，化妆品行业呈现一派繁荣的景象。美容业成为了继住房、汽车、旅游之后的第四大消费热点。益生菌用于美容，改变了旧式美容观念，开拓了健康美容的新阶段。因此，应当首先关注那些影响了身体和皮肤的因素：

（1）环境污染，空气恶化，受伤害的，首当其冲是人类的皮肤，日积月累，侵蚀皮肤的健康，加速皮肤的衰老，引发一系列的皮肤问题。

（2）虽然地球上层的臭氧空洞我们未必可见，但我们的确受到更多的紫外线照射（主要是 UVB 段），晒伤皮肤，使得皮肤干燥，加快衰老和出现色斑，甚至引发皮肤癌。

（3）现代社会快节奏的生活方式，带来精神紧张和压力的同时，生理机能发生紊乱的身体也给皮肤留下了阴影。

（4）人们对天然膳食健康的忽视，不注重食物的搭配比例，引起“三高”症（高血压、高血脂和高血糖）的同时，肠道菌群失调，内毒素在体内不断蓄积，引发皮肤问题。

（5）合成化学品的长期大量使用，如同吸烟一样，给肌肤带来慢性中毒。

1. 益生菌——健康基础上的美容

美丽与健康是分不开的。健康才真正的美丽，美丽是通过健康体现的。牺牲健康来换取美丽是十分不必要的。对健康关注的人认为他们绝对不能食用不健康的食物，却很少注意到在他们皮肤上使用的美容品会给健康带来很大的问题。特别是要告诫当孩子在很小的时候就开始使用化妆品时，其中某些成分对他们年幼的正在发育的身体的危害不得而知。益生菌，这一人类的好伙伴，内外兼修，帮助我们实现健康基础上的美容。

膳食益生菌能调节肠道微生态，排毒养颜，延缓衰老。它可以保持大便通畅，清理肠道内遗留的宿便，让毒素尽快随着粪便排出。肠内细菌权威光冈知足说过："如果想获得真正的美容效果，最快的捷径就是使肠内的有益菌增加"，使肠道生态平衡，减少肠内毒素的产生，防止毒素从肠道进入血液，真正的做到由内养外，使肌肤柔嫩。从改善肠内环境着手，做好体内环保，就可以轻轻松松成就健康的美丽。

益生菌能对皮肤上的坏细菌、污染物和自由基等各种有害物质形成屏障，还有一定的抗炎作用。足量益生菌及其产生的抗菌素等代谢产物能抑制坏细菌的生长和繁殖。表面覆盖了益生菌，污染物就不会直接接触到皮肤。益生菌还能够抵挡自由基的攻击。皮肤表面对微生物生长来说不总是一个很好去处，因为皮肤有可能很干燥和盐分很大。在汗腺和毛囊部位经常湿润且能提供丰富营养，是微生物集中生长的理想区域。皮肤表面分泌的尿素，氨基酸，无机盐，乳酸和脂质是各种微生物的富集培养基。所以汗腺和毛囊部位涂抹益生菌来促进有益菌的生长和抑制潜在有害菌，就显得十分必要。

益生菌可以对皮肤表面的正常生理状况进行维持，如 pH 值和神经酰胺的水平。正常皮肤表面偏酸性，其 pH 值约为 5.5 ~ 7.0，这种弱酸性能阻止皮肤表面的细菌、真菌侵入并有抑菌、杀菌的作用。益生菌可以产生醋酸和乳酸维持皮肤表面的弱酸性环境。神经酰胺的作用是使皮肤正常脂质层达到更好的功能状态而这样的脂质层可以更有效地对抗干燥病。干燥病被认为是增加的表皮细胞由于亚临床的炎症状态转化而来。干燥的皮肤允许外来物质的渗入，这样可能就对引起炎症的刺激物和过敏原敞开了大门。

益生菌对过敏原有屏障作用，可以缓解过敏症状。有人皮肤较薄，对外界刺激很敏感。当受到外界刺激时，会出现局部微红、红肿，出现高于皮肤的疱、块和刺痒等症状。敏感体质与人体的免疫功能有关，主要是肌体对外界因素的反应性过强，而引起组织损伤或生理机能紊乱，皮肤稍受刺激后，即容易出现红斑、瘙痒，甚至引起全身反应。益生菌能刺激和调节免疫系统，防止出现过敏。

益生菌及其代谢物的营养作用是同时促进细胞的更新，保持肌肤的活力和弹性。基底细胞呈圆柱状，单层排列，它直接从真皮乳头层毛细血管吸收营养，具有分裂繁殖、修补破损的功能。晚上22：00至凌晨2：00之间，是皮肤细胞分裂最旺盛的时候，益生菌或其代谢产物（如一些多肽和维生素等）能给新生细胞及时补充水分和养分，使其健康生长并充满活力。对老人来说，基底细胞层已经衰老且分裂速度大不如前。可能是因为基底细胞得到了让它们停止生长的信号。基底细胞现已成为某些抗衰老产品的研究重点。据报道，益生菌产生的一种多肽153能促进基底细胞生长。不饱和脂肪酸被称作皮肤健康的油，是细胞新陈代谢所必需的营养物质，某些益生菌可以为细胞的生长提供这种最好的脂肪。

2. 益生菌产品——古老的防晒保湿霜

在希腊，活性酸奶作为一种天然防晒护理用品具有很久的历史。这是由于酸奶的柔和和具有增加水分的能力。酸奶产品可以迅速减轻紫外线照射引起的皮肤发红和炽热的感觉。还可以增加皮肤最外层的水分。酸奶可以从里向外滋润肌肤，塑造出有光泽的肤色。酸奶与提高皮肤和头发的健康有着很大的关系。

近年来，许多功能性强的食品逐渐被应用到化妆品和护理品中，益生菌也不例外。可以这么说，益生菌化妆品引来了整个行业的变革。它的出现使天然、健康、有机的化妆品概念更加深入人心。

（1）你属于敏感皮肤吗?

（2）你常受到湿疹的困扰吗?

（3）你是否意识到许多化学品具有毒性，可能会给你和你的家人带来危险?

（4）你会介意绝大多数的市场产品含有合成化学物吗（尽管自称是“纯天然——有机”）?

不必担心，益生菌对过敏有着很好的缓解作用，免于湿疹的困扰。人体的免疫系统及早被益生菌所刺激，不会错误地攻击无辜的对象，对过敏原能形成屏障作用。同时众所周知，日常使用的大多数化妆品至少含有一种或几种对人体有害的成分，其中许多成分具有诱发癌症的危险。尽管许多产品的广告让人们相信他们的产品是天然、安全和健康的，实际上产品却是在有一定毒性的基物上可能少量含有天然或有机的成分。这使得人们将目光转向了益生菌化妆品。

益生菌化妆品可以大致分为三类：一是益生菌酸奶类化妆品，如使用益生菌酸奶制作的面膜；二是益生菌发酵液活性提取物；三是化妆品中直接添加足量益生菌和益生元，三类产品各有各特点。首先，益生菌酸奶是很好的美容品，它具有比牛奶更多更易被机体吸收的营养（多种氨基酸和B族维生素）可以滋养你的皮肤，其中的乳酸可以保持肌肤处在健康的酸性范围内。其次，益生菌发酵液活性提取物，如一些活性多肽得到提纯后，可以较快促进皮肤中和毛发根部细胞的更新，起到抗皱和护发的作用。但最重要的是活性的益生菌抑制皮肤表面腐败菌的生长，保护你敏感的皮肤。甚至有些益生菌能刺激内源性神经酰胺的合成，维护皮肤正常的脂质层功能。益生元及时提供给皮肤表面益生菌食物，延长益生菌作用时间。在希腊，活性酸奶作为一种天然防晒护理用品具有悠久的历史。其实，有许多人做过酸奶面膜，如果将普通酸奶面膜换成益生菌酸奶面膜，保湿效果会更好。由于儿童皮肤十分细嫩，使用成人化妆品是很不合适的，可能会带来不可挽回的伤害。益生菌化妆品在儿童化妆品领域将大有发展前景。

由美国UT Southwestern Medical Center组成的科研小组在一项小鼠试验中发现，肠壁上的一种单分子，经肠道菌代谢物激活之后，在控制体重上起着至关重要的作用，直接决定动物的胖瘦。激活之后的单分子，减缓食物通过肠道的速度，使得动物可以吸收更多营养，从而获得更多体重。但是，如果没有激活信号，动物的体重则会较轻。

此项研究显示，细菌副产物不仅可以作为营养来源，也可以作为调节身体机能的化学信号。研究者说，这也就是提出了控制体重的一种潜在方法。

韩国的BIONEER公司设立的研发项目“通过在人母乳中分离得到抗肥胖乳酸菌进行控制体重”的临床试验已取得圆满的成功，BIONEER公司在2007年6月份开始此项目的临床试验，并于2008年12月1日在韩国岭南大学医院的生命伦理委员会（IRB）获得临床试验报告。利用从母乳中分离的乳酸菌来进行抗肥胖症临床试验是世界范围内的首次创举，临床实验证明持续服用此乳酸菌可以抑制体重的增加，具有调解体重的效用。

“抗肥胖的乳酸菌”是 BIONEER 公司在韩国国内首次从母乳中分离的菌种，具有 probiotics 活性，长期服用可以降低血糖并抑制体重的增加，目前已经申请了专利。临床试验是以“肥胖患者的体重的调解效果，体重抑制效果与代谢症候群的改善”为主体，对于体重质量指数（BMI）23 以上的群体进行了临床试验。结果表明，服用乳酸菌的团体有抑制体重增加的效果，BMI 明显下降。CT 结果表明抑制了腹下脂肪面积的增加，减少了腰围与臀围。另外，抑制了餐后血糖的急剧上升，具有调解糖尿病患者血糖浓度的作用。其最大亮点是服用乳酸菌后的群体无显著的副作用，证明了服用乳酸菌的安全性。肥胖不是简单的个人形体美观问题，更是影响健康导致很多种疾病隐患的问题。很多 OECD 国家认识到儿童与成人体重超标是全民身体素质下降的重要影响因素，已经从政府角度上采取相关的措施。以韩国为例，2007 年韩国人口中有 31.7% 成人的 BMI 超过了 25。为此，2009 年政府预算中制定预防儿童肥胖的预算达到 626 亿韩元。

可见，在世界范围内益生菌在控制体重方面的应用也日益受到关注。

六、益生菌与老年人

随着中国逐步进入到老年化社会，老年人的养生保健越来越受到重视，可人们把目光大多集中到心脏、大脑、肾脏、肝脏等脏器上，而忽略了老年人肠道的保养健康。殊不知，肠道健康与人们的健康同样密切相关。肠道是人身体的最大的微生态系统，它的正常和失调，对人体的健康和寿命有着举足轻重的影响。肠道的健康关系着人体的全身健康。著名科学家梅契尼可夫认为，大肠内微生态环境失调，有害细菌产生的毒素被肠壁细胞吸收后会引起慢性中毒，导致人体的衰老。

人进入老年后，人体代谢功能降低，消化、内分泌、免疫力等生理功能都有所下降。从而导致肠道内原来占优势的正常有益菌数量大大减少，而有害菌数量则逐渐增加甚至反占优势。这些有害菌在老年人体内合成和堆积各种毒物，引起人体的慢性中毒而毒害人体各器官和组织，从而促进衰老和病变。引发的较常见老年病包括老年性痴呆，各种虚症（肾气虚、脾胃虚），老年慢性腹泻、便秘、胆固醇升高、动脉硬化、高血压和癌症等。其中便秘是老年人最常见的消化系统障碍，由于肠道的张力和推动力逐渐减退，牙齿缺损，咀嚼食物咬不烂，加上吃的过于精细，运动量小等原因，致使胃肠道的消化，蠕动功能差，极易引起便秘。据统计国内约有 1/4 的老年人深受其苦，常给老年人的日常生活带来烦闷和痛苦，甚至影响睡眠与饮食。因此，设法使老年人肠内微生态尽量保持平衡，即有益菌占优势而有害菌居劣势，对于老年人的健康长寿是十分重要的。

益生菌能够调节人类肠道菌群平衡，促进人体健康。肠道内的益生菌能帮助人体合成 B 族维生素、维生素 K、叶酸以及食物中没有而人体又必需的维生素。同时根据生物拮抗原理，益生菌产生的丁酸、醋酸等抗菌物质，可以抑制有害细菌的生长繁殖，增强肌体的防御能力。双歧杆菌和乳杆菌可阻止致癌物质——亚硝胺的合成，起到预防消化道癌症的作用，而乳杆菌分泌的大量乳酸等有机酸，可加快肠道蠕动，促使粪便尽快排出体外，减少有害毒素对肠壁的刺激，也有利于防止大肠癌的发生。同时这些有益菌还能提高人体对放射线的耐受性，减轻因放射治疗引起的不良反应。因此补充益生菌可有效提高老年人的肠道健康。大量研究和医疗实践发现，应用肠道双歧杆菌、乳酸杆菌、粪链球菌等益生菌制成的微生态制剂，能有效补充人体肠道双歧杆菌、乳酸杆菌和粪链球菌，调节肠道微生态平衡，发挥保健功能，令肠道“更年轻”。

益生菌可以缓解老年痴呆：Mark A. Brudnak 提出摄入大量益生菌，能把其中所含的酶吸收进循环系统，可以令许多有害成分在囤积和生成血小板之前就被消化掉。这不是幻想，而是可能实现的。除了长期的血小板囤积被认为是引起老年痴呆症的原因之外，线粒体机能不良也是引起老年痴呆症的原因。线粒体是细胞的发电站，为细胞提供能量。当线粒体无法正常发挥作用时，自由基就会增多，体内钙的含量也会上升。这两种情况都跟老年痴呆症有密切联系。自由基是一个含有奇数个电子的分子，因此它有开放（或半开放）键，非常活跃。生成自由基是身体正常活动的一部分，事实上该活动一直处于运行状态。有机体能控制自由基并在它们生成后将其消灭。当自由基由于某些原因被允许自由囤积，它们就会追赶健康细胞，以闪电般的速度杀死它们，同时生成更多自由基。体内钙含量过高也是有害的。因为钙在信号传导的过程中起很大作用。简单来说，信号传导过程是指从细胞外接收信号后传入细胞内，影响 DNA。当这一过程发生在神经细胞上时，它会影响电脉冲通过时所需要的电压梯度。钙是带电分子，改变细胞内外钙的数量就会改变细胞生成电的能力。益生菌可以帮助稳定身体内的钙的含量。被身体摄入的大量的钙会被益生菌消耗掉，益生菌不能消化的钙会和其他正常的体内废物一起被排出去。而且，钙通常处于结合状态中，所以，如果体内钙太少的话，益生菌也会将钙从结合状态解放出来。

由于“婴儿热”时代出生的一代人正在迅速接近早期老年痴呆症的年纪，人们应该更多地了解这种疾病。尤其要考虑到，许多政府管理人员们正处于或接近这个年纪。美国前总统里根在卸任后不久就被诊断出患有老年痴呆症，这让人们十分震惊，因为它暗示了总统当时的身体状况。

在找到根治老年痴呆症的方法之前，益生菌疗法是十分有价值的，最起码它能减缓发病的进程。益生菌不仅能减缓老年痴呆症，还能减缓人体衰老的进程。

世界上少有的几个以长寿而著名的地方，他们中的大多数人和保加利亚的长寿人群一样，有着使用益生菌发酵乳的习惯。中国和日本的研究人员曾对本国的长寿村（日本山梨县岗原、中国广西壮族自治区巴马县）的健康老人的肠道菌群进行过细致的研究，发现他们的饮食都较为简单而规律，主要有小麦、大麦、玉米、豆类、薯类和蔬菜等。这样的膳食结构意味着蛋白质、脂肪和热量很低，膳食纤维含量丰富。两国研究者的结论也极为一致：这些长寿老人肠道内有益菌群（双歧杆菌）的数量较多，而有害细菌（魏氏杆菌）的数量较少。

这表明了益生菌有抗衰老的作用。因为双歧杆菌能够激活人体免疫系统并随时保持免疫监视和免疫清除的功能，不断清除衰老、死亡细胞和突变细胞，使人体不致因死亡细胞、废物堆积而衰老。

不少科学家认为，人类全身的细胞从出生到死亡的全过程中大约更新25代，而人体细胞更新一代的时间大约为5年，从而推算出人类寿命的上限为125岁。所以，通过益生菌疗法改善人体的功能和健康，从而将人类目前的平均寿命延长10～20岁并不是没有可能。

益生菌对老年人的健康保驾护航如此重要，而选取有效地摄取方式是保证益生菌发挥最大功效的有效保障。

在摄取益生菌的时候，让益生菌数量增加，不仅可以“种”，而且也可以“养”。“种菌”就是直接口服益生菌，目的是让活的益生菌在肠内安家落户，不断繁衍下去；“养菌”即是提供益生菌喜欢的食物——益生元，给它们创造一个好的营养环境，让它们能快速繁殖，“压”过有害菌的势力。当然，“种”、“养”结合，肠道就能更快地恢复年轻。英国营养专家倡导，鼓励60岁以上的人每天应服食益生菌，以补充体内的“有益”菌类，让有益菌始终处于较高水平，从而抑制有害菌生长，减少肠道感染的发生率。

在补充益生菌同时，老年人应有良好的膳食习惯，少吃高脂肪低纤维等不利于益生菌生长的食物，要多吃蔬菜和水果，因其富含促进益生菌生长的营养物质——益生元。常见的益生元如低聚果糖（FOS）和低聚半乳糖等有调节肠道菌群的作用，可刺激双歧杆菌等有益菌的增殖，促进免疫。

第三节 益生菌与健康

一、益生菌健康总述

目前，人们对宏观生态平衡的重要性已经有了深刻的认识，微观生态平衡却远未受到应有的重视。认识人体微观生态平衡的重要性，保持微生态平衡，才能使人类对外适应大环境，对内适应微环境，保持生命与环境的统一。人体微生态系统主要包括口腔、呼吸道、胃肠道、泌尿道和皮肤5大生态领域。其中胃肠道微生态系是人体微生态学的最重要组成部分，也是最大最复杂的微生态系统。胃肠道生态空间由食道、胃、小肠和大肠组成。其中细菌总量达 10^{14} 个菌落形成单位（CFU），近 10 倍于人体体细胞数量。

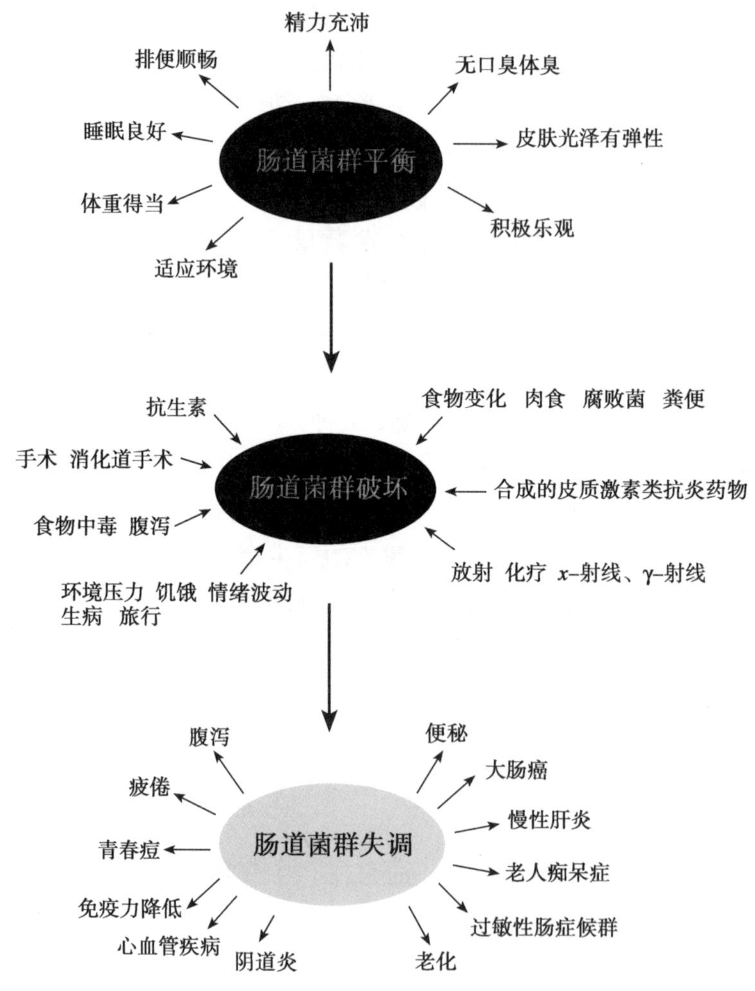

图 1－2　肠道菌群与人体健康

70 多年前，日本京都大学的代田熗博士就提出了“健肠长寿”的说法（图 1－2）。如果肠道中的微生态环境发生变化，造成菌群失调，有害菌增加，肠道就衰老。“肠道年龄”远大于实际年龄。而人体衰老的原因之一就与肠道的衰老直接相关：大肠内有害细菌分解代谢食物的残渣，产生有害毒素，使机体中毒，导致了衰老。为了人类健康和长寿，应把衰老阻止在肠道内。益生菌就是人体肠道的清道夫。

国内外学者研究发现，益生菌的保健作用一般可以概括为以下几个方面：

（1）整肠作用，调整微生态失调，防治腹泻。益生菌活着进入人体肠道内，通过其生长和各种代谢作用促进肠内细菌群的正常化，抑制肠内腐败物质产生，保持肠道机能的正常，对病毒性和细菌性急性肠炎与痢疾以及便秘等都有治疗与预防作用。益生菌和很多慢性胃炎，消化道溃疡等消化道疾病有密切的关系。一部分的益生菌能抗胃酸，黏附在胃壁上皮细胞表面，通过其代谢活动抑制幽门螺旋杆菌的生长，预防胃溃疡的发生。

（2）缓解乳糖不耐症状，促进机体营养吸收。益生菌有助于营养物质在肠道内的消化。它能分解乳糖成为乳酸，减轻乳糖不耐症。双岐杆菌和乳酸杆菌不仅可以产生各种维生素如维生素 B_1、维生素 B_2、维生素 B_6、维生素 B_{12}、烟酸和叶酸等以供机体所需，还能通过抑制某些维生素分解菌来保障维生素的供应。另外，双岐杆菌还可以降低血氨改善肝脏功能。

（3）预防阴道感染。不少益生菌有酸化泌尿生殖道的作用。它可以通过降低 pH 值来抑制有害细菌的生长。还可以通过与有害细菌竞争空间和资源而遏制它们。

（4）代谢产物产生生物拮抗，增强人体免疫力。益生菌可产生有机酸、游离脂肪酸、过氧化氢和细菌素抑制其他有害菌的生长；通过“生物夺氧”使需氧型致病菌大幅度下降，益生菌能够定殖于黏膜、皮肤等表面或细胞之间形成生物屏障，这些屏障可以阻止病原微生物的定殖，起着占位、争夺营养、互利共生或拮抗作用并可以刺激机体的非特异性免疫功能，提高自然杀伤（NK）细胞的活性，增强肠道免疫球蛋白 IgA 的分泌，改善肠道的屏障功能。

（5）缓解过敏作用。过敏是一种免疫性疾病，是人体内免疫功能失调出现不平衡的状况。有过敏体质的人当外来物质或生物体刺激免疫系统产生免疫球蛋白（IgE）数量过多时，使其释放出一种叫组织胺的物质从而引发过敏症状。益生菌疗法是目前国际上流行的辅助治疗过敏症的有效方法之一。能利用益生菌调节体内免疫球蛋白（IgE）抗体，达到缓解过敏症的免疫疗法。

（6）降低血清胆固醇。可能与其调节与利用内源性代谢产物并且加速短链脂肪酸代谢有关。双歧杆菌、乳杆菌的微生态制剂，服后可使胆固醇转化为人体不吸收的粪甾醇类物质，从而降低胆固醇水平。

（7）预防癌症和抑制肿瘤生长等。乳酸杆菌能提高巨噬细胞的活性并能防止肿瘤的生长。益生菌可抑制肠道内某些酶的活性，如β-葡糖醋酸酶、β-葡糖醛酸酶、尿素酶、硝基还原酶和偶氮还原酶等。这些酶可能参与肠道内致癌物的形成。胆盐经肠道碰到有害菌可能发生解离，就会产生致癌物质，容易引起肠癌。但益生菌可以抑制有害菌，即使有胆盐的存在，致癌率也大大降低。

（8）对高血压的效果。乳酸菌产生的某些物质，如γ-氨基丁酸（GABA）具有降低血压的功效。还有一部分的益生菌能特异分解乳蛋白（酪蛋白），产生具有抑制引起血压上升的酶（血管紧张素转化酶，ACE）活性的多肽（如VPP和LPP）。常期饮用含有这种活性多肽的酸奶有防止高血压的效果。

总之，由于临床试验的局限性，许多菌株的各种功能实验还正在进行，许多新的功能也在研究与评价中。不同菌株其保健功能不尽相同，相互配合恰当可发挥良好的生理功能。

二、益生菌与胃健康

长期饮咖啡、浓茶、烈酒和辛辣调料等食品以及偏食、饮食过快、太烫、太冷等不良饮食习惯可导致胃黏膜损伤，从而诱发慢性胃炎。暴饮暴食或不规则进食可能破坏胃分泌的节律性。

长期大量服用非甾体类消炎药如阿司匹林、吲哚美辛等可抑制胃黏膜与前列腺素的合成，破坏黏膜屏障，从而诱发慢性胃炎；吸烟时烟草中的尼古丁不仅可影响胃黏膜的血液循环，还可导致幽门括约肌功能紊乱，造成胆汁返流；各种原因的胆汁反流均可破坏黏膜屏障从而导致慢性胃炎的发生。

细菌尤其是幽门螺旋杆菌感染，与慢性胃炎、胃溃疡密切相关。

慢性萎缩性胃炎患者的血清中能检出壁细胞抗体（PCA），伴有恶性贫血者还能检出内因子抗体（IFA）。壁细胞抗原和PCA形成的免疫复体在补体参与下，破坏壁细胞。

根据现代的心理－社会－生物医学模式观点，消化性溃疡属于典型的心身疾病范畴之一。心理因素可影响胃液分泌。

心力衰竭、肝硬化合并门脉高压、营养不良都可引起慢性胃炎、胃溃疡。糖尿病、甲状腺病、慢性肾上腺皮质功能减退和干燥综合征患者同时伴有慢性萎缩性胃炎较多见。遗传因素也已受到重视。

1982年，澳大利亚学者巴里·马歇尔和罗宾·沃伦因发现了幽门螺杆菌而获得诺贝尔生理学或医学奖。幽门螺杆菌（*H. pylori*）已被确认与慢性胃炎、消化性溃疡、胃黏膜相关淋巴样组织淋巴瘤和胃癌密切相关，特别是在慢性胃炎、消化性溃疡的发病中具有举足轻重的作用。几乎100%的慢性胃炎、90%以上的十二指肠溃疡和70%以上胃溃疡中可查出幽门螺杆菌（HP）检测阳性。

运用多种抗生素联合治疗幽门螺杆菌感染虽具有积极的临床意义，但因细菌抗药性的出现导致幽门螺杆菌根除率降低，且长期不合理应用抗生素可引起胃肠功能紊乱和胃肠道菌群失调等不良反应。益生菌对引起慢性胃炎、胃癌的幽门螺杆菌具有抑制作用，它能抑制幽门螺杆菌的定殖及其活性。某些益生菌能够产生抑制幽门螺杆菌生长的细菌素。大量活的益生菌还能够通过合适的方法干扰或阻断幽门螺杆菌在胃黏膜表面的黏附及其在胃内定殖。益生菌不仅能抗幽门螺杆菌感染，而且还能调节机体的免疫机能，改善胃肠道微生态环境，提高幽门螺杆菌根除治疗的依从性等多种作用。

临床和实验模型研究显示嗜酸乳杆菌分泌物能抑制幽门螺杆菌的生长（体外实验），格氏乳杆菌、约氏乳杆菌和LG21能抑制幽门螺杆菌在体内生长并减少胃炎。安慰剂控制实验研究表明益生菌可以减少标准三联疗法带来的副反应。每天食入灭活的嗜酸乳杆菌发酵液显示可以提高根除幽门螺杆菌感染的效率。一项9位儿童胃炎的三联疗法研究显示，膳食干酪乳杆菌DN-114001的发酵乳，具有增强根除幽门螺杆菌治疗的效果（图1-3）。

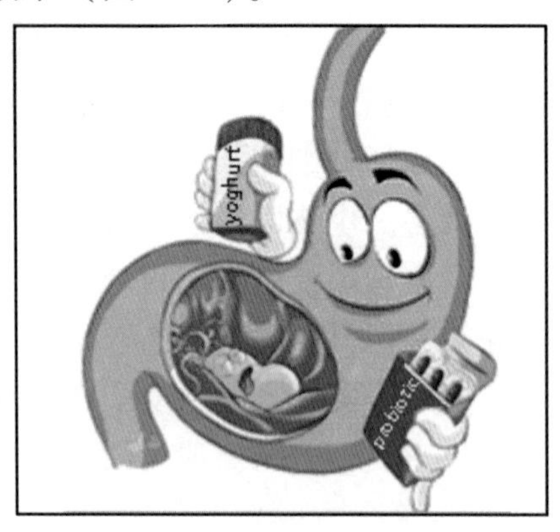

图1-3　益生菌与胃健康

由此可见，益生菌可有效调节体内菌群，抑制致病菌的生长，消除致病菌所产生的毒素。研究显示乳酸杆菌能够产生大量的乳酸，从而抑制幽门螺旋杆菌在活体中的成长。

三、益生菌与富贵病

如今随着生活水平提高，人们吃的明显变好了。但工业化的方式使人们改变了以往以天然食物为主的膳食习惯。同时环境污染使人们的食物或多或少受到污染。各种食物越来越精细，高糖、高脂肪、高蛋白食物的广泛生产，各种添加剂的使用和毒素的不断富集，再加上缺乏运动和不良习惯的产生，人们的身体尤其是血管不堪重负。越来越多的现代富贵病逼近人们的生活，以高血压、高血脂、高血糖“三高”典型症状为基础的高血压、冠心病、高血脂、糖尿病和肥胖症以及其他心血管疾病已成为现代人类社会的第一杀手。日本著名微生物学权威——辨野义己博士指出，肠道保健第一步是检测“肠道年龄”，因为人体老化从肠道开始，肠道是人体最大的免疫器官，七成的淋巴分布于肠道，当肠道年龄较生理年龄高时，即代表肠道已开始老化，对病毒、细菌的抵抗力降低，因而易产生各种疾病。肠道年龄主要以肠内细菌丛有益菌和有害菌所占的比例作判断。有益菌群的数量越多，肠道年龄就越年轻，反之肠道年龄就越老。影响肠道年龄的因素主要是饮食习惯、生活习惯和人体的排毒情况。长寿老人肠道年龄年轻，所以就能长寿。有偏食习惯，时常外食、睡眠不足、大便时间不定的人，都是肠道年龄偏高的危险族群。

益生菌作为肠道的清道夫，首先从营养吸收源头——肠道为人们合理调配各种营养物质，清理体内垃圾。人体食入食物后，营养物质一般经过以下流程：肠道消化吸收—肝脏解毒—血液循环—各器官吸收。所以肠道是食物进入人体的第一道关口，肠内益生菌就属于巡查的。益生菌是如何对付各种富贵病的?

1. 益生菌与高胆固醇

胆固醇是一种类脂。适量的胆固醇对维持细胞膜的组成与功能、类固醇激素与胆汁酸的形成和维生素 D_3 的合成有着重要的功能。然而过量的胆固醇可能会诱发冠心病、高血压和心肌梗塞等慢性疾病。每年有 50 多万美国人死于冠心病引发的突发心脏病。

当血液中存在过高的胆固醇时，它们随着血液循环会不断沉积在血管壁上，在血清纤维蛋白的作用下，使血管变窄，减慢了血液流动速度，甚至可能堵塞血管。随着年龄的增长，这种阻塞逐渐会使动脉血管失去弹性变得坚硬，血压升高，血液中的各种营养物质和氧气不能很好地到达需要的部位。最终引发冠心病（即冠状动脉硬化）。

近年来，人们降低胆固醇的主要方法是从胆固醇的运输机制出发的，即降低 LDL-C（低密度脂蛋白——胆固醇）和升高 HDL-C（高密度脂蛋白——胆固醇）的含量。LDL-C 是从全身向血液运输胆固醇的脂蛋白，而 HDL-C 是从血液向全身运输胆固醇的脂蛋白。降低了 LDL-C，即减少了全身向血液运输的胆固醇，血中胆固醇就会减少。同理升高 HDL-C，血中胆固醇也会减少。

还有一个用药矛盾。市场上有很多药物可以降低胆固醇，但它们会带来严重的副反应。PDR 警告孕妇和患有肝病与肾病的人避免使用降胆固醇药物。即使是在健康人身上，这些药物也常常会引起腹痛、过敏反应、情绪失衡、头发脱落、视力改变、头痛、喉痛和肌肉退化。某些病人服用这些药物后会有阳痿和性欲降低。

这时益生菌疗法凸显出优点。体外实验和体内实验都证明了益生菌能降低血清胆固醇水平。在非洲的一些部落调查发现，人们长期大量服用乳酸菌发酵奶，血清胆固醇含量明显低于一般人群。一般认为益生菌可以从不同的三个方面来降低胆固醇。第一益生菌干扰肠道对胆固醇的吸收。这种作用在大量益生菌存在时效果明显。第二益生菌可以直接同化吸收胆固醇。将益生菌置于高胆固醇培养基中生长时胆固醇含量降低。这种机制在此试验中得到证实。第三益生菌产生了可以影响系统血脂水平的代谢物。益生菌产生的胆盐水解酶促进了胆固醇与胆酸的沉淀。减少了胆固醇进入血液的机会。

瑞典的一项研究中，30 名受试者被分成两组，一组每天食入每毫升含 5 000 万个活性乳杆菌的 200ml 的果汁，另一组饮用不含益生菌的果汁。六周后，第一组人的血清胆固醇水平和纤维蛋白水平明显降低。而作为对照的另一组无明显变化。

2. 益生菌与高血压

益生菌除了可以通过降低由高胆固醇引起的高血压外，益生菌代谢物的降血压作用也成为近年来研究的热点。

一种是降血压肽。这种主要发现于瑞士乳杆菌发酵乳中的短肽也叫活性 ACE（血管紧张素转化酶）抑制肽。血管紧张素Ⅱ能有使血管收缩、血压升高的作用，ACE 抑制剂的原理是通过抑制血管紧张素Ⅰ转化为血管紧张素Ⅱ，从而改善血液流动和血压。目前经过实验验证作用显著的这种活性三肽有 VPP（缬氨酸-脯氨酸-脯氨酸）和 IPP（异亮氨酸-脯氨酸-脯氨酸）。

另一种 GABA（γ-氨基丁酸）也在发酵乳中存在。γ-氨基丁酸，是一种非蛋白质组成的天然氨基酸，主要存在于哺乳动物脑、脊髓中，是一种重要的抑制性神经传递物质，应用于肝昏迷与脑代谢障碍，还可抗精神不安，对高血压也有改善作用。

研究表明，GABA 属于强神经抑制性氨基酸，如果人体内合成或外援补充 GABA，就能起到抑制中枢神经系统兴奋、降低血压作用。GABA 是人体大脑神经系统最安全的镇定剂（因此具安眠、抗焦虑、抗忧郁等功效），GABA 可以抑制或阻断神经细胞过度兴奋，因此可让身心状态宁静、平和并放松下来。

日本东京医院的心血管中心在对 39 位中度高血压患者服用含有某益生菌发酵产生的 GABA 乳饮料后，测定了它们的血压变化。当 GABA 含量达到 0.5mg/kg 时，可显著降低血压。

因此，含有这些活性物质的益生菌产品可以作为治疗高血压的辅助药品。

3. 益生菌与高血糖

血液中所含的葡萄糖称为血糖。正常情况下，血糖是经常变化的，特别是在饭后，血糖通常会上升。健康人在饭后血糖上升时，胰腺会分泌胰岛素，促进葡萄糖吸收，使其作为热量而消耗。因此，饭后一小时左右，血糖开始下降，饭后两小时基本就能恢复正常。但是，如果摄入过多的糖分，无法消耗的葡萄糖就会留在血液中。过多的葡萄糖需要大量胰岛素促进吸收，长期下去胰腺会疲劳以至功能衰退，逐渐变得无法顺利地分泌胰岛素。于是血糖升高，在空腹或者吃饭两小时后仍然居高不下，形成高血糖状态，血液因而变得黏稠，易于凝固。

无数的医学科学研究资料都一再表明：高血糖是一种有毒物质。它会使红细胞失去柔韧性而变硬，阻塞细小的血管，诱发血栓。在血管中与蛋白结合成糖化蛋白，使蛋白丧失功能，使血管受伤，易引发动脉硬化。持续高血糖就会发展为糖尿病。

糖尿病（diabetes mellitus）是一组以慢性血葡萄糖（简称血糖）水平增高为特征的代谢病，主要特点是血糖过高、糖尿、多尿、多饮、多食、消瘦和疲乏。糖尿病（DM，Diabetes Mellitus）一词是描述一种多病因的代谢疾病，特点是慢性高血糖，伴随因胰岛素分泌或作用缺陷引起的糖、脂肪和蛋白质代谢紊乱。它分为Ⅰ型（胰岛素依赖型糖尿病）和Ⅱ型（胰岛素非依赖型糖尿病）两种。Ⅰ型是由于自身免疫机能发生异常，胰岛细胞被破坏，胰岛素几乎无法分泌而产生的。Ⅱ型是因生活习惯和易患糖尿病的体质造成胰岛功能的低下和不足而产生的。95% 的糖尿病是Ⅱ型糖尿病，Ⅰ型糖尿病只占少数。近20年来，中国糖尿病患病率显著增加，2002年全国营养调查同时调查了糖尿病的流行情况。“世界糖尿病日”是由世界卫生组织和国际糖尿病联盟于1991年共同发起的，定于每年的11月14日，这一天是胰岛素发现者、加拿大科学家班廷的生日。其宗旨是引起全球对糖尿病的警觉和醒悟。中国中医科学院糖尿病研究总院调查资料显示，中国的糖尿病患者人数已达6 000万左右，占世界糖尿病人群总数的1/3，患病率居世界第二位，并且以每天至少3 000人的速度增加，每年增加超过120万人，预测至2010年中国糖尿病人口总数将猛增至8 000万至1亿人。

益生菌对糖尿病是有效的。糖尿病饮食治疗是糖尿病治疗的一项最重要的基本措施，无论病情轻重，无论使用何种药物治疗，均应长期坚持饮食控制。益生菌作为一种饮食疗法，具有很多优越性。第一，作为一般细菌最喜欢的物质，葡萄糖也会优先被黏膜上的益生菌利用。益生菌减少了葡萄糖的吸收。有大量的益生菌存在时，作用会非常明显。第二，当摄入大量益生菌时，益生菌和肠内的有害菌发生激战，需要身体供给益生菌大量“优质军粮”——葡萄糖，这主要靠血液来输送，从而加速葡萄糖的代谢。第三，Ⅰ型糖尿病是由于自身免疫机能发生异常而导致胰岛细胞被破坏引起的。益生菌具有调节免疫力的功能，可以防止免疫亢进带来对胰岛细胞的损坏。第四，益生菌可以预防和减轻糖尿病的各种并发症。

动物实验发现，肠道菌群数量与糖尿病的发生发展有一定的关系。当血糖值偏高时（>20mmol/L，小鼠），肠道内的益生菌（双歧杆菌、乳酸杆菌等）数量减少。

目前研究已证实，肠道内的类杆菌、乳酸杆菌与血糖高低关系密切，而厌氧菌群可以调控人体PPARg受体的转运和活性，该受体与胰岛素抵抗和Ⅱ型糖尿病关系密切。

目前具体的机理还在进一步的研究和验证当中。

四、肠易激综合征

相信不少人有这样的体会：在经历长时间的精神紧张和巨大的精神压力后，回到家中随便吃点生冷的食物，很快就会出现间歇性腹痛、腹胀或腹泻等肠道不适症状。许多人一般是随便使用点止肚疼的药。很少有人会立即去看医生。即使做了检查也没有发现感染或炎症。然而这种病在经过多次精神紧张和压力后症状会变得更严重。这些人长期受到腹部不适的困扰。这很可能是患上了肠易激综合征。

肠易激综合征（Irritable Bowel Syndrome，IBS）是一种生物、心理、社会病症，属胃肠功能紊乱性疾病。IBS为伴有腹痛和结肠功能紊乱的常见病，其特征是无感染或炎症的存在，但原因不明确，饮食、生活方式、感染和无关的炎症均被认为是潜在的致病因素，尤其与痢疾、受寒、进食过凉有直接的相关性。肠易激综合征发病率高，为胃肠疾病的10%～20%，西方人群为8%～23%，中国人群为7.2%，其中以女性约占75%。依据症状的表现，肠易激综合征分为数种类型，一类以便秘为主，另一类以腹泻为主，再一类两者症状兼而有之，3种类型的比例分别为28%、29%和33%，其中58%的女性的主要症状为腹泻，50%～60%存在菌群失调。

肠易激综合征具有腹痛、腹胀、排便习惯改变和大便形态异常以及黏液便等临床症候群。它是一种最常见的胃肠道病症且常常受到精神紧张和压力等心理因素的影响表现为综合症。它通常是慢性的。患有肠易激综合症的病人患病平均时间高达16年。有的人表现为长期便秘，有的人表现为长期腹泻与痢疾症状。

尽管肠易激综合征可以表现为严重的腹痛及腹部不适，但并不导致其他慢性或致命性疾病，如炎症性肠病和肿瘤等，更不会影响寿命。

益生菌对肠易激综合征这种长期困扰患者的慢性病有着很好的疗效。肠易激综合征的原因是发病机制的重点是肠道动力障碍，表现在结肠上肌肉运动不稳，肠蠕动发生异常。还有脑-肠互动、自主神经功能异常和患者的结肠肌肉对各种环境中刺激的敏感性增强。益生菌可以很好地调节肠道的蠕动，从而使便秘型的加快蠕动，促进粪便排出；腹泻型的消除异常刺激，使得肠蠕动变得平稳。

研究证实，肠易激综合征患者肠道菌群存在着异常。肠道有害菌攻击肠道，使其受到刺激的几率增加，肠蠕动失去稳定。大家都十分熟悉益生菌可以产生抗菌素和占位作用来排除有害菌的攻击，保持肠道正常菌群。矫正由有害菌产生的刺激的敏感性。

国外相关报道 40 例，将 IBS 者分成 2 组，治疗组 20 例服用乳杆菌制剂，对照组 20 例口服安慰剂，连续 4 周。结果治疗组 20 例腹痛消失，6 例便秘正常化，95% 症状改善，而安慰剂组仅有 11 例腹痛消失。瑞典的一项研究显示：6 位肠易激综合征患者在服用植物益生菌经过 4 周后，胀气和腹痛症状明显改善。另一项英国的研究也是经过了 4 周的乳杆菌疗法后，治疗组腹痛全部消失，症状明显改善。

五、益生菌与癌症

机体在各种因素作用下，局部组织的细胞在基因水平上失去了对其生长的正常调控，导致细胞的异常增生而形成的新生物。肿瘤是基因疾病，其生物学基础是基因的异常。致瘤因素使体细胞基因突变，导致正常基因失常、基因表达紊乱，从而影响细胞的生物学活性与遗传特性，形成了与正常细胞在形态、代谢与功能上均有所不同的肿瘤细胞。肿瘤的发生是多基因、多步骤突变的结果。不同的基因突变与不同强度的突变形成了不同的肿瘤。癌症，即恶性肿瘤，已成为最普遍的致死性疾病之一。世界每年产生癌症新病例约 1 100 万人，其中中国每年癌症新病例占到 20. 3%。它一直是威胁健康的一大公敌。癌症的发生与基因、环境污染、不良嗜好、膳食营养、病毒感染和辐射等因素关系密切。最常见的癌症，对于男性为肺癌、胃癌、肝癌和食管癌等，对于女性为乳腺癌、食管癌、胃癌、肺癌、肝癌和宫颈癌等。全球癌症发病总体呈上升趋势，显著上升的癌症有肺癌、乳腺癌和结直肠癌；显著下降的癌症有胃癌和宫颈癌。

控制癌症的原则是“以预防为主，防治结合，早期发现、早期诊断和早期治疗。”因为大约有 1/3 的癌症是可以预防的。从癌症形成过程可以看出两个关键点：一是诱变剂，或称致癌物；二是对异常细胞的监测。

那么，益生菌又能在癌症的防治中扮演什么角色呢？

首先，我们来看看致癌物的形成或来源。肠内 10 万亿的细菌组成了一个很小的化工厂，其中有害细菌会将食物和体内其他物质分解为许多致癌物，最常见的有亚硝胺、吲哚、酚类和二次胆汁酸。人们也会摄入含有一些前致癌物和致癌物的食物（主要是由腌、熏、烤、炸产生的）。益生菌是怎么对付它们的呢？首先益生菌可以通过结合、阻断或移除来抑制致癌物和前致癌物。还可以对可能将前致癌物转化为致癌物的细菌和转化酶的活力进行抑制。说的简单点，益生菌可以吸附致癌物和对致癌物质进行加工或转移，以减弱它们的毒性。益生菌能够帮助身体远离有害细菌和有害的酶，它们就没有加工致癌物的机会了。最典型的例子就是益生菌能降低粪便酶的活力，有效预防结肠癌。其次益生菌能酸化肠道，调节肠道菌群，从而减少有害菌的数量或改变胆汁溶解性，使胆汁减少向致癌物二次胆汁酸的转化。最后益生菌能促进肠道蠕动，加快对粪便中致癌物的排出。

其次，益生菌对异常细胞也有一定作用。第一，益生菌可以激活免疫系统，提高免疫应答。一旦人体出现异常细胞，免疫系统就会很快监测到，然后发生免疫反应。免疫细胞产生的肿瘤坏死因子、白细胞介素和干扰素都是对抗肿瘤的武器。第二，益生菌能产生抑制癌细胞生长的化合物，如一些功能性糖肽。第三，益生菌可以产生抗突变的物质和阻挡有害细胞的攻击以及抑制异常细胞的转化，从而起到防癌的作用。

在一项关于益生菌的抗肿瘤发生特性的动物实验中，测试了一个特定的嗜酸乳杆菌株的抗肿瘤效果。此项实验中，一组老鼠每日摄入一定的嗜酸乳杆菌，另一组没有摄入任何益生菌。这些老鼠均在皮下注射了可诱发肿瘤的物质——亚硝酸胺。结果发现，到第 26 周时，喂养了益生菌的老鼠能显著地减少肿瘤的发生；到第 40 周时，喂养了益生菌的那组老鼠产生肿瘤的情况比对照组的老鼠要低得多。这是因为，该种益生菌刺激了某些能杀死和抑制肿瘤生长的免疫成分的产生，比如白细胞介素 1α 和肿瘤坏死因子 α。

日本东京大学医学系大桥靖雄教授主持的研究项目表明：习惯饮用乳酸菌饮料的人，膀胱癌的发病危险可降低 50% 。

实际上，益生菌在防治肿瘤方面的诸多机制不是十分明确，还在进一步的研究过程中。2007 年的《美国临床营养学》杂志报道了北爱尔兰大学人类营养学教授伊恩·罗兰的临床实验结论：含有益生菌的饮品能够降低肠道细胞基因受损的可能性，有助于防治结肠癌。其他一些研究还显示了益生菌可以降低膀胱癌的危险。由于与消化道的直接联系，益生菌对消化道癌症的发生有着较明显的相关性。

六、益生菌与便秘和腹泻

便秘与腹泻是由肠道功能紊乱引起排泄的两个极端症状。前者是肠道内的废物排泄困难，粪便非常干燥和坚硬。后者是粪便的水分增加至85%以上，呈泥状或水状，排泄不止。虽然病症正好相反，但两者所带来的苦恼是不相上下的。有人形容“便秘之难难于上青天”，而腹泻则是“飞流直下三千尺”。看起来似乎有些夸张，可是也从侧面反映了患者的痛苦与煎熬（图1－4）。

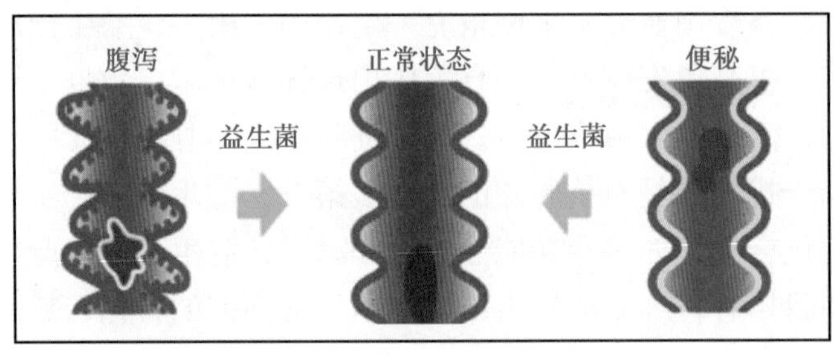

图1－4　益生菌与便秘和腹泻

1. 益生菌与便秘

便秘按症状分类可分成急性和慢性便秘，按病因分类可分成器质性和功能性便秘。器质性便秘是由于肠道结构异常改变所引起的。功能性便秘，即所谓暂时的便秘，它主要与生活规律的改变、情绪、饮食等环境因素有关。中医认为，便秘主要由燥热内结、气机郁滞、津液不足和脾肾虚寒所引起。

便秘的早期症状一般很少出现疼痛，然而当这种便秘转变成习惯性便秘时，各种症状就会相继出现，如头痛、肩疼、食欲不振、气胀、放屁、痤疮和皮肤干燥等。严重时由于肠内高压会使憩室胀开，过度用力排出硬便，还会引起痔疮、血压上升甚至昏迷。便秘造成肠道毒物的累积，长期排不出去，毒物就会随血液进入各种器官，造成损害；还可能进入脑中，影响脑功能。长期下去，由于致癌物作用还会发生癌变。

便秘大部分是因为缺少膳食纤维而引起的。最好的办法对付便秘，就是增加食物纤维的摄入量。其他如缺乏液体或机体失水也会引起便秘。提醒大家，应该从原因下手解决：补足液体（多喝水）会帮助你减轻和解除便秘。一些人用泻药来对抗便秘却使得自己的病情加重，便秘越来越频繁。服用一些药物特别是止疼的处方药也会引起便秘。有时候，人们也不能找出便秘的原因。对于一些人来说，摄入足量的膳食纤维和液体也对便秘无济于事。

益生菌是活的细菌，它们是可以天然存活于人体胃肠道中的细菌。这些细菌为人体做了很多事情。它们帮助梳理消化道，当然能对便秘起作用。益生菌可以保持肠道菌群的平衡。这样胃肠道就能更加出色地完成消化任务。如果食物被更有效地消化，便秘当然就没有存在的道理了。

2. 益生菌与腹泻

腹泻病因复杂，来势凶猛，但类型多。腹泻一般可分为感染性、炎症性、消化性、应激性、激素性和菌群失调性腹泻。后者多因长期口服广谱抗生素、肾上腺皮质激素而诱发。在病理学中，腹泻可分为急性腹泻和慢性腹泻。急性腹泻多有较强的季节性，好发于夏秋二季。慢性腹泻是指反复发作或持续2个月以上的腹泻。中医将腹泻归为风寒泻、湿热泻、脾虚泻和脾肾阳虚。感染性腹泻（包括旅行者腹泻）和抗生素相关性腹泻（AAD）是最常见的几种腹泻。最常见的腹泻由进食不洁的食物、饮食改变或不当、食物过敏、小腹受凉、精神过度紧张、焦虑抑郁等引起。

急性腹泻可以使体内的水分和电解质大量丢失，造成人体的电解质失去平衡和酸碱代谢紊乱，可以出现低血钾、低血钠、代谢性酸中毒等；严重的病例还可由于血容量的减少而出现休克、急性肾功能衰竭，甚至昏迷。不论哪种原因引起的腹泻都会给人体带来不良后果，慢性食物中毒可损害脏器功能，细菌或病毒感染可引起发热等全身中毒症状，腹泻可引起肌体脱水与电解质失衡。有心血管疾病的中老年人还可因为腹泻引起血液黏稠度增高，有的甚至诱发心肌梗塞和脑中风等疾病。

益生菌产品通过增加腹泻者肠道内有益菌的数量和活力，抑制致病菌的生长，以恢复正常的菌群平衡，达到缓解腹泻症状效果，对成人或小儿细菌性腹泻、菌痢、顽固性难治性腹泻均有良好的预防和治疗作用。国外研究显示某些益生菌可以治疗轮状病毒引起的腹泻，通过调节肠道微生态的平衡，创造出一个不利于有害病毒和细菌存在的环境，来预防和治疗感染性腹泻。益生菌产生乙酸、乳酸等有机酸能降低肠道 pH 值和氧化还原电位；产生过氧化氢、细菌素、生物表面活性物质等抗菌物质，对病原微生物的黏附生长有抑制作用；益生菌与肠黏膜上皮细胞形成的紧密结合形成微生物膜，防止了致病菌的黏附定殖，使轮状病毒感染性腹泻迅速恢复，患者的平均病程及平均住院天数均明显缩短。

近年来，由于抗生素的滥用，抗生素相关性腹泻（AAD）也渐被临床所重视，益生菌产品可有效地防治 AAD。腹泻是抗生素治疗的常见并发症，约有 5% ~25% 的患者会在抗感染治疗后发生腹泻，这就是抗生素相关性腹泻（AAD）。这种腹泻随着抗生素的滥用而逐渐开始肆虐。抗生素在杀死致病微生物的同时，也杀死了肠道有益菌，致使肠道菌群失调而引发腹泻。如果及时补充益生菌，则能加快肠道菌群的正常化，减轻腹泻症状，使虚弱的身体快速恢复。国外学者所做的 Meta 分析也表明益生菌产品可防止 AAD 的发生。

国内将 132 例真菌性肠炎患者随机分成 2 组，治疗组使用益生菌产品治疗，对照组使用抗真菌药治疗，2 组真菌性肠炎患者在疗程结束后总治愈率分别为 97.1% 和 100%，治疗组和对照组不良反应的发生率为 1.5% 和 3.4%，益生菌产品对真菌性肠炎疗效确切，且无明显的不良反应。

益生菌对便秘和腹泻两难症状均有预防效果和一定疗效。其实益生菌对它们的效果不仅是通过调节肠道菌群的平衡实现的，而且存在着益生菌对肠蠕动的双向调节：便秘时促进肠蠕动，加快粪便排出；腹泻时消除刺激，减缓肠蠕动。

七、益生菌与乳糖不耐症

乳糖消化不良的症状在世界各地都普遍存在，其中在不常以鲜乳为食物的黄种人和黑种人较为严重。有资料表明，高达73%的亚洲人都有不同程度的乳糖不耐症，有3 000万~5 000万美国人患有乳糖不耐症，而欧洲的乳糖不耐症人群就少得多。乳糖不耐症还与年龄相关，年龄由高到低，乳糖不耐症呈明显递减趋势（图1-5）。这主要是由于鲜乳这种营养食物逐渐得到普及产生的效果。

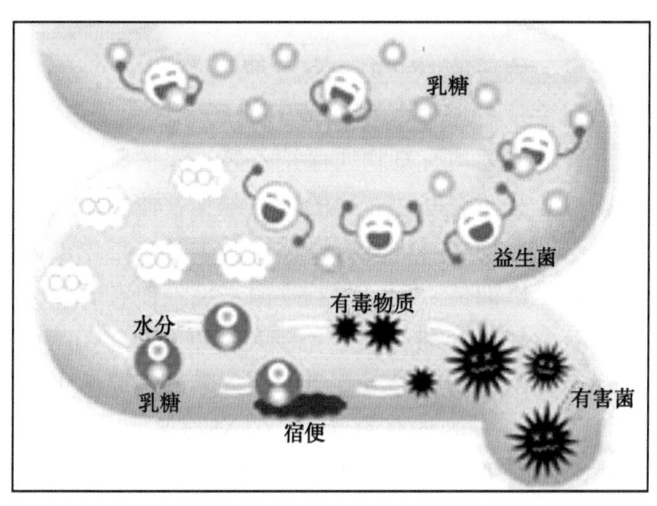

图1-5　益生菌与乳糖

乳糖不耐症是因为消化时缺少乳糖酶或其活力低，乳中乳糖部分被肠内有害菌利用产生气体成小分子有机酸等刺激物质，剩余的乳糖会使肠道的渗透压不平衡，造成人体反胃、腹痛、腹鸣、腹胀和腹泻等不适现象。许多人认为可以不食用牛乳来避免乳糖不耐症。然而牛乳中丰富的蛋白、脂肪酸和钙质等营养物质对人们身体健康来说是太重要了，人们已无法拒绝牛乳带来的营养。由上可知，人们应该找到乳糖酶降低乳中的乳糖并减少肠道有害菌从而减少它们利用乳糖制造有害物质的机会。

益生菌可以帮人们同时做到这两点。大家已经十分清楚，食入大量的活性益生菌可以保持肠道的正常菌群，减少肠道有害菌的比例，更重要的是最喜爱乳糖的病原细菌大幅减少。它们产生的气体和其他刺激物质的减少，使乳糖不耐症得到缓解。其实益生菌作为一类微生物可以产生一定量的乳糖酶。但要让乳糖酶发挥作用，一是有大量的益生菌，二是这些益生菌能抵达肠道。还有些研究表明，食品中的益生菌可以受到包被在外的食品一定的保护，而微胶囊包裹后的益生菌受到的保护作用更大。这样益生菌在消化道的分解速度减缓，使乳糖酶持续释放，在乳糖到达结肠前被分解掉，就不会使大肠内渗透压失衡，造成水样状腹泻。

八、益生菌与免疫

肠道是一道免疫的坚固长城。薄薄的肠黏膜就是第一道物理屏障，与肠腔内各种坏菌与有毒物质保持距离，保护着人们的肠道。然后就是由于肠壁上密布着井然有序的免疫细胞，益生菌才可以刺激免疫细胞，激活它们，使其再到全身发挥作用。肠道是免疫力的主要培训基地，益生菌是培训员。可以说益生菌是免疫使者。

免疫方式有两种，分别为细胞免疫和体液免疫。在细胞免疫中，益生菌能激活巨噬细胞，它可以吞噬和杀灭多种病原微生物，同时诱导其释放两种武器——肿瘤坏死因子（TNF-α）和白细胞介素 6 号(IL-6)。肿瘤坏死因子，顾名思义，就是对癌细胞有杀伤作用，引起癌细胞出血坏死的活性因子。白细胞介素也是很重要的免疫活性因子，它参与炎症反应，调节机体免疫功能。益生菌菌体胞外产物和细胞壁肽聚糖都具有一定免疫活性。完整细胞（或完整肽聚糖）可发挥免疫佐剂活性。但研究表明菌体细胞破碎液甚至双歧杆菌基因组 DNA 也能激活巨噬细胞。这就是为什么普通无活菌的酸奶也具有一定的免疫功能。

益生菌也可以激活 T 细胞和 NK 细胞（Natural Killer Cell，自然杀伤细胞)，两者都能起到细胞杀伤作用，阻断入侵细胞。益生菌更进一步的用途是可提高个体亚免疫状况、幼年个体与老年个体的免疫力。研究结果表明，随着年龄增大免疫系统功能也将逐渐下降，而免疫反应功能的强弱与寿命密切相关（Goodwin 等，1995）。益生菌可提高年老个体 T 细胞诱导的免疫反应、提高 NK 细胞和吞噬细胞功能

（Solana 等，2000）。研究结果表明鼠李糖乳杆菌和乳酸乳杆菌联合使用确实提高了老年个体的细胞免疫功能（Sheih，2001）。

益生菌可通过 Toll 样受体（TLR）调节免疫系统的功能。TLR 是一种跨膜蛋白，是固有免疫系统行使防御功能过程中重要的信息传递者，与特定物质结合后可激活脊椎动物的免疫系统。益生菌可干扰与其发生相互作用的其他细菌和宿主肠道表皮细胞上的 TLR，进而调节一些抗体的水平，这也是共生微生物给宿主带来的益处之一。

益生菌通过免疫途径对机体起作用的方式主要是免疫刺激和免疫调节。免疫刺激就是将个体的免疫反应功能获得一定的提高，这对正常免疫无法获得或免疫低下的个体尤为重要。很多乳酸杆菌和双歧杆菌能够提高机体体液抗体水平（PerdigonGill，2000）。对人的研究结果表明，口服乳酸杆菌 GG 可以提高机体对轮状病毒和沙门氏杆菌疫苗的抗体反应性（Fangac 等，2000）。短乳杆菌能够提高脊髓灰质炎病毒疫苗的 IgA 水平（Fukushima 等，1998）。这些事实都表明口服益生菌可以通过肠黏膜刺激机体的免疫反应，将来也有可能用于临床来增强机体对口服流感疫苗的免疫反应（Maassen 等，2000）。

还有一些研究显示某些益生菌能促进脾细胞增殖。脾脏重量增加，使免疫功能增强并且能产生其他细胞因子，如白细胞介素-1，白细胞介素-10（IL-1，IL-10）或干扰素。

在体液免疫中，另一种免疫细胞 B 细胞受到益生菌刺激，产生的不同类型抗体免疫球蛋白（IgA）增多，然后结合一个保护免疫球蛋白的分泌小体成为 sIgA，再由肠黏膜上皮细胞释放，抑制病原微生物的定殖，使免疫应答功能增强。

九、益生菌对肠道黏膜免疫的影响

人和动物的胃肠道、呼吸道、泌尿生殖道的黏膜和一些同分泌腺有关的黏膜，构成了机体的重要黏膜系统，它对人和动物的健康至关重要。黏膜免疫已经成为新的免疫研究热点，这是因为机体 95% 以上的感染发生在黏膜上或由黏膜入侵机体，另外黏膜既存在局部免疫，又存在共同黏膜免疫系统（common mucosal immune system，CMIS）。动物的先天性或非特异性免疫应答，亦即机体免疫系统识别和排除各种异物，主要依靠机体黏膜的屏障作用。

1. 肠道黏膜免疫

（1）肠道黏膜免疫的重要性。肠道不仅是消化吸收的重要场所，同时也是“应激反应的中心器官”和“多脏器功能衰竭（multiple organ deficiency syndrome，NODS）的始动器官”，又是机体内最大的细菌和内毒素储存库。肠道黏膜免疫系统包括肠道相关淋巴组织（gut associated lymphoid tissues，GALT）有关细胞和分子成分，如淋巴细胞、巨噬细胞、各种白细胞、嗜银细胞和抗体、溶菌酶、抗菌肽等。肠道相关淋巴组织由肠上皮淋巴细胞（intestinal intraepithelial lymphocytes，IEL）、固有层淋巴细胞（lamina propria lymphocyte，LPL）、微皱褶细胞（又称膜上皮细胞、M 细胞）和回肠集合淋巴结（payer's patches，PP）等肠相关淋巴组织构成[1]。它可抵御细菌、病毒和毒素从消化道入侵，肠黏膜抗体形成细胞占体内的抗体细胞的 70% ~ 80%，产生免疫球蛋白 A（IgA）的量比体内其他 Ig 类型的总量还要多。肠道与单核-巨噬细胞系统和肝、脾等免疫功能器官相比，是最大的免疫器官。肠道淋巴组织最大，超过所有组织。肠道黏膜面积巨大，约 2 倍于皮肤表面，每时每刻黏膜都要接触大量抗原，担负着重要的免疫功能。

（2）肠道黏膜免疫的机制。黏膜免疫与系统免疫有所不同，黏膜免疫主要是发挥免疫抑制作用，而系统免疫主要起免疫增强作用。这与两个系统的不同作用方式有关。对抗病原微生物的肠黏膜免疫可分为先天性免疫和后天获得性免疫。其先天性免疫是构成肠黏膜屏障的基础。

发生在肠道中的黏膜免疫反应是由肠黏膜表面附着的抗原引发的。肠道黏膜中的淋巴滤泡集结将抗原物质转移到淋巴滤泡集结中的巨噬细胞，巨噬细胞对抗原进行加工并将抗原转移给辅助性 T 细胞，辅助性 T 细胞激活 B 淋巴细胞，B 淋巴细胞分化增强产生大量分泌型 IgA（SIgA），SIgA 是黏膜免疫的主要效应因子，虽然 SIgA 难以通过激活补体等途径直接杀伤病毒，但是可以通过大量非炎性反应途径清除病毒感染。SIgA 发挥主要作用的部位是局部黏膜。局部黏膜免疫的基本原理是由于局部抗原刺激比全身更能有效的刺激机体黏膜分泌大量SIgA，可有效中和黏膜上皮内的病原体、细菌毒素和酶，捕捉黏膜内层病原体，削弱细菌表面疏水性，阻止病毒附着、细菌黏附和抗原的黏附，刺激肠道黏膜表面分泌黏蛋白降解病毒，同时加速黏液在黏膜表面移动，从而加速了细菌和内毒素等有毒物质的排出，还可与细菌等形成免疫复合物并排除体外。大量的黏膜免疫细胞参与摄取与递呈抗原、诱导发生免疫反应和产生免疫效应因子（主要是SIgA），从而发挥免疫作用，抵抗病原微生物对机体的侵袭。

2. 益生菌对肠道黏膜免疫的作用

（1）益生菌对肠道黏膜免疫作用的机理。肠道微生物对肠道组织的形态、功能和代谢有很大影响。动物胃肠道的微生物数量超过了动物体内细胞的数量，种类达400多种，而这些微生物在动物的消化道内又具有定位、定性、定量和定宿主等特点。正常肠道内定殖有双歧杆菌、拟杆菌、乳酸杆菌和类链球菌等厌氧菌和革兰氏阴性菌为主的菌群。这些菌为肠道正常菌群的优势菌群。它们与肠黏膜紧密结合构成肠道的生物屏障。它们能通过占位效应、营养竞争及其分泌的各种代谢产物与细菌素等抑制条件致病菌的过度生长和外来致病菌的入侵，从而维持肠道的微生态平衡。毫无疑问，肠道菌群在肠道免疫中起着非常重要的作用。肠道菌群的协调是维持动物正常消化功能和防止疾病发生的一个重要因素，当外界环境变化时，肠道内的条件性病原菌就会引发消化道疾病，此时黏膜屏障的功能就会受损，肠腔内细菌可达到肠系膜淋巴结并可能进一步侵犯脏器。

益生菌作为一种活的有机体，存在于肠道黏膜上并对肠道黏膜有保护与上接作用，可以治疗各种肠道疾病。种种迹象表明益生菌在肠道黏膜免疫作用中发挥重大的功能。在动物的饲料中添加一定量的益生菌或微生态制剂，对预防外界环境变化时肠道菌群的紊乱有明显的作用。益生菌可直接作用于宿主的免疫系统，诱发肠道免疫并刺激胸腺、脾脏和法氏囊等免疫器官的发育，促进巨噬细胞活力或发挥佐剂作用，活化肠黏膜内相关淋巴组织，使SIgA分泌增加。通过增强T细胞和B细胞对抗原刺激的反应性，发挥特异性免疫作用活化肠黏膜内的相关淋巴组织，使 SIgA 生物合成增加，提高消化道黏膜免疫功能，诱导淋巴细胞和巨噬细胞产生细胞因子，发挥免疫调节作用，从而增强机体免疫功能。益生菌来源于肠道正常菌群中的生理性活菌制剂，无毒无害进入体内大量繁殖，迅速补充肠道正常菌群，纠正菌群失衡，提高定殖能力。益生菌的细胞壁成分、代谢产物和菌体细胞等均可能刺激动物的肠道黏膜免疫系统。在肠道黏膜表面上存在分泌性免疫（secretory immunity），而黏膜表面上的 SIgA 提供了第一道免疫防线。SIgA 是黏膜组织免疫应答的特征，SIgA 抗体可通过阻碍黏膜与细菌和病毒的接触从而给黏膜表面提供特殊的免疫屏障。在穿越上皮时，在上皮细胞内显示其抗微生物的能力。

（2）益生菌对肠道黏膜的细胞免疫作用。益生菌包括乳酸酸菌和芽孢杆菌，已经有试验证明益生菌可以加强哺乳动物肠道黏膜的抗体反应，也有研究表明，在鸟类肠道中益生菌可增加肠道免疫耐受性。杨玉荣等报道雏鸡灌服益生素后检测盲肠扁桃体、派伊尔结、哈德尔腺 IgA、IgM 和 IgG，生成细胞数量明显高于对照组，表明益生菌能提高雏鸡呼吸道和消化道黏膜免疫组织抗体生成细胞数量。葛凤霞（1998）等报道，乳酸杆菌注入小鼠腹腔后，反应巨噬细胞活化状态的酸性磷酸酶，非特异性酯酶的数量明显增加，巨噬细胞的体内及其体外细胞毒作用也显著增强。电镜下，可以观察巨噬细胞体积增大，伪足增多，细胞器的数量增多。柳洪洁等[9]报道干酪乳酸杆菌和保加利亚乳酸杆菌还通过巨噬细胞和 T 细胞、NK 细胞活性的增强来提高机体的免疫力。巨噬细胞、NK 细胞和 T 细胞的活化，有益于增强周围血管和局部淋巴结中淋巴细胞的免疫。刘克琳（1994）研究报道，肉鸡饲喂微生物饲料添加剂后 6 周胸腺、脾脏和法氏囊重量分别较对照组高出一半以上。动物免疫器官重量的增加是由于其自身细胞生长发育和分裂增加所致，重量增加表明机体的免疫机能提高；而且淋巴细胞和浆细胞数量也明显增多，由浆细胞产生特异抗体，发挥体液免疫功能，从而健全全身免疫系统，提高免疫功能。益生菌可激活巨噬细胞的活性和细胞因子介导素的分泌，增强免疫功能。GillH S 报道，益生菌能够激发机体特异性和非特异性的免疫应答，从而能够预防和治疗胃肠道的疾病。

（3）益生菌对肠道黏膜的体液免疫作用。肠黏膜免疫屏障指 SIgA 的抗细菌黏附功能和上皮内淋巴细胞的免疫监视作用。SIgA 能够中和毒素、病毒和酶等生物活性抗原，具有广泛的保护作用，但其主要作用是阻止细菌对肠上皮细胞表面的吸附。有试验表明，给 1 日龄雏鸡饲喂乳酸杆菌，在早期可以显著提高雏鸡消化道 SIgA 抗体的水平。随着日龄的增加，试验组和对照组之间 SIgA 抗体水平趋于一致。动物研究显示，肠道内给予乳酸杆菌能显著减少新生动物肠道内致病性大肠埃希菌的易位。临床研究也表明，新生儿喂养益生菌后，肠道内厌氧菌群增加而致病性微生物减少，同时血中内毒素或细菌易位。Mangiante 等对急性胰腺炎动物模型的研究结果也显示，实验动物在应用乳酸杆菌后肠道细菌易位发生率显著降低。在腹膜炎动物模型中，植物乳酸杆菌能阻止内毒素进入血液。植物乳酸杆菌 299 和 299v 还能抑制革兰氏阴性厌氧菌、大肠埃希菌、难辨梭菌和亚硝酸盐的产生。

（4）益生菌对肠道黏膜免疫的影响。乳酸杆菌、芽孢杆菌、双歧杆菌和酵母菌是益生菌制剂中最常用、具代表性的菌种。各种菌通过肠道并在肠道壁黏附发挥益生作用。

①乳酸杆菌。肠道免疫作用的产生主要依赖原籍菌群，当微生物菌群在动物出生后就发展并延续整个生命的时候，微生物与宿主免疫系统的相互作用也开始了。乳酸杆菌作为一种重要的原籍菌，能通过与肠上皮表面特异性的受体结合，有序地定殖在肠上皮表面，构成有层次的厌氧菌菌膜，并与其他厌氧菌一起构成膜菌群。它们一方面起占位性保护作用，保护肠黏膜免受其他病原菌的黏附与入侵；另一方面通过产生有机酸、过氧化氢等其他物质抑制病原菌的黏附、生长和繁殖，从而发挥屏障效应。研究显示，植物乳酸杆菌 299v 是通过表达甘露糖特异性黏附素而与宿主肠上皮发生黏附。另外，乳酸杆菌还能促进损伤的肠黏膜上皮修复，防止致病菌在肠上皮细胞间移位。体外和体内试验表明，乳酸杆菌能通过下述作用，如有机酸降低 pH 值、营养竞争、占位、产生抑制毒素的代谢产物、合成有抗菌活性的

细菌素和黏附定殖以及形成膜菌群等，抑制致病菌或条件致病菌的生长，维持肠道固有菌群，保证溶菌酶、蛋白分解酶的分泌，从而保护了肠道生物屏障。在啮齿类动物试验中发现，如果在其出生和幼年时期肠菌群减少，可以导致个体免疫系统成熟延迟。有研究表明，乳酸杆菌可以影响动物的免疫功能，增强自然免疫力，增加肠道黏膜对外界的抵抗力。最新益生菌研究发现，乳酸杆菌（La-GG）有诱导细胞核因子 KB（Nuclear-factor-kB，NF-KB）介导反应的能力，NF-KB 可活化肠腔 Toll 样受体。Toll 样受体是肠道免疫的重要启动者。Gauffin 等用干酪乳酸菌作为食物添加剂饲喂营养不良的鼠模型，结果发现由营养不良导致的肠黏膜屏弊和黏膜免疫功能损害，可以通过干酪乳酸杆菌的补充而恢复。

②芽孢杆菌。肠道菌群与宿主形成一个相互依赖、相互作用的微生态系统，此为肠黏膜的生物屏障。Ozawa 等（1987）通过用枯草芽孢杆菌饲喂断奶仔猪，饲喂的芽孢杆菌能稳定动物肠道微生物区系，枯草芽孢杆菌数量不断增加。有试验发现，日粮中添加 0.2% 芽孢杆菌制剂、0.2% 芽孢杆菌和 0.4% 果寡糖联用，可明显增加各肠段内容物中的芽孢杆菌数量，由此表明肠道芽孢杆菌的增殖是芽孢杆菌制剂发挥抑菌效果的内在原因。潘康成等报道地衣芽孢杆菌对家兔细胞免疫和体液免疫有不同程度的促进作用。

Cong 等报道，长期服用益生素可减少胃肠道感染，益生素能够在体内建立有益菌的优势菌群，限制病原菌的增长并能产生营养物质，对慢性胃肠炎的治疗更为有效。Harsharnjit 等报道，长期服用益生素可减少胃肠道感染，因为其有益菌不仅起到机械性防御作用，还会刺激机体产生特异性和非特异性免疫应答作用。Karimi 报道，益生菌能够平衡动物肠道菌群。益生菌对畜禽免疫功能有显著的增强作用，地乳生态合剂对预防和治疗仔猪黄、白痢效果显著，特别是在一些滥用抗生素，导致体内耐药菌株增加，体内菌群失调的猪厂，应用该制剂疗效更加显著。益生菌可以降低肠道通透性，增强特异性黏膜免疫反应，加强 IgA 和 IgM 的作用来修复肠道屏障功能。用益生菌治疗 IL-10 基因缺陷鼠的大肠炎，发现益生菌对肠道黏膜屏障功能有上接作用。新生儿喂养益生菌后，肠道内厌氧菌群增加而致病性微生物减少，同时血液中内毒素水平降低，减轻内毒素或细菌易位。因此可以证明益生菌等活菌能在动物肠道内定殖并维护肠道菌群平衡，刺激肠黏膜免疫系统，发生体液免疫和细胞免疫应答，促进免疫器官的生长和发育以及黏膜免疫功能的增强，从而提高机体抗病能力。

3. 益生菌在肠道黏膜免疫中应用的展望

肠道微生物保持着宿主的微生态平衡，当正常微生物种群紊乱时，微生态系统的平衡被破坏，动物消化功能受阻或失调，导致疾病发生。

益生菌制剂也称为微生态制剂或微生态调节剂，是在微生态学理论指导下，调整微生态失调，保持微生态平衡，提高宿主（动物、植物和人）健康水平或增进健康状态的益生菌（微生物）及其代谢产物和生长促进物质的制品。微生物治疗中加用益生菌制剂，调整了肠道菌群失调，使肠道中双歧杆菌、乳酸菌增多而减少革兰氏阴性杆菌，减少了内毒素产生，使内毒素试验转阴性，容易加速肝功能改善和临床症状缓解。微生态制剂有两类，即活菌制剂、死菌及其代谢产物。微生态制剂按成分来分为益生菌（probiotics）、益生元（prebiotics）和合生元（synbiotics）。益生菌菌种必须是肠道内菌群的正常成员，可利用其活菌、死菌及其代谢产物。有试验采用培菲康作为活菌制剂，含双歧杆菌、嗜酸乳酸杆菌和粪链球菌；采用乐托尔作为一种死菌制剂，其内含惟一从人体分离与肠黏膜有较好黏附力的嗜酸乳酸杆菌的代谢产物，其代谢产物有乳酸杀菌素，乳酸杆菌素，乳酸乳菌素和乳酸菌素，是目前含菌素较高的微生态制剂。

随着黏膜免疫研究的不断发展和完善，在未来的预防免疫中，黏膜免疫将会发挥越来越重要的作用，同时益生菌在黏膜中的应用也将更加突出。

第四节　益生菌剂型

益生菌制剂是指含有一定数量活性益生菌的粉剂、片剂或胶囊等，主要是通过冷冻干燥技术制成浓缩菌粉和辅料混合制成。医学上也称微生态制剂。益生菌制剂是指含有一定数量活性益生菌的粉剂、片剂或胶囊等，主要是通过冷冻干燥技术制成浓缩菌粉和辅料混合制成。医学上也称微生态制剂。益生菌制剂中的益生菌的活力受到湿度、温度、光照和介质（主要是冻干保护剂）等的影响。一般会采用气体隔离和密封包装等方法来保存。但是在打开包装后，这些保存方法即开始失效。

近年来，为了保持益生菌的存活率，微胶囊技术被应用于益生菌制剂中。微胶囊技术，即将物质包埋在微小的胶囊（0.01～1 000μm 的微胶囊）中，形成微胶囊中的物质由于与外界环境相隔离，受环境的影响极小，从而保持稳定，而在适当条件下，被包埋物质又可以释放出来。益生菌的微胶囊技术主要通过海藻酸盐胶或脂肪的喷雾涂层两种方法来实现。2007 年有人利用乳清蛋白的胶凝技术实现了益生菌的微胶囊化。

益生菌制剂标签分析：首先，在醒目的位置，厂家会标注使用的益生菌品牌以及它的突出功效。其次，标明益生菌的浓度，有的是 40 亿，有的 100 亿，最高可达 1 000亿。虽然数目很吓人，但想想益生菌属于微生物，也就不足为怪了。一般益生菌数目达到 10 的 6 次方，即 100 万/克，就可发挥益生作用了。推荐的益生菌菌剂浓度为 1 亿单位以上。

还有就是益生菌使用的比例。例如，为了达到更好的效果，有一种配方就是采用乳杆菌和双歧杆菌共同制成的复合菌，以达到协同增效的作用。

一、益生菌胶囊剂

胶囊剂（capsules）系指将药物填装于空心硬质胶囊中或密封于弹性软质胶囊中而制成的固体制剂，构成上述空心硬质胶囊壳或弹性软质胶囊壳的材料是明胶、甘油、水和其他的药用材料，但各成分的比例不尽相同，制备方法也不同。

胶囊剂具有如下一些特点：

（1）能掩盖药物不良嗅味或提高药物稳定性。因药物装在胶囊壳中与外界隔离，避开了水分、空气、光线的影响，对具不良嗅味或不稳定的药物有一定程度上的遮蔽、保护和稳定作用。

（2）药物的生物利用度较高。胶囊剂中的药物是以粉末或颗粒状态直接填装于囊壳中，不受压力等因素的影响，所以在胃肠道中迅速分散、溶出和吸收，其生物利用度将高于丸剂、片剂等剂型。一般胶囊的崩解时间是30min以内，片剂、丸剂是1h以内。

（3）可弥补其他固体剂型的不足。含油量高的药物或液态药物难以制成丸剂、片剂等，但可制成胶囊剂。

（4）可延缓药物的释放和定位释药。可将药物按需要制成缓释颗粒装入胶囊中，达到缓释延效作用。

根据囊壳的差别，通常将胶囊剂分为硬胶囊和软胶囊（亦称为胶丸）两大类：

（5）硬胶囊剂（hard capsules）是将一定量的药物（或药材提取物）和适当的辅料（也可不加辅料）制成均匀的粉末或颗粒，填装于空心硬胶囊中而制成。

（6）软胶囊剂（soft capsules）是将一定量的药物（或药材提取物）溶于适当辅料中，再用压制法（或滴制法）使之密封于球形或橄榄形的软质胶囊中。

当然，亦可根据用途的特殊性，进一步将其分出第三类：

（7）肠溶胶囊剂（enteric capsules）。肠溶胶囊剂实际上就是硬胶囊剂或软胶囊剂中的一种，只是在囊壳中加入了特殊的药用高分子材料或经特殊处理，所以它在胃液中不溶解，仅在肠液中崩解溶化而释放出活性成分，达到一种肠溶的效果，故而称为肠溶胶囊剂。

（8）空心胶囊。按照内容积的大小，从大到小可分为：000、00、0 1、2、3、4、5 型号。

益生菌胶囊包装有其特殊要求，特别是像双歧杆菌等厌氧菌，首要条件是要尽可能避免与空气接触，以减少氧的伤害作用。因此，包装材料应选用不透气材料，最好是用真空或充氮气包装。在储藏中也和其他胶囊剂一样，易受环境温度和湿度的影响，应在阴凉干燥条件下储藏。当温度超过室温，相对湿度大于45%时，益生菌易死亡，胶囊剂变软发黏，膨胀，真菌容易滋生。若长期在高湿度下贮藏，则崩解时间也会延长。

胶囊剂所具有的特点复合了益生菌产品的要求，成为益生菌制品的一种重要剂型。胶囊剂生产工艺较简单，运输和携带方便，可掩盖制剂的不良气味，可有不同颜色便于区别，药物的生物利用率高，制造时不需加黏合剂，也不施压，因而易于分散，可以用不透明囊壳减少益生菌受光、热和空气的影响。其缺点是水剂和吸湿性强的制剂不宜直接制成胶囊。

胶囊不适于婴幼儿服用。

二、益生菌片剂

片剂是由原料、填料、吸附剂、黏结剂、润滑剂、分散剂、润湿剂、崩解剂、香料和色料等组成。

先将物料粉碎、造粒和干燥，再用压片机制成片状，也有的不需造粒和干燥，直接压成片剂。

在片剂质量上要求含量准确，重量差异小，崩解时间或者溶出度符合规定，硬度适当，外观美，色泽好，符合卫生检查标准和在规定贮藏期性质稳定等。剂量准确，理化性质稳定、贮存期较长，使用、运输与携带方便、价格低、产量高等也都是对片剂的质量要求。

1. 片剂的概念和特点

片剂是药物与辅料均匀混合后压制而成的片状制剂。其特点是：固体制剂；生产的机构化、自动化程度较高；剂量准确；也可以满足临床医疗或预防的不同需要。

2. 片剂的种类和质量要求

片剂的种类有普通压制片、包衣片、糖衣片、薄膜衣片、肠溶衣片、泡腾片、咀嚼片、多层片、分散片、舌下片、口含片、植入片、溶液片和缓释片。

片剂的质量要求有：硬度适中；色泽均匀，外观光洁；符合重量差异的要求，含量准确；符合崩解度或溶出度的要求；小剂量的药物或作用比较剧烈的药物，应符合含量均匀度的要求；符合有关卫生学的要求。

3. 片剂的常用辅料

片剂的常用辅料分成填充剂、黏合剂、崩解剂和润滑剂四大类。

（1）填充剂。填充剂的主要作用是用来填充片剂的重量或体积，从而便于压片。常用的填充剂有淀粉类、糖类、纤维素类和无机盐类等。

①淀粉：比较常用的是玉米淀粉，为片剂最常用的辅料。淀粉的可压性较差，若单独作用，会使压出的药片过于松散。

②糖粉：优点在于黏合力强，可用来增加片剂的硬度，其缺点在于吸湿性较强，一般不单独使用。

③糊精：是淀粉水解生成的较小分子，它易溶于热水，有良好的黏性。

④乳糖：是一种优良的片剂填充剂。其流动性、可压性良好，可用作粉末直接压片使用。

⑤可压性淀粉：亦称为预胶化淀粉，具有良好的流动性、可压性、自身润滑性和干黏合性并有较好的崩解作用。

⑥ 微晶纤维素（MCC）：具有良好的可压性，有较强的结合力，可作为粉末直接压片的“干黏合剂”使用。

⑦无机盐类：如硫酸钙、磷酸氢钙。在片剂辅料中常使用二水硫酸钙。但应注意硫酸钙对某些主药（四环素类药物）的吸收有干扰，此时不宜使用。

⑧甘露醇：较适于制备咀嚼片。除另有规定外，片剂应密封贮藏。

（2）湿润剂和黏合剂。某些药物粉末本身具有黏性，只需加入适当的液体就可将其本身固有的黏性诱发出来，这时所加入的液体就称为湿润剂；某些药物粉末本身不具有黏性或黏性较小，需要加入淀粉浆等黏性物质，才能使其粘合起来，这时所加入的黏性物质就称为粘合剂。

①蒸馏水：蒸馏水是一种湿润剂。由于物料往往对水的吸收较快，容易发生湿润不均匀的现象，最好采用低浓度的淀粉或乙醇代替。

②乙醇：乙醇也是一种湿润剂。可用于遇水易于分解的药物，也可用于遇水黏性太大的药物。用量一般为药物的30% ~70%。

③淀粉浆：淀粉浆是片剂中最常用的粘合剂，淀粉浆的制法主要有煮浆和冲浆两种方法。

④羧甲基纤维素钠（CMC - Na）：用作粘合剂，常用于可压性较差的药物。

⑤羟丙基纤维素（HpC）：做湿法制粒的粘合剂，也可作为粉末直接压片的粘合剂。

⑥甲基纤维素和乙基纤维素（MC；EC）：甲基纤维素具有良好的水溶性，作为粘合剂使用，乙基纤维素不溶 于水，常利用乙基纤维素的这一特性，将其用于缓、控释制剂中（骨架型或膜控释型）。

⑦羟丙基甲基纤维素（HpMC）：这是一种最为常用的薄膜衣材料。

⑧其他粘合剂：明胶溶液、蔗糖溶液、聚乙烯吡咯烷酮（pVp）的水溶液或醇溶液。

（3）崩解剂。除了缓（控）释片剂和某些特殊作用的片剂以外，一般的片剂中都应加入崩解剂。

①干淀粉：是一种最为经典的崩解剂，较适用于水不溶性或微溶性药物的片剂，但对易溶性药物的崩解作用较差。这是因为易溶性药物遇水溶解产生浓度差，使片剂外面的水不易通过溶液层面透入到片剂的内部，阻碍了片剂内部淀粉的吸水膨胀。在生产中，一般采用外加法、内加法或“内外加法”来达到预期的崩解效果。

②羧甲基淀粉钠（CMS - Na）：吸水膨胀作用非常显著，是一种性能优良的崩解剂。

③低取代羟丙基纤维素（L - HpC）：它有很好的吸水速度和吸水量。

④交联聚乙烯吡咯烷酮（亦称交联 pVp）。

⑤交联羧甲基纤维素钠（CCNa）遇水而膨胀。

⑥泡腾崩解剂：片剂崩解时产生二氧化碳，加速其崩解和融化。

（4）润滑剂。润滑剂是助流剂、抗粘剂和（狭义）润滑剂的总称。

①硬脂酸镁：硬脂酸镁为疏水性润滑剂，用量过大时，由于其疏水性，会造成片剂的崩解迟缓。

②微粉硅胶：为片剂助流剂，可用作粉末直接压片的助流剂。

③滑石粉：主要作为润滑助流剂使用。

④氢化植物油：是一种润滑性能良好的润滑剂。

⑤聚乙二醇类与月桂醇硫酸镁：为水溶性润滑剂的典型代表。前者主要使用聚乙二醇4000和6000，后者为水溶性润滑剂。

目前，片剂也是益生菌制品的一大类，它是用益生菌剂加适当辅料，通过制剂技术制成的片状制剂。片剂具有剂量准确，质量稳定（与光、空气、水分等接触面减小之故），服用和携带方便，便于识别以及成本低廉等优点。其缺点是儿童不易吞服，储藏条件不当时易变质。

4. 常见益生菌片剂种类

（1）口服片。常见的益生菌口服片有普通片和肠溶衣片。普通片，如乳酸菌奶片、乳酸菌素片等。口服片一般要求有较好的崩解性和溶出性。为防止和减少氧的损害，最好进行包衣。肠溶衣片也许是多数益生菌口服片较理想的剂型，这种片剂既可防止胃酸对菌的伤害作用，也可减少氧的影响。

（2）外用片。益生菌外用片主要是供治疗阴道疾病之用。除普通片外还可制成泡腾片，要求有较好的崩解性和分散性。益生菌片剂包装要求严密避光，应采用避光和不透气的符合卫生标准的包装材料；可单片包装或密封充氮瓶装以及袋装。片剂在低温干燥处保存并规定严格的保质期。

三、益生菌冲剂

冲剂也是益生菌制品的一大类。冲剂生产工艺简单，不需复杂的设备，携带与服用方便。冲剂以菌粉、填充剂、稳定剂和调味剂等组成。冲剂可分为可溶性冲剂和混悬性冲剂，益生菌冲剂多为后者。益生菌冲剂主料为干燥菌粉，辅料为奶粉和淀粉等，根据产品要求还可加入一些甜味剂、香精等调味剂，有的还加入一些营养强化剂如维生素等。在双歧杆菌冲剂中可加入低聚糖等双歧因子。经充分混合制成颗粒或粉剂，用复合铝膜真空包装，按所含菌数有不同规格，每克含菌数从几亿到百亿。

益生菌冲剂在日本和欧洲早已形成商品，国内也已有类似产品上市。在保存期内如何保持产品中的活菌数是极其重要的问题，因为活菌数是这类产品的惟一质量指标。这类产品食用时不能用开水，只能用低于50℃温水冲服。

四、益生菌口服液类产品

口服液也是益生菌制品的一大类。20 世纪 90 年代中出现过许多种产品并有较大的市场场份额，但由于种种原因，近年一些产品销量锐减。尽管如此，中国益生菌口服液的兴起，对中国消费者认识和了解益生菌及其保健功能起到了积极作用，促进了益生菌制品的研究和开发。随着基础研究和产品开发的深入，实事求是地宣传其功效，消除认识和某些理论上的偏差，益生菌制品包括益生菌口服液仍将有光明的前景。

益生菌口服液的生产工艺可分为两类：一类是由食品级原料制成培养基接种人益生菌进行发酵，发酵液不经灭菌，直接在无菌条件下灌装，即得到产品；一类是先以组方加工成溶液，经灭菌冷却后加入益生菌粉或菌悬液混合后灌装得到产品。

第一类产品的优点是原液经过益生菌发酵，除了益生菌本身的有益作用外，其产生的许多代谢产物对人体也有很好的保健作用。体外实验证明，有的益生菌日服液可以促进双歧杆菌生长，有类似双歧因子的作用，但这类口服液由于是酸性液态产品，对其中的益生菌本身存活不利。

第二类口服液可以根据需要配制各种溶液，然后与菌剂混合。其优点是可根据菌的生理特性来配制有利于菌存活的液剂，延长菌的存活期。但是这两类产品都不可能有较长的活菌数高的保质期。最好是在低温下保存，就近销售为宜。

口服液的优点是可以做到剂量准确，适合于各种人群食用。其缺点是体积大，携带不便。活菌数保持较困难是其最大的缺点。另外，生产工艺要求无菌条件较高。

五、益生菌发酵果蔬汁

益生菌发酵果蔬汁是一类新型制剂，它是利用营养价值高的某些精制果蔬汁，经合适的益生菌发酵而制成的液态产品，其优点是兼有益生菌和代谢物以及果蔬汁高营养的有益作用，可不添加任何人工成分，达到全天然的要求。

目前在可发酵的蔬菜汁中最有价值的是以胡萝卜或番茄为主要原料的复合汁。以胡萝卜为例，它含有丰富的胡萝卜素等保健成分，其营养价值是公认的，而且它还含有能促进双歧杆菌生长的4-磷酸泛酰巯乙胺-s-磺酸。用胡萝卜为主料的复合汁培养双歧杆菌，活菌数可达到109CFU/ml，而且经发酵后的产品B族维生素等营养素含量增加，风味更好，保持了鲜艳的色泽，对腹泻和便秘有较好的作用，对放化疗病人可缓解治疗后食欲不振、白细胞下降等症状，也就是说对调节肠道菌群和免疫功能有较好的作用。与其他益生菌液态产品一样，益生菌果蔬汁存在的主要问题是保存期间菌的存活时间短。实验证明，在产品pH值为4.2左右时，保存一周后菌数即下降至10^6CFU/ml以下。为解决延长发酵液中菌的存活难题，可将筛选耐酸菌种与微胶囊技术相结合，在实验室条件下，大大延长了菌的存活时间，在保存期内，长双歧杆菌活菌数维持在10^5CFU/ml以上。

六、益生菌微胶囊制剂

益生菌制品质量最重要的标志之一是活菌数，特别是对那些单纯以活菌数为惟一指标的产品来说更为重要。益生菌中应用最多的是双歧杆菌和乳酸菌等，它们在产品保存中极易失活，如何延长保存期成了这类产品的一大难题。国际上都在试图通过基因改造或耐酸耐氧菌株的筛选等来提高菌种对酸和氧的抵抗能力；在工艺技术上，通过微胶囊使菌与氧和酸等不利因素隔离，以提高菌的存活率。

微胶囊（也叫微囊）是指一种具有聚合物壁壳的微型容器或包装物。微胶囊造粒技术就是将固体、液体或气体包埋、封存在一种微型胶囊内成为一种固体微粒产品的技术。微胶囊化是用涂层薄膜或壳材料敷涂微小的固体颗粒、液滴或气泡。微胶囊直径一般为毫米级到微米级。

微囊是具有一定通透性的球状小囊泡，外层为半透膜，内部为液体内核。近几年来，微囊技术被广泛应用于微生物、动植物细胞、酶和其他多种生物活性物质和化学药物的固定化方面。常用的微囊为海藻酸微囊和聚赖氨酸微囊。由于制备技术比较复杂，成囊过程时间较长，对被包埋物质的生物活性有一定的影响，而且聚赖氨酸的价格比较昂贵，因而限制了这种微囊的使用。制备微囊的基本材料通常包括蛋白质、脂类和糖等聚电解质。例如，壳聚糖就是部分脱去乙酰度的甲壳素，后者具有优良的韧性和惰性，且亲水、无毒、多孔、均匀，同时甲壳素在自然界中含量也是十分丰富的。益生菌微胶囊就是利用合适的囊材把菌体包裹住，使之与外部隔绝，以达到保护的目的。

微胶囊根据其工艺的不同分为膜壳型和镶嵌型。膜壳型即是在囊心外包裹囊材形成的微胶囊，而镶嵌型则是由囊心和囊材互相镶嵌而成。微胶囊有各种形状，如球形、葡萄串形、不规则形等。

益生菌微胶囊的质量评价包含三个方面，即包埋效率、包埋产率和储藏期间菌的存活率即稳定性。包埋效率是指微胶囊内外菌存在的数量，微胶囊内部活菌数越高说明包埋效率越高；包埋产率是指产品中的活菌数与微胶囊制备时加入的菌数之比；而稳定性是以在一定储藏条件下一定时间后菌体的存活率来表示，菌的存活率越高说明稳定性越好。

益生菌的微胶囊化是解决产品保存性的重要技术之一，应进一步把菌种选育、新囊材和保护剂的选择以及胶囊加工技术结合起来，以提高益生菌在储藏期间的存活率，得到更理想的益生菌制剂。

但是无论何种剂型或是包埋方式，就目前的工业生产技术和益生菌产品活菌的特性而言，为谨慎起见，保存都应该避光和低温（比较理想的存放是在冰箱的恒温层中），并且尽量不要打开密闭的包装，一旦打开，须在最短的时间内使用完毕。益生菌活菌数量减少和活性降低是非常迅速的，例如暴露在与周围空气接触的环境中，大部分产品的活菌数或活性几乎在一周内丧失一半。

第五节　辅助用药——益生菌

很多人都认为“病从口入”，其实这只是引起疾病的部分原因，是不完全的真理。完全的真理是：健康来自体内的微生态平衡。人体内的细菌有上千亿个之多，其中有益菌群与有害菌群的数量维系着人体微生态的平衡。菌群平衡对人体的营养状态、生理功能、细菌感染、药物效应、毒素反应、免疫反应和衰老过程都有作用。也就是说，人体的所有生理参数都与之有关。

所以，人体内一旦出现不平衡，疾病就会乘虚而入。有多少引起身体不平衡的原因，就有多少引起疾病的原因。例如，如果体内含有太多致癌物质，这种不平衡就会导致癌症。如果体内有太多胆固醇，就会引发冠心病。如果体内有太多毒素，就会导致痢疾或腹泻。要举例，可以这么一直举下去。只要仔细观察每种疾病，就会发现它们都存在着不平衡现象。这就是自然法则。

一些医学机构的报告显示，大多数人去看医生是因为他们的肠胃出现了问题。那么，分析一下肠胃到底出现了怎样的问题？当今社会的人们食用了大量的加工食品。事实上，90%的美国食品都是加工食品！这些食品含有大量的有害物质，如漂白粉、人工色素和香精。这些食品中像蛋白质、维生素和矿物质这类对身体有益的成分却少之又少。结果当然是不平衡了——慢慢地，疾病就会随之而来。显然，如果想要不断保护自己和家人的身体健康，就需要重新让身体恢复这种平衡，要恢复那种一出生时就有的天然平衡。

人刚出生时，整个生理系统是很完美的。当然，某些部分还没有完全成型，但是从生命角度来看，新生儿是星球上最健康的人。慢慢地，随着身体和环境的改变，开始丧失平衡。有时丧失得很快，这样就会患上腹泻这类疾病。通常情况下，这个过程都是缓慢的，但是那正意味着一种更危险的疾病在一步步逼近。而人们总是在较晚的时候才能够发现这些童年时就已经开始的反应。因此，当人们开始变老时，这些由低质量饮食和环境毒素引起的反应就开始表现出来，身体就会患上各种疾病，如关节炎、癌症、心脏病、糖尿病和老年痴呆症等。甚至有些疾病已经蔓延到孩子身上。例如，Ⅱ型糖尿病在青少年人群中呈现增长趋势。孤僻症的患病几率在过去10年中也迅猛增长。这种病过去在孩子中是很罕见的，大概是1/10 000的比例。但是现在，200个孩子中就有1个孤僻症患者。这样的变化实在令人震惊，归根结底就是因为身体失去了平衡。

毫无疑问：这是一场战争！这种潜在的因果关系不仅仅影响到你，还将影响到你的家庭。你的孩子、丈夫、妻子、父母、祖父母和你一起站在最前线。一场大战正在人们之间酝酿。人们要与之作战的是看不见的敌人，即一个随时准备控制人们身体的恶劣分子，它随时可能在任何一秒释放生物原子弹，摧毁人们的生命。这个敌人就是致命的细菌，即所谓的有害细菌和被称做细菌的病毒。

那么，人们都来喝这种乳酸酒不是更好吗？问题在于人们很难把乳酸酒凝固。科学家们曾试图将益生菌从乳酸酒中分离出来，但是每次实验的结果都不一样。那么我们该喝哪种乳酸酒呢？无从知道。即使选择对了也纯属巧合。大家都知道乳酸酒中包含各种乳酸菌和酵母，到底哪种对身体有好处还很难确定。很多人都没意识到，从某种程度上来说，食用酸奶酪这类的产品其实就是回归复古的生活方式了。酸奶酪跟乳酸酒相似，但是酸奶酪还包含了很多其他有机体。它们的主要不同点在于发酵时间的长短；特别值得说明的是，只有经历了完整的发酵过程之后的酸奶酪才可被食用。

难道酸奶酪和乳酸酒是益生菌唯一的来源吗？当然不是。酸奶酪和乳酸酒本身足够促进你和你家人的健康吗？当然也不是。请记住，这是一场战争，在所有战争中，数量说了算。商店里有很多这类产品，如含有益生菌的牛奶和酸奶酪，但是与你和你的家人体内的有害细菌的数目相比，它们的益生菌含量还远远不够。很多产品在制作之初会被加入一些活性益生菌，但是在你食用时，大多数活性益生菌已经死了。那么这些产品就一点作用都没有了，因为科学实验已经表明，要想战胜有害细菌，益生菌需要和有害细菌的数量一样多。

当然，一些含有益生菌的补给品还是有用的。但是，最近的一些检测还是发现了部分不合格产品。很多产品中包含死去的细菌，还有部分产品贴错了标签。有些产品甚至包含可能致命的细菌！那你怎么知道该买哪种产品，不该买哪种产品呢？坦白地说，对于现代人来说，这一点比较难，人们的文化一直在告诉人们要杀死细菌并进行消毒，所以我们很难接受这种故意将细菌引入体内的做法。这一问题必须得到解决，要明白有些细菌是健康和友好的，每次大量地消化它们都能给身体带来好处。可以肯定的是，市场上的其他产品也能提供很多活性益生菌，那正是你和你的家人与疾病抗争时所需要的。在该书中讨论了这些产品背后的理念，包括益生菌的类型（因为选择什么样的益生菌将直接影响战斗的结果）和存活性（或者说是在购买时它们的活跃性）。

人类现在正受到全球恐怖主义的威胁，特别是潜在生物攻击的威胁。所以，能够找到有益细菌来与有害细菌作斗争无疑是一种安慰。经验证明，益生菌甚至能战胜一些很可怕的细菌，如杆状菌或炭疽热杆菌等。人们可以在数量上压倒入侵者并将它们从人们的身体中赶出去。

所有物质都是经过胃肠道进出身体的，而不是通过肺或其他部位进出身体。这样说来，益生菌和其他补给品将直接影响胃肠道的健康，对整个身体的长期健康有重要的作用。营养的吸收很大程度上受胃肠内微生物数量的影响，这种影响还会扩展到对钙等矿物质的吸收，但是通常情况下人们意识不到这些益生菌的作用。

人类对益生菌的研究还处在婴儿期，但是它在扩展。而且，看起来似乎在以一种指数方式扩展。现在人们明白了，益生菌可能会影响不同的神经症状和酵母感染的所有种类的疾病。科学家们了解这一点，现在他们要做的就是通过这类受欢迎的作品将他们了解的信息传达给大众。作为一个整体，人们必须对事实做出让步，至少要承认人们身体的内在表现和外在表现同等重要。举个例子，人们都知道，通过在胃肠道内保存适当的益生菌种类和数量，人们就能够对某些病症对症下药，其中包括湿疹等。

《营养保健品世界》杂志的编辑丽贝卡·马德莱恰到好处地总结

了益生菌的发展趋势："最终，益生菌将随着市场的认可而被广泛接受。在接下来的若干年内，随着健康科学文献的增多和与消费者交流的深入，一个更坚实的平台将被搭建起来，而益生菌将有望登陆这一平台"。作为预防和治疗某些疾病的有力工具，益生菌还会定期对胃肠道进行维护，它在人类健康领域所扮演的角色将越来越重要。

当有害菌超过并破坏益生菌，就会造成体内微生态系统的失衡，于是各种疾病，如癌症、冠心病、肥胖症、孤僻症、糖尿病和老年痴呆症等就会接踵而至。理论上，益生菌可预防并治疗多种感染性疾病和自身免疫病。那么，益生菌能成为将来的药物吗？如今，先进的研究手段使研究者们可深入探究人体的构造、免疫系统的机能和疾病的发生过程。随着益生菌治疗的普及，越来越多的研究者把目光投向了这种疗法。迄今为止，益生菌在人体的使用仍仅限于对疾病进行预防或支持性治疗，而非根治疗法，下面就列举一些已经经人群研究验证的益生菌治疗有效的部分疾病。

①腹泻：证明益生菌治疗有效最确凿的例子莫过于用其治疗轮状病毒感染性腹泻。多种益生菌均可使轮状病毒感染患儿患急性水样腹泻的持续时间缩短。另有很多试验均证实，益生菌对其他病原体导致的腹泻亦有效。

②隐窝炎：隐窝炎是一种回肠隐窝的复发性炎症，该隐窝炎通常是在因溃疡性结肠炎接受结肠切除术后形成的，而因肿瘤或外伤切除结肠的患者很少发生。用益生菌预防和治疗溃疡性结肠炎均有效，因此治疗隐窝炎同样有效。

③肠易激综合征：有些特定配方的益生菌制剂可治疗肠易激综合征，且在治疗过程中常会导致宿主细胞因子水平的变化，这表明某些益生菌有抗炎活性。

④膀胱癌：用干酪乳酸杆菌治疗可降低膀胱肿瘤的复发率。

⑤泌尿生殖道感染：某些乳酸杆菌菌株，可抗尿道炎和细菌性阴道炎等泌尿生殖道感染。

⑥艰难梭状芽孢杆菌感染：用布拉酵母菌治疗，可缩短艰难梭状芽孢杆菌感染的持续时间。

⑦特异性湿疹：口服鼠李糖乳杆菌和罗伊乳杆菌均对特异性湿疹患者有益。

此外，许多益生菌的配方也被用于动物饲养。比如欧盟已禁止给家畜使用抗生素，这使欧洲农场益生菌的使用率高于世界其他地区。

将来除上述领域外，益生菌的应用领域可能还包括：针对特殊感染和菌群失调实施生物治疗，排除有害生物群落（如幽门螺杆菌）；调整免疫缺陷患者的免疫状态；改变宿主的营养状态和物质代谢功能等。

很多益生菌制剂均为活菌制剂，给患者服用这样的制剂是有一定潜在危险的，比如可能会导致感染。那么用分离出来的微生物活性成分或其代谢终产物替代活菌制剂是否可行呢？对这个问题尚无定论。除微生物本身外，能够选择性刺激有益微生物生长的不可消化成分，即益生元（prebiotics）可通过促进体内益生菌的生长而加强益生菌的作用。将益生菌与益生元相混合的制剂称为合生元（synbiotics），这种剂型理论上可使益生菌的效能得到最大发挥。

当然，对益生菌的研究还需要有待加强，这说明科学总是存在发展的空间的。比如：哪种成分促成了益生菌在临床应用时表现出的疗效？在益生菌治疗过程中，宿主的免疫系统究竟受到了何种影响？服用活体细菌是益生菌在体内发挥作用的必要条件吗？这些问题都需要科研工作者从分子水平加以探求。理论上，包括细菌、病毒、古细菌、真菌和原生动物等多种参与构成人体共生生物群落的微生物均可作为益生菌，选择并检验用于治疗的益生菌是一项漫长而艰巨的工作。研究者首先要考虑选择待测的菌株，然后还必须选择体内和体外的检测方案。备选的菌株必须能对酸和胆汁有较好的耐受性，以确保它们能到达最终定居的位置。益生菌的配方应具备 2 个基本条件：

①安全，这是最重要的，所用菌株均不能为致病菌株，尤其不能使免疫功能低下者致病。

②益生菌中不得含有编码抗生素抵抗基因的质粒，因为这种基因可能会随质粒被转入患者体内的其他病原体中，使病原体出现耐药。

第二章　生命的催化剂——酵素

第一节　酵素概述

一、什么是酵素

地球上生命丰富多彩，从参天的大树到显微镜下才能看到的细菌，从天上的飞鸟到水中的游鱼，形形色色，种类繁多。人类与大约100多万种动物物种、40多万种植物物种和无法用肉眼观察到的微生物相临相伴，相生相克，维持着大自然的和谐与统一。生命与非生命最根本的区别就是生命具有新陈代谢的特征，新陈代谢使生物体与外界不断进行物质和能量交换，将环境中的营养物质吸收进去，将体内的代谢产物排放出来，从而使生物得以发育和繁殖。一旦新陈代谢停止了，生命也就终止了。

生物体内的新陈代谢其实是由成千上万个错综复杂的生物化学反应构成的。这些成千上万个错综复杂的生物化学反应能够在生物体内井然有序地进行，主要是因为生物体中酵素的存在。

酵素又叫酶（enzyme），是由生物体内细胞产生的一种生物催化剂。酵素能在机体中十分温和的条件下，高效率地催化各种生物化学反应，促进生物体的新陈代谢。一切生命活动都是由代谢的正常运转来维持的，而生物体代谢中的各种反应都是在酵素的参与下进行的，故酵素是促进一切代谢反应的物质，如生命活动中的消化、吸收、呼吸、运动和生殖都是酵素催化的反应过程。

从这个意义上说，酵素是细胞赖以生存的基础，没有酵素就没有生命。如哺乳动物的细胞就含有几千种酵素。它们或是溶解于细胞液中，或是与各种膜结构结合在一起，或是位于细胞内其他结构的特定位置上。这些酵素统称胞内酵素；另外，还有一些在细胞内合成后再分泌至细胞外的酵素——胞外酵素。酵素催化化学反应的能力叫酵素活力（或称酵素活性），可受多种因素的调节控制，从而使生物体能适应外界条件的变化，维持生命活动。没有酵素的参与，新陈代谢只能以极其缓慢的速度进行，生命活动就根本无法维持。例如食物必须在酵素的作用下降解成小分子，才能透过肠壁，被组织吸收和利用。在胃里有胃蛋白酵素，在肠里有胰脏分泌的胰蛋白酵素、胰凝乳蛋白酵素、脂肪酵素和淀粉酵素等。又如食物的氧化是动物能量的来源，其氧化过程也是在一系列酵素的催化下完成的。

二、酵素的发现

酵素的概念源自希腊文，意为在酵母中（*in yeast*）。人们在很早就感觉到酵素的存在，但是真正认识它、利用它还只是近百年的事。从记载的资料得知，中国早在4 000多年前的夏禹时代酿酒就已盛行。酒是酵母发酵的产品。约3 000年前，古人利用含淀粉酵素的麦曲将淀粉降解为麦芽糖，制造了饴糖。用曲治疗消化不良症也是中国人民的最早发现。曲富含消化酵素和维生素，至今仍是常用的健胃药。

在国际上，人们对酵素的认识也与发酵和消化现象有关。1783年Spallanzani设计了一个巧妙的实验：将肉块放入小巧的金属笼中，然后让鹰吞下去。过一段时间他将小笼取出，发现肉块消失了。于是，他推断胃液中一定含有消化肉块的物质。但是什么，他不清楚。这可能是酵素催化实验的开端。

1836年，德国科学家施旺（T. Schwann，1810～1882）从胃液中提取出了消化蛋白质的物质，解开胃的消化之谜。

1883年Payen和Person从麦芽的水提取物中，用酒精沉淀得到了一种热不稳定的活性物质，它可促使淀粉水解成可溶性的糖。他们把这种物质称之为淀粉酵素（diastase）。

1926年，美国科学家萨姆钠（J. B. Sumner，1887～1955）从刀豆种子中提取出脲酵素的结晶并通过化学实验证实脲酵素是一种蛋白质。

20 世纪 30 年代，科学家们相继提取出多种酵素的蛋白质结晶并指出酵素是一类具有生物催化作用的蛋白质。

20 世纪 80 年代，美国科学家切赫（T. R. Cech，1947 ~）和奥特曼（S. Altman，1939 ~）发现少数 RNA 也具有生物催化作用。

第二节　酵素的组成与特性

一、酵素的组成与结构特征

1. 酵素的蛋白质本质

几乎所有的酵素都是蛋白质，只有少量酵素是 RNA。酵素同其他蛋白质一样，由氨基酸组成。因此，也具有两性电解质的性质并具有一、二、三、四级结构；也受某些物理因素（加热、紫外线照射等）和化学因素（酸、碱、有机溶剂等）的作用而变性或沉淀，丧失酵素活性。

2. 酵素的组成分类

因酵素的本质为蛋白质，所以和其他蛋白质一样，可以根据其组成成分分为简单蛋白质和结构蛋白质两类。

有些酵素，其活性仅仅决定于它的蛋白质结构，这类酵素属于简单蛋白质，如脲酵素、蛋白酵素、淀粉酵素、脂肪酵素和核糖核酸酵素等；另一些酵素在结合非蛋白组分（辅助因子）后，才能表现出酵素的活性，这类酵素属于结合蛋白质，其酵素蛋白与辅助因子结合后所形成的复合物称为“全酵素”，即全酵素 = 酵素蛋白 + 辅助因子。

在催化反应中，酵素蛋白与辅助因子所起的作用不同，酵素反应的专一性取决于酵素蛋白本身，而辅助因子则直接对电子、原子或某些化学基团起传递作用。

3. 酵素的分类

（1）单体酵素。单体酵素只有一条多肽链，属于这一类的酵素很少，一般都是催化水解反应的酵素，分子量在 13 000 ~ 35 000 之间，如溶菌酵素、胰蛋白酵素等。

（2）寡聚酵素。寡聚酵素由几个甚至几十个亚基组成，这些亚基可以是相同的多肽链，也可以是不同的多肽链。亚基之间不是共价结合，彼此很容易分开。寡聚酵素的分子量从 35 000 到几百万，例如磷酸化酵素 α 和 3-磷酸甘油醛脱氢酵素等。

（3）多酵素体系。多酵素体系是由几种酵素彼此嵌合形成的复合体。它有利于一系列反应的连续进行。这类多酵素复合体，分子量很高，一般都在几百万以上。例如在脂肪酸合成中的脂肪酸合成酵素复合体。

此外，还有酵素的辅助因子。酵素的辅助因子包括金属离子和有机化合物。他们本身无催化作用，但一般在酵素促反应中运输转移电子、原子或某些功能基，参与氧化还原或运载酰基的作用。有些蛋白质，也具有此种作用，称为蛋白辅酵素。在大多数情况下，可以通过透析或其他方法将全酵素中的辅助因子除去。例如，酵母提取物有催化葡萄糖发酵的能力，透析除去辅助因子 I 后，酵母提取物就失去了催化能力。这种与酵素蛋白松弛结合的辅助因子称为辅酵素。但是在少数情况下，有一些辅助因子是以共价键和酵素蛋白较牢固地结合在一起的，不易透析除去，这种辅助因子称为辅基。例如，细胞色素氧化酵素与辅基铁卟啉结合较牢固，辅基铁卟啉不易除去。所以，辅基与辅酵素的区别只在于它们与酵素蛋白结合的牢固程度不同并无严格的界限。

4. 酵素的活性部位

通过各种研究表明，酵素的特殊催化能力只局限在大分子的一定区域。也就是说，只有少数特异的氨基酸残基参与底物结合和催化作用。这些特异的氨基酸残基比较集中的区域，即与酵素活力直接相关的区域称为酵素的活性部位或活性中心。通常又将活性部位分为结合部位和催化部位，前者负责与底物的结合，决定酵素的专一性；后者负责催化底物键的断裂形成新键，决定酵素的催化能力。对需要辅酵素的酵素来说，辅酵素分子或辅酵素分子上的某一部分结构，往往也是酵素活性部位的组成部分。虽然酵素在结构、专一性和催化模式上差别很大，就活性部位而言有其共同特点。

活性部位在酵素分子的总体中只占相当小的部分，通常只占整个酵素分子体积的1%～2%。已知几乎所有的酵素都由100多个氨基酸残基所组成，相对分子量在10×10^3以上，直径大于2.5nm。而活性部位只有几个氨基酸残基所构成。酵素分子的催化部位一般只由2～3个氨基酸残基组成，而结合部位的残基数目因不同的酵素而异，可能是一个，也可能是数个。

酵素的活性部位是一个三维实体。酵素的活性部位不是一个点，一条线，甚至也不是一个面。活性部位的三维结构是由酵素的一级结构所决定且在一定外界条件下形成的。活性部位的氨基酸残基在一级结构上可能相距甚远，甚而位于不同的肽链上，通过肽链的盘绕、折叠而在空间结构上相互靠近。可以说没有酵素的空间结构，也就没有酵素的活性部位。一旦酵素的高级结构受到物理因素或化学因素影响时，酵素有活性部位遭到破坏，酵素即失活。

酵素的活性部位并不是和底物的形状正好互补的，而是在酵素和底物结合的过程中，底物分子如酵素分子，有时是两者的构象同时发生了一定的变化后才互补的，这时催化基团的位置也正好在所催化底物键的断裂和即将生成键的适当位置。这个动态的辨认过程称为诱导契合。

酵素的活性部位是位于酵素分子表面的一个裂缝内。底物分子（或一部分）结合到裂缝内并发生催化作用。裂缝内是一个相当疏水的区域，非极性基团较多，但在裂缝内也含有某些极性的氨基酸残基，以便与底物结合并产生催化作用。非极性基团的非极性性质在于产生一个微环境，以提高与底物的结合能力有利于催化。在此裂缝内底物有效浓度可达到很高。

底物通过次级键较弱的力结合到酵素上。酵素与底物结合成ES复合物主要靠次级键。如氢键、盐键和范德华力。ES复合物的平衡常数可变化在$10^{-8}\sim10^{-2}$mol·L^{-1}范围内，相当于相互作用的自由能变化在$-50.2\sim-12.6$KJ·mol^{-1}范围内。这些数值可与共价键的强度作个比较，共价键的自由能变化范围为$-4.6\times10^2\sim-2.1\times10$KJ·$mol^{-1}$。

酵素的活性部位具有柔性或可运动性。邹承鲁对酵素分子变性过程中的构象变化与活性变化进行了比较研究，发现在酵素的变性过程中，当酵素分子的整体构象还没有受到明显影响之前，活性部位已大部分被破坏，因而造成活性的丧失。说明酵素的活性部位，相对于整个酵素分子来说更具有柔性，这种柔性或称可运动性，很可能正是表现其催化活性的一个必要因素。

活性部位的形成，要求酵素蛋白分子具有一定的空间构象。因此，酵素分子中其他部位的作用对于酵素的催化作用来说，可能是次要的，但绝不是毫无意义的，它们至少为酵素活性部位的形成提供了结构的基础。所以酵素的活性部位与酵素蛋白的空间构象的完整性之间，是辩证统一的关系。

二、酵素的分类

1. 氧化还原酵素类

氧化还原酵素类催化氧化还原反应（图 2－1）。

$$A \cdot 2H + B \rightleftharpoons A + B \cdot 2H$$

图 2－1　催化氧化还原反应

例如，乳酸：NAD＋氧化还原酵素（又名乳酸脱氢酵素）（图 2－2）和黄嘌呤：氧化还原酵素（又名黄嘌呤氧化酵素）（图 2－3）。

$$\underset{\text{乳酸}}{HO-\overset{\overset{CH_3}{|}}{\underset{\underset{COO}{|}}{C}}-H} + NAD \xrightleftharpoons{+\text{乳酸脱氢酶}} \underset{\text{丙酮酸}}{\overset{\overset{CH_3}{|}}{\underset{\underset{COO}{|}}{C}}=O} + NADH + H^+$$

图 2－2　乳酸脱氢酵素反应

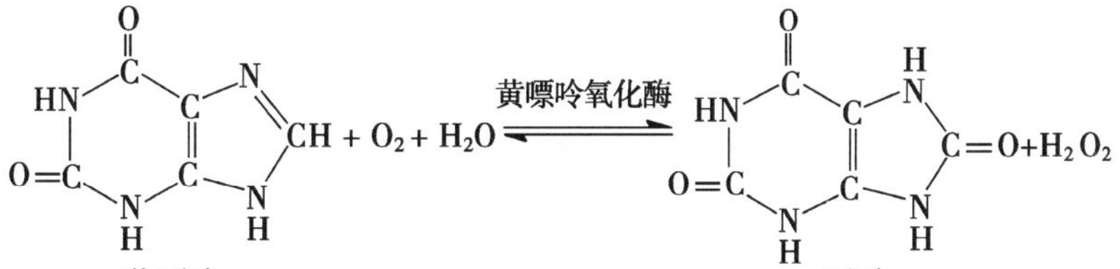

$$\text{黄嘌呤} + O_2 + H_2O \xrightleftharpoons{\text{黄嘌呤氧化酶}} \text{尿酸} + H_2O_2$$

图 2－3　黄嘌呤氧化酵素反应

2. 转移酵素类

转移酵素类催化功能基团的转移反应（图 2－4）。

$$AB + C \rightleftharpoons A + BC$$

图 2－4　催化功能基团转移反应

例如，丙氨酸：酮戊二酸氨基转移酵素（又名谷丙转氨酵素、丙氨酸氨基转移酵素）；S-腺苷酰蛋氨酸：尼克酰胺甲基转移酵素（又名尼克酰胺转甲基酵素）等（图 2－5）。

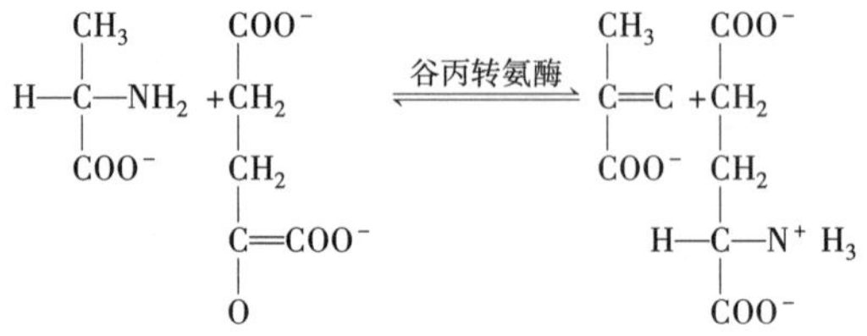

$$H-C(CH_3)(COO^-)-NH_2 + {}^-OOC-CH_2-CH_2-C(=O)-COO^- \xrightleftharpoons{\text{谷丙转氨酶}} CH_3-C(=O)-COO^- + {}^-OOC-CH_2-CH_2-C(H)(COO^-)-N^+H_3$$

丙氨酸　α-酮戊二酸　丙酮酸　谷氨酸

图 2－5　丙氨酸氨基转移酵素反应

3. 水解酵素类

水解酵素类催化水解反应（图 2－6）。这类酵素包括淀粉酵素、核酸酵素、蛋白酵素和脂酵素等。

$$AB + HOH \rightleftharpoons AOH + BH$$

图 2－6　催化水解反应

例如，亮氨酸氨基肽水解酵素（又名亮氨酸氨肽酵素）。

4. 裂合酵素类

裂合酵素类（或称裂解酵素类）催化从底物上移去一个基团而形成双键反应或其逆反应。这类酵素包括醛缩酵素、水化酵素和脱氨酵素等。

例如，二磷酸酮糖裂合酵素（又名醛缩酵素）（图 2－7）；苹果酸裂合酵素（又名延胡索酸水化酵素），丙酮酸羧基裂合酵素（又名丙酮酸脱羧酵素）；柠檬酸裂合酵素（又名柠檬酸合成酵素）（图 2－8）。

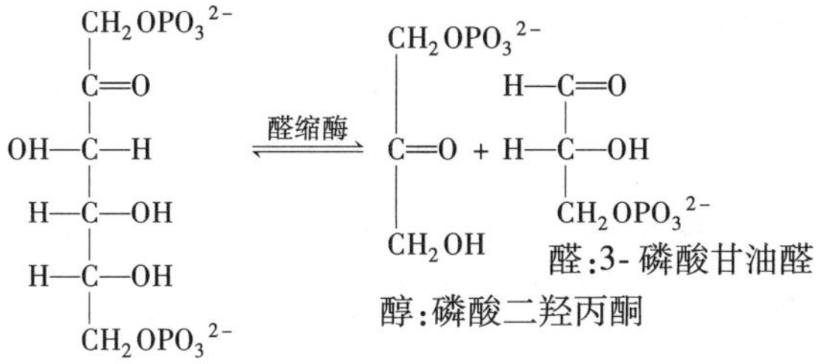

$$
\begin{array}{l}
CH_2OPO_3^{2-} \\
| \\
C{=}O \\
| \\
OH{-}C{-}H \\
| \\
H{-}C{-}OH \\
| \\
H{-}C{-}OH \\
| \\
CH_2OPO_3^{2-}
\end{array}
\xrightleftharpoons{\text{醛缩酶}}
\begin{array}{l}
CH_2OPO_3^{2-} \\
| \\
C{=}O \\
| \\
CH_2OH
\end{array}
+
\begin{array}{l}
H{-}C{=}O \\
| \\
H{-}C{-}OH \\
| \\
CH_2OPO_3^{2-}
\end{array}
$$

醛:3-磷酸甘油醛

醇:磷酸二羟丙酮

二磷酸酮糖：1，6-二磷酸果糖

图 2－7　醛缩酵素反应

$$
\begin{array}{l}
CH_2COO^- \\
| \\
OH{-}C{-}COO^- \\
| \\
CH_2COO^-
\end{array}
+ CoA
\xrightleftharpoons{\text{柠檬酸合成酶}}
\begin{array}{l}
COO^- \\
| \\
C{=}O \\
| \\
CH_2 \\
| \\
COO^-
\end{array}
+
\begin{array}{l}
CH_3 \\
| \\
COCoA
\end{array}
$$

柠檬酸　　草酰乙酸　　乙酰－CoA

图 2－8　柠檬酸合成酵素反应

5. 异构酵素类

异构酵素类催化各种同分异构体的相互转变（图 2－9）。

$$A \rightleftharpoons B$$

图 2－9　催化各种同分异构体的相互转变

例如，葡萄糖-6-磷酸己酮醇异构酵素（又名 δ-磷酸葡萄糖异构酵素）（图 2－10）。其他，如催化 D、L 互变，α、β 互变等的酵素类均属此类。

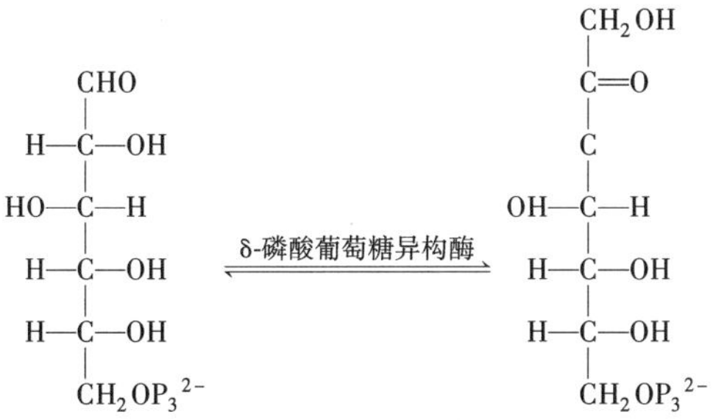

$$
\begin{array}{l}
CHO \\
| \\
H{-}C{-}OH \\
| \\
HO{-}C{-}H \\
| \\
H{-}C{-}OH \\
| \\
H{-}C{-}OH \\
| \\
CH_2OP_3^{2-}
\end{array}
\xrightleftharpoons{\text{δ-磷酸葡萄糖异构酶}}
\begin{array}{l}
CH_2OH \\
| \\
C{=}O \\
| \\
C \\
| \\
OH{-}C{-}H \\
| \\
H{-}C{-}OH \\
| \\
H{-}C{-}OH \\
| \\
CH_2OP_3^{2-}
\end{array}
$$

葡萄糖-6-磷酸　　果糖-6-磷酸

图 2－10　δ-磷酸葡萄糖异构酵素反应

6. 合成酵素

合成酵素（或称连接酵素）能催化一切必须与 ATP 分解相偶联，并由两种物质（双分子）合成一种物质的反应。

例如，UTP：氨连接酵素（CTP 合成酵素）（图 2－11）；L-酪氨酸：tRNA 连接酵素（酪氨酸合成酵素）等。

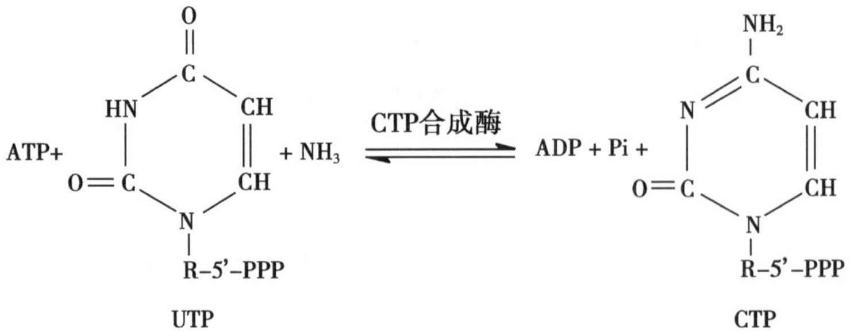

$$\text{ATP} + \text{UTP} + \text{NH}_3 \xrightleftharpoons{\text{CTP合成酶}} \text{ADP} + \text{Pi} + \text{CTP}$$

图 2－11　CTP 合成酵素反应

注：上式中“P”代表磷酸基团

三、酵素的生物学特征

酵素具有一般催化剂没有的特点：酵素促反应无副反应，无副产品；需要温和的条件。酵素与其他催化剂比较具有显著的特性，如酵素的高催化效率、高专一性、酵素活性的可调节性、反应条件温和及易变性失活等。

1. 酵素催化的高效性

一般催化剂的催化能力比非催化剂高 $10 \sim 10^7$ 倍。酵素催化比一般催化剂高 $10^7 \sim 10^{14}$ 倍。但酵素催化反应速度与在相同 pH 值及温度条件下的非酵素催化反应速度，可直接比较的例子很少。这是因为非酵素催化的反应速度太低，不易观察。对那些可比较的反应，可发现反应速度大大加速，如已糖激酵素大于 10^{10} 倍，磷酸化酵素大于 3×10^{11} 倍，乙醇脱氢酵素大于 2×10^8 倍，肌酸激酵素大于 10^4 倍。酵素催化的最适条件几乎都是温和的温度和非极端 pH 值。以固氮酵素为例，NH_3 的合成在植物中通常是 25℃ 和中性 pH 值下由固氮酵素催化完成的。酵素是由两个解离的蛋白质组分组成的一个复杂的系统，其中一个含金属铁，另一个含铁和钼，反应需消耗一些 ATP 分子，精确的计量关系还未知，但工业上有氮和氢合成氨时，需在 700 ~ 900K，10 ~ 90MPa 下，还要有铁和其他微量金属氧化物作催化剂才能完全反应。

2. 酵素的专一性

所谓酵素的专一性是指酵素对催化的反应和反应物有严格的选择性，多数酵素对所作用的底物和催化的反应都是高度专一的。不同的酵素专一性程度不同。

（1）绝对专一性。一种酵素只能催化一种底物发生一种类型的化学反应。例：脲酵素只能催化尿素发生分解作用，对脲的其他衍生物则不起作用。

（2）相对专一性。与绝对专一性相比，其专一程度低一些，主要低在对底物的选择性不太高。相对专一性又分为键专一性和基团专一性。

①键专一性：只对底物分子中某种化学键有选择性催化作用，对该键两端的基团则无严格的要求，如肽酵素、磷酸（酯）酵素和酯酵素，可以作用很多底物，只要求化学键相同。例如他们可分别作用于肽、磷酸酯和羧酸酯。生物分子降解中常见到低专一性的酵素，而在合成中则很少见到。这是因为前者是起降解作用，低专一性可能更为经济。

②基团专一性：除了对底物分子中的化学键有严格的要求外，还对该键一端的基团有严格的要求，但对键另一端的基团则要求不严，具有中等程度专一性的为基团专一性，如己糖激酵素可以催化很多己醛糖的磷酸化。大多数酵素呈绝对或几乎绝对的专一性，他们只催化一种底物进行快速反应，如脲酵素之催化尿素的反应，或以很低的速度催化结构非常相似的类似物。

（3）立体异构专一性。酵素的另一个显著特点就是催化反应的立体异构专一性。

①旋光异构专一性：有些酵素对旋光异构体的底物构型有严格的

选择性。例如，淀粉酵素只能选择性地水解D-葡萄糖形成的1，4-糖苷键；L-氨基酸氧化酵素只能催化L-氨基酸氧化；乳酸脱氢酵素只对L-乳酸是专一的。

②几何异构专一性：有些酵素只能选择性催化某种几何异构体底物的反应，而对另一种构型则无催化作用。如延胡索酸水合酵素只能催化延胡索酸即反-丁烯二酸水合生成苹果酸，对马来酸（顺-丁烯二酸）则不起作用。

③手性专一性：在酵素催化反应中，还存在手性例子，虽然底物本身不具有手性，但反应却是立体专一性的。以延胡索酸水合酵素催化延胡索酸生成苹果酸为例，在^3H_2O溶解液中，^3H以立体专一性方式加入到底物上。

3. 酵素的可调节性

生命现象表现了它内部反应历程的有序性。这种有序性是受多方面因素调节和控制的，一旦破坏了这种有序性，就会导致代谢紊乱，产生疾病，甚至死亡。酵素是生物体的组成成分，和体内其他物质一样，不断在体内新陈代谢，酵素的催化活性也受多方面的调控。而酵素活性的控制又是代谢调节作用的主要方式。酵素活性的调节控制有下列几种方式：

（1）酵素浓度的调节。酵素浓度的调节主要有两种方式：一种是诱导或抑制酵素的合成；一种是调节酵素的降解。例如，在分解代谢中，β-半乳糖苷酵素的合成，平时处于被阻遏状态。当乳糖存在时，抵消了阻遏作用，于是酵素受乳糖的诱导而合成。

（2）激素的调节。这种调节也和生物合成有关，但调节方式有所不同。如乳糖合成酵素有两个亚基，催化亚基本身不能合成乳糖，但可以催化半乳糖以共价键的方式连接到蛋白上形成糖蛋白。修饰亚基和催化亚基结合后，改变了催化亚基的专一性，可以催化半乳糖和葡萄糖反应生成乳糖。修饰亚基的水平是由激素控制的。妊娠时，修饰亚基在乳腺生成。分娩时，由于激素水平的急剧变化，修饰亚基大量合成，它和催化亚基结合，大量合成乳糖。

（3）共价修饰调节。这种调节方式本身又是通过酵素催化进行的。在一种酵素分子上，共价地引入一个基团，从而改变它的活性。引入的基团又可以被第三种酵素催化除去。例如，磷酸化酵素的磷酸化和去磷酸化；大肠杆菌谷氨胺合成酵素的腺苷酸化和去腺苷酸化就是以这种方式调节它们的活性的。

（4）限制性蛋白酵素的水解作用。限制性蛋白酵素水解是一种高特异性的共价修饰调节系统。细胞内合成的新生肽大都以无活性的前体形式存在，一旦生理需要，才通过限制性水解作用使前体转变为具有生物活性的蛋白质或酵素，从而启动和激活以下各种生理功能，如酵素原激活、血液凝固和补体激活等。除了参与酵素活性调控外，还起着切除、修饰和加工等作用，因而具有重要的生物学意义。

（5）抑制剂和激活剂的调节。抑制剂的调节指酵素活性受到大分子或小分子抑制剂抑制，从而影响酵素的活性。大分子如胰脏的胰蛋白酵素抑制剂（抑肽酵素），小分子如2，3-二磷酸甘油酸，是磷酸变位酵素的抑制剂。

（6）反馈调节。许多小分子物质的合成是由一连串的反应组成的，催化此物质生成的第一步反应的酵素，往往可以被它的终端产物所抑制，这种对自我合成的抑制叫反馈抑制。这在生物合成中是常见的现象。

（7）变构调节。变构调节源于酵素反馈抑制的调节，如某一生物合成途径表示为：$A \longrightarrow B \longrightarrow C \longrightarrow D \longrightarrow E \longrightarrow F$，产物F作为这一合成途径中几个早期酵素（如$A \longrightarrow B$）的变构抑制剂，对这一合成途径加以反馈抑制，避免产物过量堆积，变构抑制剂与酵素的结合引起酵素构象的改变，使底物结合部位的性质发生变化并改变了酵素的催化活性，变构酵素大多为寡聚蛋白，因此变构调节的机理涉及亚基之间的相互作用，如将变构酵素拆分成单亚基，即失去途径活性，但仍保持了酵素的催化活性。

（8）金属离子和其他小分子化合物的调节。有一些金属离子可以活化某一些酵素或抑制某一些酵素。

20世纪90年代初期，人们又发现了一种蛋白质活性的调节方式——蛋白质剪接。

4. 反应条件温和

酵素是在生物细胞产生并在细胞内起作用，因此反应条件比较温和。一般在37℃左右，接近中性的环境下，酵素的催化效率就非常高。虽然它与一般催化剂一样，随着温度升高，活性也提高，但由于酵素是蛋白质，因此温度过高，会失去活性（变性），因此酵素的催化温度一般不能高于60℃。否则，酵素的催化效率就会降低，甚至会失去催化作用。强酸、强碱、重金属离子和紫外线等的存在，也都会影响酵素的催化作用。

5. 酵素易变性失活

酵素是蛋白质，酵素促反应要求一定的pH值、温度等温和的条件。强酸、强碱、有机溶剂、重金属盐、高温、紫外线和剧烈振荡等任何使蛋白质变性的理化因素都可能使酵素变性而失去其催化活性。

第三节　酵素与生命活动

已知的酵素都是由生物体合成的，反之，几乎所有的生物都能合成酵素，甚至病毒也是这样。因此，酵素和生命活动密切相关。

一、酵素参与了生物体内所有的生命活动和生命过程

酵素在生物体内发挥四种类型的作用：①执行具体的生理机能。例如，肌球蛋白具有ATP酵素的活性，它和肌动蛋白共同完成肌肉收缩的任务；又如，乙酰胆碱酯酵素能水解乙酰胆碱，参与神经传导。②清除有害物质，起着保卫作用。例如，限制性内切酵素核酸酵素，能选择性地水解外源DNA，抵制外源物质的入侵；又如，超氧歧化酵素，能破坏超氧负离子，防止脂质过氧化；再如，细胞色素P-450，能催化某些物质的加氧羟化，促进药物、毒物进行生化转化。③协同激素等生理活性物质在体内发挥信号转换、传递和放大作用，调节生理过程和生命活动。例如，腺苷酸环化酵素，它存在与肾上腺素受体的细胞膜上，当它接受上述受体转达来的激素信号后，就会催化cAMP生成，后者再和蛋白激酵素、糖原磷酸化酵素以及糖原合成酵素等组合，协同发挥作用，形成级联反应系统，将微量的激素

信号加以转化、放大，调节糖类的代谢水平，以满足生理活动的需要。④催化代谢反应，建立各种各样代谢途径和代谢体系。

生物体有两个基本特征：①都由核酸、蛋白质等生命物质组成；②都需要不断进行新陈代谢。这两者之间有着密切的联系，其中，核酸是最根本的生命物质，决定生物的特性和发展方向；蛋白质（包括酵素）是体内最活跃的物质，通过它，机体实现各种生理活动。核酸通过酵素等的作用进行自我复制，进行转录和翻译并将遗传信息表达翻译成相应的蛋白质和酵素；酵素再催化糖、脂肪等进行代谢，为各种生命活动，包括各种物质的分解和合成代谢，提供能量。因此，在生物体内代谢反应和代谢途径虽然错综复杂，但是最主要的是两类：生命物质的复制与合成和能量的生成与转换。而在所有这些代谢过程中，酵素都起着关键的作用，没有酵素，代谢就不可能有条不紊、高速地进行。

二、酵素的组成和分布是生物进化与组织功能分化的基础

生命物质的复制与合成和能量的生成与转换，为一切生物所必需。因此，不论是动物、植物还是微生物都具有与此相关的酵素系和辅酵素。但是，另一方面，不同生物都有各自特征的代谢途径和代谢产物。因此，也有各自特征的酵素系和辅酵素。所以，即使是同类生物，酵素的组成与分布也有明显的种属差异，例如精氨酸酵素只存在于排尿素动物的肝脏内；排尿酸的动物则没有。而且，就是同种生物，各种组织内酵素的分布也有所不同，例如肝脏是氨基酸代谢与尿素形成的主要场所，因此精氨酸酵素几乎全部集中于肝脏。不仅如此，即使是同一组织中的同一类酵素，由于生长发育阶段的不同，功能需要和所处的环境不同，酵素的含量也可能有显著差异，例如与三羧酸循环、氧化磷酸化有关的酵素系在心肌中的含量就远比骨骼肌的高，而与酵解有关的酵素，如醛缩酵素等则恰恰相反。为适应特定功能的需要，甚至在同一细胞内，乃至同一细胞器内，酵素的组成与分布也是不均一的，例如呼吸链中与氧化磷酸化有关酵素系就主要集中于线粒体内膜上；并且这些酵素在内膜中的分布也有一定规律。

三、酵素能在多种水平上进行调节以适应生命活动的需要

生物机体在长期的进化过程中，为适应外界条件的千变万化，保证生命活动的正常进行，不论在酵素的合成水平上，还是在酵素的结构、活性水平上都已形成了一整套调节机制。一般来说，和生长发育有关的“恒态酵素”多通过酵素的合成机构进行调节；而和“快反应”有关的代谢关键酵素则多在酵素的结构、活性水平上进行调节；或者通过这两种方式共同调节。所以，酵素不仅通过它本身的作用、通过它的分布，而且也通过它的动态调节来满足生命活动的各种需要。

第四节　酵素在医药方面的应用

到目前为止，科学家们已从生物体内提纯并确认出 800 多种酵素。但是应用到临床方面作为医药用的酵素制剂不过才有几十种。然而，中国医药学对含酵素类药物的记述却很早，如《药品化义》中记载：“大麦芽，炒香开胃，以除郁闷；生用力猛，主消麦面食积，症瘕气结，胸隔胀满，郁结痰涎，小儿伤乳，又能行上焦滞血。若女人气血壮盛，或产后无儿饮乳，乳房胀痛，丹溪用此二两，炒香捣去皮为末，分作四服立消，其性气之锐，散血行气，迅速如此，勿轻视之”。又如《本草蒙荃》中记载：“牛肚，健脾胃，免饮积食伤”。由于受技术限制，而未能进一步提纯入药。但由此说明，酵素类制剂与中药已早有渊源关系，现在讨论酵素类制剂，也可认为是中药制剂的发展。

现代研究表明，一切生命现象几乎都在酵素的参与下进行。各种代谢异常的疾病无不与酵素的失调有关。有些先天性代谢障碍是由于溶酵素体中某些酵素的缺乏。酵素制剂已越来越多地用于疾病的治疗和预防。酵素在医药上的应用研究已成为现代医学的一个新领域。近代由于酵素制剂具有作用明确、专一性强、疗效好等特点而被广泛用作助消化、抗炎、促凝、促纤溶和促进生物氧化以及解毒、抗肿瘤等方面的治疗用药。

一、消化酵素

这类酵素研究最早，是品种最多的一类酵素。它们的作用是消化和分解食物中各种成分，如淀粉、脂肪和蛋白质等，使其变成比较简单的物质，便于肠胃道的吸收。当体内消化系统失调，消化液分泌不足时，服用这一类酵素就能够补充和纠正体内消化酵素的不足，恢复正常的消化机能。在这一类酵素中主要有蛋白酵素、脂肪酵素、淀粉酵素和纤维素酵素等。后来发现有色人种多缺乏乳糖酵素，婴幼儿在摄取牛奶时不易消化而下痢，因此有时也包括乳糖酵素。消化酵素的问题是如何将上述各种酵素以合理的配比，做成适于各种要求的、稳定的剂型。

1. 胃蛋白酵素

胃蛋白酵素是一种蛋白质消化酵素，在胃内对蛋白质有初步分解消化作用。但是，胃蛋白酵素并非由胃内直接分泌，而是在胃酸的作用下由胃蛋白酵素原转化而来。胃蛋白酵素原是由胃黏膜层胃底腺的主细胞所分泌。胃蛋白酵素原本身并无活性，只有在酸性条件下才能被激活成为有活性的胃蛋白酵素。据检测，当胃内 pH 值 <5 时才有此激活转化作用。不仅胃蛋白酵素原转化为胃蛋白酵素需要胃酸参与，而且胃蛋白酵素的活性与胃酸也有直接的关系。据研究，胃蛋白酵素在 pH 值为 1.8 ~3.5 之间活力最强。

胃蛋白酵素是胃溃疡形成的重要攻击因子之一，它可与盐酸（胃酸）一起导致溃疡的形成。胃蛋白酵素分泌增加或胃酸分泌增加均可导致溃疡；而当胃黏膜的防御机能减弱时，胃蛋白酵素的攻击力量相对处于优势，也可导致溃疡的形成。目前已发现迷走神经、消化道激素和肽类可刺激胃蛋白酵素分泌增加并进一步发现主细胞是分泌胃蛋白酵素原的受体。阻断这些受体对胃蛋白酵素原的分泌作用，就可减少胃蛋白酵素原的产生，从而减弱胃蛋白酵素对胃黏膜的消化侵蚀作用，有利于溃疡的愈合。根据此原理已经研制和生产出了一些药物，如常用的丙谷胺就有此作用。

2. 淀粉酵素

淀粉酵素是能够分解淀粉糖苷键的一类酵素的总称，包括 α-淀粉酵素、β-淀粉酵素、糖化酵素和异淀粉酵素，主要来自人体的唾液腺和胰腺。

（1）α-淀粉酵素又称淀粉1，4-糊精酵素，能够切开淀粉链内部的α-1，4-糖苷键，将淀粉水解为麦芽糖、含有6个葡萄糖单位的寡糖和带有支链的寡糖。

（2）β-淀粉酵素又称淀粉1，4-麦芽糖苷酵素，能够从淀粉分子的非还原性末端切开1，4-糖苷键，生成麦芽糖。此酵素作用于淀粉的产物是麦芽糖与极限糊精。

（3）糖化酵素又称淀粉α-1，4-葡萄糖苷酵素，此酵素作用于淀粉分子的非还原性末端，以葡萄糖为单位，依次作用于淀粉分子中的α-1，4-糖苷键，生成葡萄糖。此酵素作用于支链淀粉后的产物有葡萄糖和带有α-1，6-糖苷键的寡糖；作用于直链淀粉后的产物几乎全部是葡萄糖。

（4）异淀粉酵素又称淀粉α-1，6-葡萄糖苷酵素、分枝酵素。此酵素作用于支链淀粉分子分支点处的α-1，6-糖苷键，将支链淀粉的整个侧链切下变成直链淀粉。

3. 纤维素酵素

纤维素酵素是指能水解纤维素β-1，4-葡萄糖苷键，使纤维素变成纤维二糖和葡萄糖的一组酵素总称。它不是单一酵素，而是种起协同作用的多组分酵素系。纤维素酵素是由葡聚糖内切酵素（EC3.2.1.4，也称Cx酵素）、葡聚糖外切酵素（EC3.2.1.91，也称C1酵素）、β-葡萄糖苷酵素（EC2.1.21，也称CB酵素或纤维二糖酵素）三个主要成分组成的诱导型复合酵素系。C1酵素和Cx酵素主要溶解纤维素，CB酵素主要将纤维二糖、纤维三糖转化为葡萄糖，当三个主要成分的活性比例适当时，就能协同作用完成对纤维素降解。其酵素催化效率高，比一般酵素高$10^6 \sim 10^7$倍；酵素的催化反应具有高度专一性，酵素对其作用底物有严格选择性，催化反应条件温和，酵素催化活力可被调节控制，无毒性。

4. 乳糖酵素

乳糖酵素又称β-半乳糖苷酵素，在特定条件下，能够水解半乳糖苷键，使乳糖水解为葡萄糖和半乳糖。在人体中，乳糖酵素以二聚体形式大量存在于小肠的一类上皮细胞的刷状缘（Bush border）细胞膜中。

乳糖酵素对于人体是必不可少的。若乳糖缺乏者一次摄入较多乳糖，乳糖未能即使被消化吸收，进入结肠后被肠道细菌分解，产生大量乳酸、甲酸等短链脂肪酸和氢气，造成渗透压升高，使肠腔中的水分增多，引起腹胀、肠鸣、急性腹痛甚至腹泻等症状，总称之为乳糖不耐受症。同时，它还会导致胃肠失调，造成有价值的蛋白质和矿物质损失，甚至影响到婴幼儿的智力发育。

大量研究表明，人体中的乳糖酵素活性随年龄的增长，具有典型的生理性降低，成人乳糖酵素下降的不可逆性受基因控制。全世界乳糖缺乏的发生率在50%以上，而中国有90%成人缺乏乳糖酵素。通过补充乳糖酵素不仅能有效地改善乳糖吸收不良，还能大大减轻症状。

二、消炎酵素

人们很早就已经知道蛋白酵素具有消炎作用，例如临床上采用胰蛋白酵素、胰凝乳蛋白酵素和菠萝蛋白酵素等治疗炎症和浮肿疾患，以清除坏死组织。作为消炎酵素的还有核酸酵素、溶菌酵素等。链激酵素、尿激酵素和尿酸酵素也可属于消炎酵素。前两者可用于移去凝血块，治疗血栓静脉炎等；后者可用以分解尿酸，治疗关节炎。消炎酵素的需求量正迅速上升，有超过消化酵素之势。

1. 胰蛋白酵素

胰蛋白酵素是胰脏中的胰蛋白酵素原进入小肠以后，在小肠液中的肠激酵素的作用下，被激活为胰蛋白酵素，是肽链内切酵素。它能把多肽链中赖氨酸和精氨酸残基中的羧基侧切断。它不仅起消化酵素的作用，而且还能对限制分解糜蛋白酵素原、羧肽酵素原和磷脂酵素原等其他酵素的前体，起活化作用。

胰蛋白酵素能消化溶解变性的蛋白质，但对未变性的蛋白质无消化作用。因此，胰蛋白酵素能使脓、痰液、血凝块等分解、变稀，易于引流排除，从而加速创面进化，促进肉芽组织新生，此外还有抗炎症作用。

2. 胰凝乳蛋白酵素

胰凝乳蛋白酵素为胰腺分泌的一种蛋白水解酵素，能迅速分解变性蛋白质，作用、用途与胰蛋白酵素相似，比胰蛋白酵素分解能力强、毒性低、不良反应小，用于创伤或手术后伤口愈合、抗炎与防止局部水肿、积血、扭伤血肿、乳房术后浮肿和中耳炎及鼻炎等并可用于白内障的摘除。

3. 菠萝蛋白酵素

菠萝蛋白酵素是从菠萝液汁中提取的一种蛋白水解酵素，是一种具有消炎及抗水肿作用的巯基酵素。临床上可用作抗水肿与抗炎药；口服后能加强体内纤维蛋白的水解作用，将阻塞于组织的纤维蛋白与血凝块溶解，从而改善体液的局部循环导致的炎症和水肿的消除；同抗生素与化疗药物并用，能促进药物对病灶的渗透和扩散。它的优点是分解纤维蛋白的大分子，但不破坏凝血所必需的纤维蛋白原。可用于各种原因所致的炎症、水肿、血肿和血栓等，如支气管哮喘、支气管炎、急性肺炎、产后乳房充血、乳腺炎和视网膜炎等；同抗菌药物合并治疗关节炎、关节周围炎和小腿溃疡等均有效。

4. 溶菌酵素

溶菌酵素有抗病毒和抗细菌的能力。溶菌酵素是从鲜鸡蛋清中提取的一种能分解黏多糖的多肽酵素，是一种具有杀菌作用的天然抗感染物质。有抗菌、抗病毒、止血、消肿止痛和加快组织恢复功能等作用。临床用于慢性鼻炎、急慢性咽喉炎、口腔溃疡、水痘、带状疱疹和扁平疣等，也可与抗菌药物合用治疗各种细菌和病毒感染。

5. 链激酵素

链激酵素能治疗外伤淤血、水肿、扭伤，除去坏死组织；还可用于治疗严重烧伤、角膜疱疹、尿道与生殖器感染、急性耳炎；注射这种酵素制剂可使受伤部位血块溶解，以减轻皮肤因外伤淤血所致的痛苦。

6. 尿激酵素

尿激酵素是肾小管上皮细胞所产生的一种特殊蛋白分解酵素，有多种相对分子质量形式，主要是由高分子量（54 700）和低分子量（34 000）两种组成，均具有生物活性。前者为尿中的天然形式，后者为前者的降解产物，但前者比后者的作用快2倍，临床用前者优于后者。

国际上广泛用于临床上治疗脑血栓、心肌梗塞和栓塞性脉管炎等致命性疾病。尿激酵素是纤维蛋白溶酵素原的激活剂，它能使无活性的纤维蛋白溶酵素原转变成有生物活性的纤维蛋白溶酵素。后者能水解不溶性的纤维蛋白（即血栓）成为可溶性的纤维蛋白，从而达到治疗血栓病的目的。

三、抗肿瘤酵素

抗肿瘤酵素和其他抗肿瘤药物的治疗机制完全不同。

以L-门冬酰胺酵素治疗白血病为例。L-门冬酰胺酵素是酰胺基水解酵素，是一个广泛应用于儿童急性淋巴细胞白血病治疗的酵素类药物。该种酵素在正常细胞中由于具有合成L-门冬酰胺的相关酵素类，因此可从L-门冬氨酸、L-谷氨酰胺和α-酮基琥珀酰胺等直接合成细胞所需要的L-门冬酰胺；但是，白血病肿瘤细胞不同，它们缺乏这些酵素，而必须通过血液循环从正常细胞获取所需的L-门冬酰胺。因此，对于白血病患者来说，如果给他们投注L-门冬酰胺酵素并切断L-门冬酰胺的外源供应，这些肿瘤细胞就会因缺少必要的L-门冬酰胺而“饿死”，从而达到治疗的目的。同理，据报道，谷氨酰胺酵素、精氨酸酵素、丝氨酸脱水酵素、苯丙氨酸氨解酵素和亮氨酸脱氢酵素等也具有抗肿瘤作用。

四、抗氧化酵素

抗氧化剂近些年来在国内外发展很快，用途也越来越广。自从Harman提出自由基理论以来，人们认识到人体内氧化产生的自由基与人的衰老和许多疾病有关，因此抗氧化剂成为医学领域的研究热点。

1. 超氧化物歧化酵素

超氧化物歧化酵素（SOD）又称过氧化物歧化酵素，主要存在于人体的红细胞、肝和组织等中。SOD是以超氧化阴离子自由基为底物的金属酵素，专一地消除机体新陈代谢中产生的超氧阴离子自由基，生成过氧化氢，再由机体内过氧化氢酵素进一步分解生成水和氧，以清除超氧阴离子自由基等中间物的毒性（图2－12）。

$$2\cdot O_2^- + 2H^+ \xrightarrow{SOD} H_2O_2 + O_2$$

$$H_2O_2 + AH_2 \xrightarrow{\text{过氧化氢酶}} 2H_2O + A$$

图2－12 SOD清除超氧化阴离子自由基的机理

SOD作为体内自由基的有效消除剂之一，它能使自由基的形成和消除处于动态平衡，从而抵御超氧阴离子自由基的毒害作用。所以该酵素具有防护与抗衰老、抗炎症、抗肿瘤、抗自身免疫性疾病（如红斑狼疮、皮肤炎、肺气肿）以及抗辐射等作用。经SOD处理过的香烟中尼古丁的含量微乎其微。该种酵素是能治疗许多疑难病症的一种很有前途的药用酵素并能广泛应用到高级化妆品、食品、饮料等领域，因而受到医药界、生物化学界的高度重视。

2. 酪氨酸酵素

人体中，酪氨酸酵素有催化酪氨酸合成L-DOPA或进一步合成黑色素的作用。黑色素及其代谢中间物，有抗氧化、神经调节和增强皮肤免疫能力的作用。因此酪氨酸酵素在医药和美容保健方面具有重要的应用前景。

黑色素（Melanin）是一类有着复杂结构、非均质的类多酚聚合体。在医药方面，黑色素能作为紫外线吸收剂、抗氧化剂和新型的天然的药物载体；可用来治疗某些与黑色素缺乏有关的神经系统疾病，如着色性干皮病、帕金森氏症、老年性痴呆症和亨廷氏舞蹈病等；它还具有抗体外HIV病毒的作用，即干扰HIV诱导的合胞体的形成，阻止HIV-1被膜表面的糖蛋白和T细胞特异抗体与淋巴母细胞的结合。

五、遗传缺失疾患治疗酵素

现在已知由于酵素基因缺失而引起的遗传病至少有10种以上。从理论上说，治疗的办法有三种：一是通过遗传学手段在染色体基因组中补进所需要的缺失基因，这一方面目前已有一些转基因成功的例证，但从技术角度而言尚难广泛应用；二是供给患者特种食物，即在该种食物中不包含、同时在机体摄入后也不会转化为所缺失的酵素的底物成分，这一办法相当复杂而且代价高昂；三是向患者提供所缺失的酵素，这一设想已在1964年开始试验，主要用于治疗同溶酵素体有关的酵素缺失疾患。例如，用淀粉葡聚糖苷酵素治疗糖原堆积症，已获得成功；又如，用PEG修饰的牛肠腺苷脱氨酵素治疗免疫缺陷病，已经FDA批准用于临床。

六、其他治疗酵素

1. 透明质酸酵素

透明质酸酵素是一种高度特异性蛋白酵素，能高度特异地作用于透明质酸（透明质酸为组织基质中具有限制水分及其他细胞外物质扩散作用的成分），使之发生液化，可促使皮下输液、局部积贮的渗出液或血液加快扩散而利于吸收，为一种重要的药物扩散剂。该酵素临床用作药物渗透剂，促进药物的吸收，促进手术或创伤后局部水肿或血肿消散。其参与作用人工晶体前膜治疗的机理可能是透明质酸酵素作用于眼球壁中的透明质酸，破坏其屏障作用，提高激素类药物在房水中的浓度；人工晶体前膜的形成有胶原纤维和形成纤维细胞参与，脑原纤维由胶原原纤维经糖蛋白互相黏合而形成，透明质酸酵素特异作用于糖蛋白多糖成分中的透明质酸，阻止胶原原纤维合成胶原纤维，同时使胶原纤维还原为胶原原纤维，促进纤维膜的降解吸收。

2. 弹性蛋白酵素

弹性蛋白酵素（Elastase）是一种以水解不溶性弹性硬蛋白（e-lastin）为特征的蛋白水解酵素，主要存在于人体的胰脏中。弹性蛋白酵素具有广泛的水解活性，不但能降解弹性硬蛋白，而且对明胶、血纤维蛋白、血红蛋白、白蛋白等多种蛋白质都有降解作用，是一种广谱的肽链内切酵素并且具有脂酵素与脂蛋白水解酵素的活性，因而弹性蛋白酵素可以起到治疗动脉硬化、降血脂的作用，在医药中具有广泛的应用。

3. 醒酒酵素

肝脏是酒精氧化的主要部位。酒精在肝脏内主要通过2个以

NAD + 为辅酵素的酵素——乙醇脱氢酵素和乙醛脱氢酵素的作用。分别将乙醇转化为乙醛和乙酸。生成的少量乙酸转化成肝脏中的乙酰辅酵素 A，但绝大部分乙酸则释放入血并被运输到肝外组织，部分乙酸以长链脂肪酸的形式贮存起来。

在乙醇氧化时，肝细胞的胞浆 NADH/NAD + 比值显著升高（2～3 倍），造成胞浆中的氧化-还原电位发生改变。乳酸与丙酮酸的比值上升数倍，正如 L-α-甘油磷酸与磷酸二羟丙酮的比值也上升一样。乙醇的氧化促使丙酮酸转化成乳酸，实际上可妨碍外加丙酮酸的氧化，线粒体内过量 NADH 抑制谷氨酸脱氢酵素的活性。同样，α-酮戊二酸向琥珀酸的转变和苹果酸向草酰乙酸的转变也都受到抑制。这种改变的结果是使糖异生反应（图 2－13）中至关重要的磷酸烯醇式丙酮酸的合成也受到阻抑，血液中的糖度降低，导致三羧酸循环活动和脂肪氧化的短暂降低。酒精抑制谷氨酸产生和降低血浆中丙氨酸浓度是通过减少丙氨酸从肌肉中释放出来。因此，提高丙氨酸浓度，可以使氨基和含碳物从肌肉转化到肝脏，反映 NAD + 足够的补充和三羧酸（TCA）循环（图 2－14），亮氨酸比丙氨酸更有效，亮氨酸是收缩骨骼肌的氨基酸并产生丙氨酸作为肌肉中转化为丙酮酸的氨基。喝急酒对脑中的氨基有影响并收缩骨骼肌，但对血浆中的支链氨基酸无影响。此外，谷氨酸、脯氨酸和精氨酸也对酒精代谢有影响。于是，摄入含有大量氨基酸的蛋白肽饮料可望对酒精代谢有积极影响。

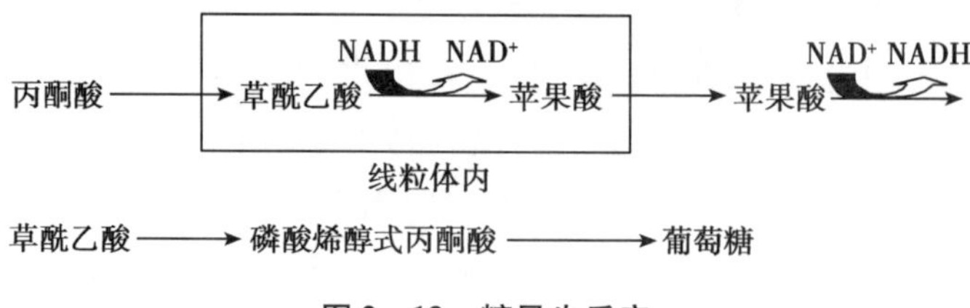

图 2－13　糖异生反应

药物酵素是一个十分重要、而且有广阔前景的研究领域，但目前还远未达到预期的水平，特别是用注射方式使用的药物酵素还存在着一些急需解决的问题，例如作为异体蛋白在体内易引起免疫反应；容易被降解、被代谢，药效期短；酵素制剂本身的纯度不高，杂质可能

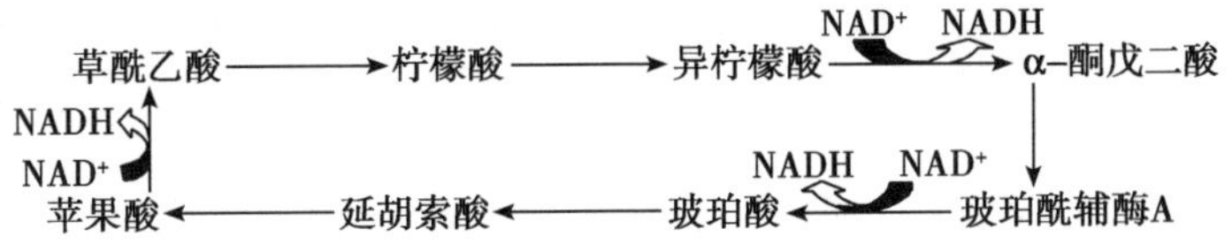

图 2－14　三羧酸循环

导致某些副作用；如何将药物定向分布到所需要的组织细胞中去等。药物酵素的发展方向之一是微型胶囊化；另一则是制成酵素的衍生物。例如，可将酵素包埋固定于水溶性或水不溶性高分子载体中，也可将酵素包埋于血影细胞或脂质体中，这样即能使酵素和免疫系统、蛋白酵素等隔开，将酵素保护起来，同时也有助于被细胞吸收。某些情况下，还可在脂质体等载体上引入一定的基团起导向作用，以便将药物酵素引向相应的靶部位。还有一种发展趋势就是将相应的药物酵素固定后，组成“人工脏器”用于治疗先天性酵素缺失和组织功能衰竭等所引起的疾患。

第三章 微生物酵素的保健功效

第一节 微生物酵素的调节血压功效

一、什么是血压

体循环动脉血压简称血压。血压是血液在血管内流动时，作用于血管壁的侧压力，它是推动血液在血管内流动的动力。心室收缩，血液从心室流入动脉，此时血液对动脉的压力最高，称为收缩压。心室舒张，动脉血管弹性回缩，血液仍慢慢继续向前流动，但血压下降，此时的血压称为舒张压。

二、血压的正常值是多少

按照世界卫生组织（WHO）建议的血压标准是：凡正常成人收缩压应小于或等于140mmHg（18.6kPa），舒张压小于或等于90mmHg（12kPa）。如果成人收缩压大于或等于160mmHg（21.3kPa），舒张压大于或等于95mmHg（12.6kPa）为高血压；血压值在上述两者之间，亦即收缩压在141~159mmHg（18.9~21.2kPa）之间，舒张压在91~94mmHg（12.1~12.5kPa）之间，为临界高血压。诊断高血压时，必须多次测量血压，至少有连续两次舒张期血压的平均值在90mmHg（12.0kPa）或以上才能确诊为高血压。仅一次血压升高者尚不能确诊，但需随访观察。

三、中国高血压的诊断分类

中国高血压的诊断依据来源于1999年WHO/ISH的标准，在高血压专家的共同讨论下提出的理想血压（<120/80mmHg）、正常高值血压（SBP120~139mmHg，DBP 80~89mmHg）、高血压（>=140/90mmHg）和收缩期高血压的概念，从1999年至今已沿用近5

年，与 WHO/ISH 的标准是一致的。2003 年美国高血压指南和欧洲高血压指南的相继出台，提出了适应他们自己国情的高血压诊断与分类标准（表 3－1）。

表 3－1 中国高血压的定义与分类

血压分级	收缩压（mmHg）	舒张压（mmHg）
理想血压	<120	<80
正常血压	<130	<85
正常高值	130～139	85～89
1 级高血压（轻度）	140～159	90～99
亚组：临界高血压	140～149	90～94
2 级高血压（中度）	160～179	100～109
3 级高血压（重度）	≥180	≥110
单纯收缩期高血压	≥140	<90
亚组：临界高血压	140～149	<90

注：当收缩压与舒张压属不同级别时，应该取较高的级别分类

四、原发性高血压病的病因

该病病因未完全阐明，目前认为是在一定的遗传基础上由于多种后天因素的作用，正常血压调节机制失代偿所致，以下因素可能与发病有关。

1. 遗传

遗传高血压的发病有较明显的家族集聚性，双亲均有高血压的正常血压子女（儿童或少年）血浆去甲痛上腺素、多巴胺的浓度明显较无高血压家族史的对照组高，以后发生高血压的比例亦高。中国国内调查发现，与无高血压家族史者比较，双亲一方有高血压者的高血压患病率高 1.5 倍，双亲均有高血压病者则高 2～3 倍，高血压病患者的亲生子女和收养子女虽然生活环境相同，但前者更易患高血压。

2. 饮食

盐类与高血压最密切相关的是 Na^+，人群平均血压水平与食盐摄入量有关，在摄盐较高的俑，减少每日摄入食盐量可使血压下降。有报告显示高血压患病率和夜尿钠含量呈正相关，但亦有不同的意见，

这可能与高血压人群中有盐敏感型和非盐敏感型之别有关。高钠促使高血压，可能是通过提高交感张力增加外周血管阻力所致。饮食中K^+、Ca^{2+}摄入不足、Na^+/K^+比例升高时易患高血压，高K^+高Ca^{2+}饮食可能降低高血压的发病率，动物实验也有类似结果的发现。

脂肪酸与氨基酸降低脂肪摄入总量，增加不饱和脂肪酸的成分，降低饱和脂肪酸比例可使人群平均血压下降。动物实验发现，摄入含硫氨基酸的鱼类蛋白质可预防血压升高。

长期饮酒者高血压的患病率升高，而且与饮酒量呈正比。可能与饮酒促使皮质激素、儿茶酚胺水平升高有关。

职业和环境流行病材料提示，从事须高度集中注意力的工作、长期精神紧张、长期受环境噪声和不良视觉刺激者易患高血压病。

其他，如吸烟、肥胖者高血压病患病率高。

3. 肾素-血管紧张素-醛固酮（RAA）系统

肾缺血时刺激肾小球入球动脉上的球旁细胞分泌肾素，肾素可对肝脏合成的血管紧张素原起作用形成血管紧张素Ⅰ，而后者经过肺、肾等组织时在血管紧张素转化酶（ACE，又称激肽酶Ⅱ）的活化作用下，形成血管紧张素Ⅱ，血管紧张素Ⅱ再经酶作用脱去天门冬氨酸，转化成血管紧张素Ⅲ。在肾素-血管紧张素-醛固酮系统中血管紧张素Ⅱ是最重要的成分，有强烈的收缩血管作用，其加压作用约为肾上腺素的10～40倍，而且可刺激肾上腺皮质球带分泌醛固酮促使水钠潴留，刺激交感神经节增加去甲肾上腺素分泌，提高特异性受体的活动从而使血压升高。它还可反馈性地抑制肾脏分泌肾素和刺激肾脏分泌前列腺素。肾素-血管紧张素-醛固酮系统功能失调时高血压就会产生，由于肾素主要在肾脏产生，故以往有高血压发病的肾源学说（renal theory）。然而，在高血压患者中，血浆肾素水平增高者仅是少数，近年来发现组织中包括血管壁、心脏、中枢神经和肾皮质髓质中亦有肾素-血管紧张素系统。它们可能对正常肾素和低肾素高压的发病以及高血压时靶器官的损害起着重要的作用。

五、高血压病有何并发症

高血压病患者由于动脉压持续性升高，引发全身小动脉硬化，从而影响组织器官的血液供应，造成各种严重的后果，成为高血压病的并发症。在高血压的各种并发症中，以心、脑、肾的损害最为显著。

1. 脑血管意外

脑血管意外亦称中风，病势凶猛，死亡率极高，是急性脑血管病中最凶险的一种。高血压患者血压越高，中风的发生率越高。高血压病人都有动脉硬化的病理存在，脑动脉硬化到一定程度，再加上一时的激动或过度的兴奋，如愤怒、突然事故、剧烈运动等，使血压急骤升高，脑血管破裂出血，血液便溢入血管周围的脑组织，此时，病人立即昏迷，倾跌于地，所以俗称中风。凡高血压病患者在过度用力、愤怒、情绪激动的诱因下，出现头晕、头痛、恶心、麻木和乏力等症状，要高度怀疑中风的可能，应立即将病人送往医院检查。

2. 肾动脉硬化和尿毒症

高血压合并肾功能衰竭约占10%。高血压与肾脏有着密切而复杂的关系，一方面，高血压引起肾脏损害；另一方面肾脏损害加重高血压病。高血压与肾脏损害可相互影响，形成恶性循环。急骤发展的高血压可引起广泛的肾小动脉弥漫性病变，导致恶性肾小动脉硬化，从而迅速发展为尿毒症。

3. 高血压性心脏病

动脉压持续性升高，增加心脏负担，形成代偿性左心肥厚。高血压患者并发左心室肥厚时，即形成高血压性心脏病。该病最终导致心力衰竭。

4. 冠心病

血压变化可引起心肌供氧量和需氧量之间的平衡失调。高血压患者血压持续升高，左室后负荷增加，心肌耗氧随之增加，合并冠状动脉粥样硬化时，冠状动脉血流储备功能降低，心肌供氧减少，因此出现心绞痛、心肌梗死、心力衰竭等。

六、高血压病分期

第一期：血压达确诊高血压水平，临床无心、脑、肾损害征象。

第二期：血压达确诊高血压水平，并有下列一项者：①体检、X线、心电图或超声心动图显示左心室扩大；②眼底检查，眼底动脉普遍或局部狭窄；③蛋白尿或血浆肌酐浓度轻度增高。

第三期：血压达确诊高血压水平，并有下列一项者：①脑出血或高血压脑病；②心力衰竭；③肾功能衰竭；④眼底出血或渗出，伴或不伴有视神经乳头水肿；⑤心绞痛，心肌梗塞，脑血栓形成。

七、症状表现

高血压病的症状，往往因人、因病期而异。早期多无症状或症状不明显，偶然于体格检查或由于其他原因测血压时发现。其症状与血压升高程度并无一致的关系，这可能与高级神经功能失调有关。有些人血压不太高，症状却很多，而另一些病人血压虽然很高，但症状不明显，常见的症状有：

（1）持续性动脉血压升高为该病最主要的表现。收缩压多超过140mmHg或舒张压超过90mmHg。

（2）头晕。头晕为高血压最多见的症状。有些是一过性的，常在突然下蹲或起立时出现，有些是持续性的。头晕是病人的主要痛苦所在，其头部有持续性的沉闷不适感，严重的妨碍思考、影响工作，对周围事物失去兴趣，当出现高血压危象或椎-基底动脉供血不足时，可出现与内耳眩晕症相类似的症状。

（3）头痛。头痛亦是高血压常见症状，多为持续性钝痛或搏动性胀痛，甚至有炸裂样剧痛。常在早晨睡醒时发生、起床活动和饭后逐渐减轻。疼痛部位多在额部两旁的太阳穴和后脑勺。

（4）烦躁、心悸、失眠。高血压病患者性情多较急躁、遇事敏感，易激动。心悸、失眠较常见，失眠多为入睡困难或早醒、睡眠不实、噩梦纷纭、易惊醒。这与大脑皮层功能紊乱和植物神经功能失调有关。

（5）该病中、晚期多合并心、脑、肾、眼底和血管壁的损害，可出现相应靶器官受损的症状与体征。如高血压性心脏病、高血压性肾病、脑血管意外等。

八、高血压病的治疗

1. 非药物治疗

（1）减轻体重，BMI大于或等于24。

（2）采用合理膳食。限制钠盐：每人每日 <6g；减少脂肪和动

物蛋白的摄入；增加蔬菜、水果；控制饮酒：每日酒精量<20g。

（3）适当增加体力活动和运动。

（4）保持心理平衡。

（5）戒烟。

2. 药物治疗

（1）根据病情正确选择药物。

（2）小剂量联合用药，消减药物的副作用。

（3）终身服药。

九、微生物酵素对高血压病的防治原理

1. 微生物（益生菌）对高血压病的防治原理

一项在日本东京医学院心血管中心做的、为期12周的随机双盲安慰剂对照临床研究，对39位中年高血压患者（16名女性，23名男性，年龄在28~81岁之间）进行了观察，观察他们饮用了发酵乳饮料后的血压变化。结果表明，单一剂量的乳酸剂可明显降低血压。

日本信州大学的研究者也发现：某些益生菌可以抑制携带胆固醇的胆汁酸在肝中的再吸收并具有将血液中的胆固醇通过粪便排出的功能。他们对一组18~55岁的患有高血压的人群进行了长达8周的观察，让其中一组受试者每日补充一定剂量的益生菌，结果发现他们的血压有明显的降低，而那些未服用益生菌的对照组人群血压并没有降低。

一些对发酵乳的研究也证明，当益生菌生长时会产生很多抗高血压的物质。科学家在分离具有抗高血压功效的物质时，发现至少有一种情况是由于有益细菌细胞壁的作用，这就暗示了即使是细胞死亡也可发挥功效。

益生菌对血压的影响大概有如下几个方面：

（1）抑制有害菌减少有毒物质的产生。腐生菌被抑制后，人体内的吲哚、酚、氨和尸胺等有害物质也明显减少。肠道内的其他菌体例如大肠杆菌、变形杆等都具有脱氨酶，由氨基酸产生氨，由胱氨酸与半胱氨酸产生硫化氢，由色氨酸产生靛基质。而且这些菌还具有脱羧酶，由氨基酸产生胺类；而双歧杆菌不仅没有这些方面的副作用，

而且双歧杆菌在一定程度上抑制了这些菌体的作用。这些有毒物质可刺激血管壁，直接导致血管痉挛以致引起动脉硬化病的发生，而动脉硬化是产生高血压病的原因之一。

（2）增加营养物质。双歧杆菌等原籍菌能分泌许多蛋白质、脂肪和碳水化合物等的水解酶，参与机体对这些物质的分解和吸收并参与许多水溶性维生素的合成，如维生素 B_1、维生素 B_2、维生素 B_6、维生素 B_{12}、维生素 K、烟酸和叶酸等，这些都是机体营养和代谢所必需的物质。还能通过抑制某些维生素分解菌来保障维生素的供应。例如，它能抑制分解维生素 B_1 的解硫胺素的芽孢杆菌。维生素是调节全身功能不可缺少的营养物质，对血压的维护也起着至关紧要的作用。比如维生素 B_1 缺乏可引起心肌受损，心功能障碍；维生素 B_2 缺乏可导致血管内膜受损；维生素 B_6 缺乏可影响植物神经功能，导致血管痉挛使血压升高，还可影响 γ-氨基丁酸的代谢而升高血压；钙、镁离子对血压的调节以及心肌血管的维护、脂类的代谢都起着至关重要的作用。

双歧杆菌等肠道益生菌对于 Ca^{2+}、Mg^{2+} 等阳离子吸收具有促进作用。美国俄勒冈卫生科学大学高血压防治规划主任麦克卡隆博士认为，解决高血压的关键不是钠、镁或其他矿物质，而是钙。近代医学研究证明，中老年人多吃含钙丰富的食物，不仅不会引起动脉硬化，反而有预防动脉硬化的作用，还可使过高的血压下降到正常。越来越多的资料表明，钙有松弛血管、降低血压和预防动脉硬化的功能。

镁离子可直接舒张血管周围的平滑肌，引起交感神经节冲动传递障碍，从而使血管扩张，血压下降。国外学者调查了 1 000 例高血压病人的治疗，接受利尿剂发生低镁血症者需要更多的药物控制血压。这说明镁的缺损对控制血压不利、补充镁离子后血压比对照组明显下降。日本医学家本山隆章以轻中度原发性高血压 21 例（平均年龄 40 岁）为研究对象，让患者停服降压药一个月改以口服氧化镁，每天 1g（相当于 0. 6g 镁）。结果显示，平均血压从给药前 111mmHg 降到给药后 102mmHg，其中收缩压由 149mmHg，降到 136mmHg，舒张压由 92mmHg 降到 85mmHg。而服安慰剂的对照组，平均血压上升到

108mmHg。由此认为，镁离子有降血压作用，同给药前相比，患者红细胞中镁量增加，钠量减少。有人认为，镁离子可维持血管的收缩与舒张平衡，缺镁时收缩血管的物质浓度增高，舒张血管的物质浓度降低，从而导致高血压。此外，镁可进入细胞内，直接作用于 ATP 酶，也可具有降血压的作用。

（3）益生菌可降低胆固醇和血氨。双歧杆菌等分泌结合胆汁酸水解酶等，可以使结合胆汁酸降解为胆汁酸。血胆固醇有一半以上在肝脏形成胆汁酸，通过肠肝循环回到肠道内。由于双歧杆菌等肠道正常菌群分泌活性酶的作用，使游离胆汁酸与胆固醇在肠道沉淀而随大便排出体外。益生菌能改善脂质代谢。在佳木斯医学院张磊艺等的研究中，观察了双歧杆菌复合制剂对高脂血症患者脂质代谢的影响，结果表明双歧杆菌可以降低血清胆固醇和甘油二酯，具有改善脂质代谢紊乱的作用。微生态学的研究已经发现某些肠道有益菌确实能将胆固醇氧化还原为类固醇排出体外，干扰并减少胆酸与胆固醇的再吸收，使血与肝脏中的胆固醇降低。

双歧杆菌等生理性细菌，可以利用氨作为氮源合成氨基酸和尿素，而不能将氨基酸和尿素转变成氨，因此可以降低血氨浓度。双歧杆菌在肠道内可吸收利用有害菌产生的含氮有害物质，抑制产胺的腐败菌，降低肠道内的 pH 值，使氨变为难于吸收的离子型，达到降低血氨的功效。胆固醇、血氨升高可使血管痉挛而升高血压，又可影响睡眠，导致神经紊乱，而使血压调节功能受损。

（4）提高脑内 γ-氨基丁酸的数量和活性。γ-氨基丁酸是一种中枢神经触突的抑制性递质。γ-氨基丁酸在脑的能量代谢上占重要地位，有降血压作用，还有抗惊厥、利尿等活性，临床用于降血压和恢复脑细胞功能，还可抗精神不安。

（5）干酪乳杆菌 LC-15。干酪乳杆菌 LC-15 具有良好的血管紧张素 Ⅰ 转换酶（ACE）抑制效果。

2. 酵素（酶）对高血压病的防治原理

有文献报道，一氧化氮分泌减少可致实验大鼠血压升高，自发性高血压大鼠的一氧化氮合酶基因表达水平降低。可见一氧化氮合酶活性的变化与高血压病发病有密切的关系。

胰激肽原酶对自发性高血压大鼠肾损害的保护作用，引起血管扩张、血管渗透性增加，从而发挥降压、保护肾脏与心脏等生理学作用。目的在于观察胰激肽原酶干预对自发性高血压大鼠（SHR）肾功能的影响，探讨激肽释放酶激肽系统在高血压和肾脏保护方面的可能机制。结果用胰激肽原酶治疗后血压明显下降（中华高血压杂志）到肾脏中 11β-羟类固醇脱氢酶活性和原发性高血压的关系密切，低肾素型高血压患者肾脏中 11β-羟类固醇脱氢酶活性显著减低。

加拿大发现两种酶能联合作用保护血管，据《动粥样硬化、血栓形成和血管生物学》杂志最近的一篇文章称，加拿大的研究人员发现，参与血红素破坏的血红素氧化酶-1（HO-1）和生存基因 Akt 能联合产生细胞保护作用，防止氧化应激诱导的细胞死亡。

加拿大皇后大学的研究人员分析了生存基因 Akt 是否在人主动脉平滑肌细胞凋亡过程中介导了血红素氧化酶-1 的细胞保护作用，应用逆转录病毒表达载体表达这些酶，结果发现，血红素氧化酶-1 过表达可保护细胞，使之免受过氧化氢引起的氧化应激损伤。

研究表明，人体内有一组水解血管紧张素的肽酶，称之为血管紧张素转换酶，可以降低体内肾血管紧张素。在肝脏也有一种肝蛋白酶能水解肾血管紧张素，使其含量趋于正常，以维持血压的正常。

另外，人体内激肽-前列腺素系统也与血压升高有很重要的联系，因为激肽-前列腺素可以促进小动脉舒张，促进水钠排出，而使升高的血压下降。激肽-前列腺素是在前列腺合成酶的作用下生成，在激肽释放酶的作用下激活而起作用。所以，肾脏激肽酶与激肽-前列腺系统活性的降低是人类某些高血压的发生原因。

目前，治疗高血压病的前沿方法是基因疗法，如激肽释放酶基因疗法。激肽释放酶（kallikrein）是体内的一类蛋白酶，可使某些蛋白质底物激肽原分解为缓激肽。缓激肽具有舒张血管活性，可参与对血压和局部组织血流的调节。在人体和动物实验中证实，缓激肽是目前已知的最强的舒血管物质之一。Eric 等给予 DOCA-salt 高血压大鼠模型静脉注射以腺病毒为载体的人组织激肽释放酶基因后，延迟 BP 升高时间达 2d 并且降压作用持续约 23d。与注射以腺病毒为载体的虫荧光素酶基因的对照组比较，注射人组织激肽释放酶基因的大鼠的最大降压幅度可达 50mmHg，最小降压幅度也可达 32mmHg，并持续于整个实验期间。同时人组织激肽释放酶基因转染后，DOCA-salt 高血压大鼠的尿量、尿蛋白水平和体重均降低。肾形态学检测显示肾小球硬化、肾小管扩张和蛋白管型等现象明显减轻。Costanza 等以腺病毒为载体，将人组织激肽释放酶基因肌内注射传染自发性高血压大鼠（spontaneously hypertensive rats，SHR）后，结果显示人组织激肽释放酶基因可以促进 BP 正常的动物自发性代偿血管生成，特别重要的是能纠正 SHR 的血管再生缺陷。另外尚有一氧化氮合酶基因疗法等。

综上所述，微生物酵素是活益生菌和生物酶相结合的高科技产品。它同时具备了益生菌和生物酶的全部功能。对高血压病的防治，从病因防治到组织器官的修复，从循环系统到内分泌系统、神经系统同时全面的进行调整，疗效持久可靠，无任何副作用。在 2003 ~ 2008 年中用微生物酵素配合调理高血压 10 327 例，情况得到改善的达 97.2%，服用者全身的基本情况都有明显改善，尤其是三期高血压伴有心、脑、肾病变的患者，恢复速度和症状改善都十分明显。随着社会的进步，科学的发展微生物酵素对高血压患者的全面改善将起到更大的作用。

第二节　微生物酵素与糖尿病

糖尿病（diabetes mellitus）是一组以慢性血葡萄糖（简称血糖）水平增高为特征的代谢病。主要特点是血糖过高、糖尿、多尿、多饮、多食、消瘦和疲乏。

糖尿病一词是描述一种多病因的代谢疾病，伴随因胰岛素分泌或作用缺陷引起的糖、脂肪和蛋白质代谢紊乱。它分为Ⅰ型和Ⅱ型两种。Ⅰ型是由于自身免疫机能发生异常，胰岛细胞被破坏，胰岛素几乎无法分泌而产生的。Ⅱ型是因生活习惯和易患糖尿病的体质造成胰岛功能的低下和不足而产生的。95% 的糖尿病是Ⅱ型糖尿病。

近20年来，中国糖尿病患病率显著增加，2002年全中国营养调查的同时调查了糖尿病的流行情况。“世界糖尿病日”是由世界卫生组织和国际糖尿病联盟于1991年共同发起的，定于每年的11月14日，这一天是胰岛素发现者、加拿大科学家班廷的生日。其宗旨是引起全球对糖尿病的警觉和醒悟。中国中医科学院糖尿病研究总院调查资料显示，中国的糖尿病患者人数已达6 000万左右，占世界糖尿病人群总数的1/3，患病率居世界第二位并且以每天至少3 000人的速度增加，每年增加超过120万人，预测至2010年中国糖尿病人口总数将猛增至8 000万至1亿人。国家在这方面的负担很重。

一、糖尿病的发病因素

糖尿病的病因和发病机制十分复杂，至今还未完全阐明。不同类型糖尿病的病因不尽相同，即使是同一类型糖尿病其病因也各异。目前认为主要与以下因素有关：

1. 种族与遗传因素

在不同国家与民族，Ⅱ型糖尿病患病率不同，如美国为6%～8%，中国为3.21%，而太平洋岛国瑙鲁和美国土著Pima印地安人分别高达30%和50%。

2. 生活方式改变

由于发展中国家（如中国）国民经济迅速发展，人民生活水平不断改善，常有营养过剩，而体力活动则明显减少，使原有潜在功能低下的胰岛B细胞负担过重，从而诱发糖尿病。

例如，饮食无节、高脂肪、高热量的食物过多的摄取，出现肥胖；相对蔬菜吃得少，微量元素缺乏，如锌、镁、镉的缺乏。

3. 肥胖因素

目前认为肥胖是糖尿病的一个重要危险因素，约有60%～80%成年糖尿病病人在发病前为肥胖者，糖尿病与肥胖的程度和类型有关。中心型（或称腹型）肥胖尤与糖尿病的发生密切相关。有资料表明，随着年龄增加，体力活动逐渐减少，人体肌肉与脂肪的比例在改变。自25～75岁，肌肉逐渐由占体重的47%减少到36%，而脂肪由20%增至36%，这是老年人特别是肥胖多脂肪的老年人糖尿病，明显增多的主要原因之一。

4. 精神因素

精神紧张、情绪激动和各种应激状态，会引起升高血糖的激素（如生长激素、去甲肾上腺素、胰升糖素和肾上腺皮质激素等）的大量分泌。承受精神应激较多的城市居民，糖尿病患病率高于农村居民，脑力活动者患病率高于体力活动者。

5. 环境因素

（1）病毒感染。1864 年，挪威医生报道 1 例在腮腺炎病毒感染后发生糖尿病，提示病毒感染与糖尿病存在某种联系。

近 100 多年来，病毒感染后发生 I 型糖尿病的报道屡见不鲜，相关的病毒有腮腺炎病毒、风疹病毒、巨细胞病毒和柯萨奇 B 病毒等。

（2）化学物质摄入。四氧嘧啶、链脲佐菌素和灭鼠剂 Vacor 等对胰岛 B 细胞有毒性作用，被人和动物摄入后，可引起糖耐量减低或糖尿病。

6. 刺激物、疾病和自身免疫

糖刺激等诱发因素也可以诱发糖尿病，而细菌、病毒、伤风和感冒会伤及胰脏而使胰岛素分泌不足导致糖尿病发生。

I 型糖尿病：病人血清中存在胰岛细胞抗体（ICA）、胰岛素自身抗体（IAA）、谷氨酸脱羧酶抗体（GADA）和其他自身抗体。

I 型糖尿病及其亲属常伴有其他自身免疫性疾病，如甲状腺功能亢进症、桥本甲状腺炎、原发性肾上腺皮质功能减退症、恶性贫血、重症肌无力和类风湿关节炎等。

二、糖尿病的并发症

糖尿病的并发症可达百种以上，主要有：

1. 心血管疾病

据调查，近半数糖尿病患者并发冠心病。糖尿病人患心肌梗塞的可能性是正常人的 5 ~7 倍。糖尿病是以糖代谢障碍为主，同时伴有蛋白、脂肪的代谢障碍，甚至还可以有水、盐代谢和酸、碱失调。以上这些代谢障碍是发生动脉硬化的基础，故糖尿病患者容易产生动脉硬化症，使心血管壁增厚，管腔变窄，常引起血液循环障碍，导致心血管疾病的发生。

2. 脑血栓

调查表明，糖尿病人脑血栓的发病率为非糖尿病人的 12 倍。糖尿病由于血糖增高，可使血液变得黏稠，血小板聚集性增加，血流缓慢，极易发生脑血栓。同时，体内各种代谢发生紊乱，引起高血脂、高血压，加重动脉粥样硬化，几种因素互相协同作用，最终发生脑血栓。

3. 糖尿病性肠病

糖尿病性肠病是其中晚期的主要并发症之一。其发病原因尚不明了，目前多数学者认为是植物神经病变引起的，但也有不同意见，主要表现为肠道功能紊乱、腹泻和便秘交替出现，用抗菌素无效。

4. 白内障

据统计，在白内障患者中，糖尿病患者约占 30%。由于糖尿病患者血液中和眼内房水中葡萄糖浓度偏高，葡萄糖在代谢中转变为山梨醇物质积聚在晶体内，造成晶体纤维肿胀，进而断裂、崩解，最终完全混浊，引起患者视力下降，甚至失明。另外还常并发眼底出血，视网膜病变及脱落等并发症。

5. 肺结核

据有关资料统计，糖尿病病人并发肺结核者占肺结核患者的 10% ~15%，比正常人高出 3 ~5 倍。这是由于糖尿病人的抵抗力差，高糖环境更有利于结核菌的生长繁殖。糖尿病并发肺结核后，由于高糖环境有利于结核菌的生长繁殖，且因维生素 A 缺乏，削弱了呼吸系统的抵抗力并可因消瘦、营养不良等因素导致抵抗力降低，故用抗结核药物治疗肺结核，常难以收到预期的效果。

6. 肾病

糖尿病肾病是糖尿病引起肾脏内的微血管病变，是糖尿病常见的合并症，一般发生于患糖尿病 5 ~15 年之后。近年研究表明，糖尿病肾病的早期常无任何肾病症状，一旦出现尿蛋白定性试验阳性，说明患者已有持续性蛋白尿，其肾脏内的肾小球硬化，基底膜增厚，此时的糖尿病性肾病已进入中、晚期，如不及时有效地治疗，3 ~5 年后将发展成肾衰。

7. 性功能障碍

由于糖尿病患者容易发生动脉粥样硬化，阴茎动脉管腔变窄，供血量减少而造成勃起不坚或勃起难以持久，形成阳痿；或因代谢紊乱，引起神经功能低下和性激素减少，进而降低了性兴奋性，引起性功能减退。据统计，男性糖尿病患者中伴发阳痿者高达60%以上，女性患者约50%有性欲减退现象。

8. 糖尿病骨病

糖尿病骨病是糖尿病病人骨骼系统出现的严重并发症。糖尿病骨病的发生与骨的异常代谢有关。实验研究证明，糖尿病患者成骨细胞的合成和分泌功能严重受损，而破骨细胞功能仅轻度受抑制，骨吸收远远超过骨形成，造成骨细胞的大量丢失，临床出现严重的骨质疏松，使骨对外界冲击力的抵抗作用明显丧失，轻度外力即可造成骨的重度变形，这就是糖尿病人产生严重骨病损的病理基础。

9. 膀胱病

糖尿病人持续的高血糖可损害盆神经的感觉传入纤维以及支配膀胱逼尿肌和内括约肌的交感和副交感神经，使膀胱感觉缺损和逼尿肌张力下降，表现为尿意降低、膀胱容量增大、排尿次数减少，间隔时间延长。晚期由于膀胱逼尿肌和内括约肌麻痹，出现神经性膀胱的典型症状——尿潴留和充溢性尿失禁。

10. 感染

糖尿病患者代谢紊乱，抵抗力削弱，白细胞的防御与吞噬功能降低，高血糖又有利于致病菌繁殖，故处于体表的皮肤黏膜和与外界相通的组织器官，易发生感染。如皮肤上的毛囊炎、疖、癣，口腔中的牙周炎、齿槽脓肿，肺部的肺炎、肺结核以及尿路感染与阴道炎等。

三、益生菌在糖尿病防治中的作用

摄入纳豆芽孢菌后血糖值出现明显下降趋势，是非常直观的。一是纳豆菌吞噬葡萄糖和粘物质的作用，二是高弹性蛋白酶（或称胰肽酶 E），抑制了血糖增加。它具有与猪胰脏所含的这种酶的作用，而猪胰腺的弹性蛋白酶已用于高血糖的治疗药物。纳豆菌为强势的益生菌，可排挤并抑制肠管中的坏菌。至于维生素 B_2，又可预防并改善糖尿病；纳豆含高浓度抗氧化成分，可以抑制血液中低密度胆固醇被氧化，而降低总胆固醇与三酸甘油脂。

双歧杆菌是结肠中的主要解糖菌。双歧杆菌中含有半乳糖苷酶和蛋白磷酸酶，它们能分解乳中半乳糖和 α-酪蛋白，加强人体对乳中糖和蛋白质吸收。

有学者认为，近年来，越来越多的研究表明糖尿病的发生和发展与宿主肠道菌群有着一定的联系。糖尿病作为一种代谢紊乱的疾病会影响肠道的生理状态进而影响肠道菌群的分布结构，而肠道菌群作为环境因素能够显著影响宿主的营养吸收，同时调节肠道免疫反应，从而可能对宿主的病情有所影响。肠道菌群结构的改变与糖尿病的发生和发展存在一定的关系，某些乳酸杆菌的缺少可能与糖尿病直接相关。

自身免疫反应导致胰岛 β 细胞的损伤，最后胰岛素分泌下降。这两种乳酸杆菌是益生菌，具有一定的生理免疫活性，其在菌群中的优势地位可能会促使宿主产生某种保护机制，从而防止糖尿病的发生。

益生菌分泌的乳酸、乙酸和丁酸等物质能促进微量元素的吸收，如铁、钼、锰、铜、镁、硒、锗、锌、铬等。而在糖尿病的治疗中，有两个矿物质扮演着重要的角色，一个是铬，另外一个就是锌。

铬是在糖类、脂质和蛋白质代谢中是必需的微量元素，是胰岛素执行功能时的伴随因子，可以增加胰岛素的功能，可以增加胰岛素的结合能力，增加胰岛素的接受体数目，增加肝脏，肌肉，脂肪组织的葡萄糖运输。糖尿病病人会从尿液中流失铬，从而导致糖类，脂质，蛋白质代谢的代谢紊乱，加速糖尿病并发症的发生。锌是脂质代谢中重要的辅助因子，有助于糖尿病人的脂质代谢，减少糖尿病人心血管疾病并发症的发生率。这是益生菌在糖尿病防治中所起的间接作用。

日本科学家研究发现乳酸菌降血糖的作用明显：①在实验中，研究人员让一组患糖尿病的实验鼠喝含某种乳酸菌的水，另一组患病实验鼠喝不含这种乳酸菌的水。两周后进行比较发现，前者血糖值上升幅度只有后者的一半。②研究人员研究实验鼠的肠神经作用时发现，当乳酸菌到达肠道后，引发机体兴奋的交感神经功能受到了抑制，而起“刹车”作用的副交感神经活跃起来，肠神经兴奋时分泌的使血糖值上升的高血糖素减少，抑制了血糖值异常上升。此外研究人员还发现，这种乳酸菌通过调节肠神经还具有降血压效果。③由于不同的菌株表现的降血糖的能力不一样，而筛选作用性强的菌株有时是可遇不可求，通常降血压的乳酸菌大多能产生一种或几种短肽的物质（如三肽，VPP 和 LPP 等）。④色氨酸不正常代谢会产生黄尿酸，黄尿酸会影响胰脏功能。嗜酸乳杆菌和双歧杆菌在结肠中合成维生素 B_6，促进镁离子的吸收，有助色氨酸正常代谢，促使胰腺正常分泌胰岛素，从而有助血糖恢复正常。

糖尿病饮食治疗是糖尿病治疗的一项最重要的基本措施，无论病情轻重，无论使用何种药物治疗，均应长期坚持饮食控制。益生菌作为一种饮食疗法，具有很多优越性。第一，作为一般细菌最喜欢的物质，葡萄糖也会优先被黏膜上的益生菌利用。益生菌减少了人体对葡萄糖的吸收。有大量的益生菌存在时，作用会非常明显。第二，当摄入大量益生菌时，益生菌会和肠内有害菌发生激战，需要身体供给益生菌大量“优质军粮”——葡萄糖，这主要靠血液来输送，从而加速葡萄糖的代谢。第三，Ⅰ型糖尿病是由于自身免疫机能发生异常而导致胰岛细胞被破坏引起的。益生菌具有调节免疫的功能，可以防止免疫亢进带来对胰岛细胞的损坏。第四，益生菌可以预防和减轻糖尿病的各种并发症。动物实验发现，肠道菌群数量与糖尿病的发生发展有一定的关系。当肠道内的益生菌（双歧杆菌、乳酸杆菌等）数量减少时，血糖值偏高（>20mmol/L，小鼠）。

目前研究已证实，肠道内的类杆菌、乳酸杆菌与血糖高低关系密切，而厌氧菌群可以调控人体 PPARg 受体的转运和活性，该受体与胰岛素抵抗和Ⅱ型糖尿病关系密切。

科学研究发现，益生菌在人体肠道内的代谢过程中可以产生大量的酵素。其数量要比人体肝脏所产生酵素的数量还要多，这些酵素有很多可以被人体加以利用。酵素是人体生存必不可少的活性物质，其平衡与否决定人体的健康和生命。

四、酵素与糖尿病的关系

1. 胰岛素的生成是在酵素的作用下完成的

在胰岛B细胞的细胞核中，蛋白合成酶合成氨基酸相连的长肽-前胰岛素原，前胰岛素原经过蛋白酶水解作用除其前肽，生成胰岛素原。β细胞内的胰岛素原有92%以上先后经两种肽链内切酶-激素原转换酶及羧肽酶H的相继完善加工而形成等摩尔分子的胰岛素，然后分泌到血循环中。

2. 胰岛素与酵素的协同作用

（1）调节糖代谢。胰岛素使糖原合成酶活性增加抑制糖原分解激活丙酮酸脱氢酶、磷酸酶而使丙酮酸脱氢酶激活，加速丙酮酸氧化为乙酰辅酶A，加快糖的有氧氧化代谢抑制糖异生。

（2）调节脂肪代谢。胰岛素能促进脂肪的合成与贮存，使血中游离脂肪酸减少，同时抑制脂肪的分解。

（3）胰岛素可促进钾离子和镁离子穿过细胞膜进入细胞内。可促进脱氧核糖核酸、核糖核酸和三磷酸腺苷的合成。

综上所述，在全世界范围内利用微生态制剂对糖尿病的预防和治疗研究的浪潮方兴未艾。研究成果越来越多，已经充分证明了糖尿病的发生、发展和转归都与益生菌的缺乏、酶代谢的紊乱有着密切的关系。微生物酵素是在多国科学家研究成果的基础上开发出的一种微生态制剂，能从根本上全面预防和治疗糖尿病，减少和遏制糖尿病并发症的发生，提高人类健康水平，降低国家卫生费用开支，发展前景广大、意义深远。我们在2003～2008年中用微生物酵素配合治疗糖尿病9 863例，情况得到改善的占93.8%，服用者空腹血糖下降显著，全身的基本情况都有明显改善，尤以血脂、血压和微循环等方面的恢复较突出。随着时间的推移，关于微生物酵素防治糖尿病的原理研究成果和应用研究成果将会越来越多。

第三节　微生物酵素的护肝功效

一、肝脏的功能

肝脏是人体消化系统中最大的消化腺，成人肝脏平均重达 1.5kg（约在 1～2.5kg 之间；另一说 1～1.6kg），肝内进行的生物化学反应达 500 种以上，是新陈代谢的重要器官。体内的物质，包括摄入的食物，在肝脏内进行重要的化学变化。有的物质经受化学结构的改造；有的物质在肝脏内被加工；有的物质经转变而排泄体外；有的物质如蛋白质、胆固醇等在肝脏内合成。肝脏可以说是人体内一座化工厂。

肝脏具有其他器官无法比拟的旺盛的再生和恢复能力。实验表明，把鼠肝切掉一半后，实验鼠照常进食并正常存活，其肝功指标正常，动物在完全摘除肝脏后即使给予相应的治疗，最多也只能生存 50 多个小时。在人类，肝脏即使被割掉一半，或者受到严重伤害，残留的正常肝细胞仍能照常从事其工作。若肝脏内长了大小不等的多个瘤块，或癌肿已使肝脏变形，但只要这些占位性病变不压迫汇管区，只要尚存 300g 以上的健康肝组织，患者饮食方面仍无明显症状。肝功也无太大障碍。经手术切除肝脏 75% 的老鼠于 3 周后便能恢复原状，同样的狗需 8 个星期，人类则需 4 个月左右。手术切除肝癌的患者至今生存 10 年以上者已不乏其人，个别肝癌切除患者已健在 20 年。急性肝坏死实行换肝术后已有存活 5 年以上的报道。

这说明肝脏是维持生命活动的一个必不可少的重要器官。其主要生理功能主要体现在代谢功能、生物转化功能、合成制造功能、分泌和排泄功能、防御机能和调节血液循环量等功能。在这里重点描述代谢功能和生物转化功能，其他功能不再本书阐述了。

1. 肝的代谢功能

（1）糖代谢。饮食中的淀粉和糖类在酵素的作用下变成葡萄糖经小肠黏膜吸收后，由门静脉输送到肝脏，在肝内转变为肝糖原而贮存。一般成人肝内约含 100g 肝糖原，仅够禁食 24h 之用。肝糖原在调节血糖浓度，对维持其稳定性具有重要作用。当劳动、饥饿、发热时，血糖大量消耗，肝细胞又能把肝糖原分解为葡萄糖进入血液循环，所以患肝病时血糖常有变化。

（2）蛋白质代谢。肝脏是人体白蛋白唯一的合成器官。除白蛋白以外的球蛋白、酵素蛋白和血浆蛋白质的生成、维持和调节都需要肝脏参与。氨基酸代谢如脱氨基反应、尿素合成和氨的处理均在肝脏内进行。由消化道吸收的氨基酸在肝脏内进行蛋白质合成、脱氨、转氨等作用，合成的蛋白质进入血循环供全身器官组织需要。肝脏是合成血浆蛋白的主要场所，由于血浆蛋白可作为体内各种组织蛋白的更新之用，所以肝脏合成血浆蛋白的作用对维持机体蛋白质代谢有重要意义。肝脏将氨基酸代谢产生的氨合成尿素，经肾脏排出体外。所以患肝病时血浆蛋白减少和血氨升高。

（3）脂肪代谢。中性脂肪的合成和释放、脂肪酸分解、酮体生成与氧化、胆固醇与磷脂的合成如脂蛋白合成与运输均在肝内进行。人体消化吸收后的一部分脂肪进入肝脏，以后再转变为体脂而贮存。饥饿时，贮存的体脂先被运送到肝脏，然后进行分解。在肝内，中性脂肪可水解为甘油和脂肪酸，此反应可被酵素加速，甘油可通过糖代谢途径被利用，而脂肪酸可完全氧化为二氧化碳和水。肝脏还是体内脂肪酸、胆固醇、磷脂合成的主要器官之一。当脂肪代谢紊乱时，可使脂肪堆积于肝脏内形成脂肪肝。正常肝脏的脂肪含量很低，因为肝脏能将脂肪、磷酸和胆碱结合，转变成磷脂，转运到体内其他部位。当肝功能减弱时，肝脏转变脂肪为磷脂的能力也随而减弱，脂肪不能转移，便在肝脏内积聚，成为“脂肪肝”。脂肪积聚过多时，更可能发展为肝硬化，产生一系列症状。

（4）维生素代谢。肝脏可贮存脂溶性维生素，人体 95% 的维生素 A 都贮存在肝内，肝脏是多种维生素如维生素 C、维生素 D、维生素 E、维生素 K、维生素 B_1、维生素 B_6、维生素 B_{12}、烟酸、叶酸等贮存和代谢的场所。肝脏明显受损时会出现维生素代谢异常。星形细胞（Kupffer）有贮铁的功能。

（5）肝与激素代谢。正常情况下血液中各种激素都保持一定含量，多余的激素经肝脏处理失去活性。当肝功能长期受损害时可出现性激素失调，如出现雌激素灭活障碍、醛固醇和抗利尿激素灭活障碍，往往有性欲减退，腋毛、阴毛稀少或脱落。在临床上出现男性阳痿，睾丸萎缩；女性月经不调，乳房发育迟缓；还可出现肝掌及蜘蛛痣等毛细血管扩张的临床表现。

综上所述，蛋白质、脂肪和糖类的分解与合成以及它们之间的相互转变等，主要是在肝内实现的。由于三大营养物质在分解时能放出大量的能量，因此，肝也是产热器官。安静时机体的热量主要由身体内脏器官提供。在劳动和运动时产生热的主要器官是肌肉。在各种内脏中，肝脏是体内代谢旺盛的器官，安静时，肝脏血流温度比主动脉高 0.4 ~0.8℃，说明其产热较大。

2. 肝脏的生物转化功能

肝脏对来自体内和体外的许多非营养性物质如各种药物、毒物以及体内某些代谢产物，具有生物转化作用。通过新陈代谢将它们彻底分解或以原形排出体外。这种作用也被称作“解毒功能”，某些毒物经过生物转化，可以转变为无毒或毒性较小、易于排泄的物质；但也有一些物质恰巧相反，毒性增强（如假神经递质形成），溶解度降低（如某些磺胺类药）。肝脏的生物转化方式很多，一般水溶性物质，常以原形从尿和胆汁排出；脂溶性物质则易在体内积聚，并影响细胞代谢，必须通过肝脏一系列酵素系统作用将其灭活，或转化为水溶性物质，再予排出。其生物化学反应可分 4 种形式：

（1）氧化作用。如像肠内腐败产生的有毒的胺类（组胺、腐胺、尸胺、酪胺和色胺等），吸收后，进入肝脏，大部分在肝细胞中经酵素的催化，先被氧化成醛与氨，醛再氧化成酸，酸最后氧化成二氧化碳和水。这种类型又称氧化解毒。

（2）还原作用。某些药物或毒物如氯霉素、硝基苯等可通过还原作用产生转化；三氯乙醛在体内还原为三氯乙醇，失去催眠作用。

（3）水解作用。肝细胞含有多种酵素，可将多种药物或毒物如普鲁卡因、普鲁卡因酰胺等水解。

（4）结合作用。肝细胞中除了各种酶而外，还有多种物质参与结合解毒，如葡萄糖醛酸、硫酸、甘氨酸和乙酰辅酶 A 等。这些物质极性很强，它们在结合解毒方面起着重要作用。如葡萄糖醛酸的结合解毒。这是体内最普遍的结合形式。由糖代谢过程中产生的尿苷二磷酸葡萄糖（UDPG）进一步氧化，生成尿苷二磷酸葡萄糖醛酸（UDPGA），作为葡萄糖醛酸的供给体，在酵素的作用下，使其结合到毒物的羟基或氨基等基团上去。肝、肾、肠黏膜、皮肤等组织中都能进行此种结合，以肝脏为最强，结合后易于随胆汁排出。但是在肠腔下段可受肠菌中的β-葡萄糖醛酸苷酶水解，因而毒物又可被重吸收，进行肠肝循环。许多药物如吗啡、樟脑和体内许多正常代谢产物，如胆红素、雌激素和睾酮等，大部分都是通过与葡萄糖醛酸结合后排出体外的。除上述主要的解毒方式外，许多有毒的金属离子在酵素的作用下可与谷胱甘肽结合而解毒；微量的极毒的氢氰酸或氰化物可在体内变为毒性很低的硫氰酸或其盐而解毒；有些药物或毒物经过还原、水解等方式解毒；有些药物是通过上述多种方式联合作用来达到解毒的目的。但是肝脏的解毒能力是有一定限度的，如果体内产生的或由外界进入体内的毒物过多，超过了肝脏的解毒能力，仍然会发生中毒现象。

有的学者根据特有的酶系统，将其分为两型，即相Ⅰ反应（通过氧化、还原、羟化、硫氧化、去胺、去羟化或甲基化等生物化学反应，包括混合功能性酵素，有时还能使无毒物质变为有毒，如异烟肼的乙酰化）和相Ⅱ反应（如微粒体的二磷酸尿核苷葡萄糖转移酶促使某些物质与醛糖酸结合生成醛糖酸盐，便于从胆汁和尿中排出）。由于肝内的一切生物化学反应，都需要肝细胞内各种酶系统参加，因此，在严重肝病或有门脉高压、门-体静脉分流时，应特别注意药物选择，掌握剂量，避免增加肝脏负担。长期服用某种药物，可以诱导相关酶活性增加，而产生“耐受性”或“耐药性”，又因相关酶特异性差，产生“交叉耐药性”或药物协同作用。正常人血胆红素80%~85%来自衰老红细胞血红蛋白，其余来自肝内非血红蛋白的亚铁血红素（如肌红蛋白分解）和骨髓未成熟红细胞破坏（无效性红细胞生成），又称旁路胆红素，意指为亚铁血红素代谢的一个支流。从单核吞噬细胞和肝细胞内形成的非结合胆红素（间接胆红素），具有脂溶性，易透过血－脑屏障、胎盘、肠和胆囊上皮等，干扰细胞代谢功能，必须与血浆中白蛋白结合（直接胆红素），才能使其失去原有的脂溶性。在肝细胞对胆红素的摄取、结合和排泄过程，任何一个环节发生障碍，均可使血胆红素增高，引起黄疸。胆红素进入肝细胞后与胞浆内的Y和Z蛋白相结合，可以防止向外逆弥散。某些药物可以干扰胆红素与白蛋白的结合，竞争肝细胞膜受体，或竞争Y蛋白，阻碍肝细胞对胆红素的摄取、结合和代谢。新生儿由于血脑屏障发育不全，血浆白蛋白较低，肝细胞内Y蛋白仅为成人浓度4%～21%（出生后5～15个月才达成人水平）。后者是新生儿生理性黄疸的重要原因。

3. 肝脏的解酒功能

喝酒为什么会醉，就是因为酒精，也就是乙醇。酒精以不同的比例存在于各种酒中，它在人体内可以很快发生作用，改变人的情绪和行为。这是因为酒精在人体内不需要经过消化作用，就可直接扩散进入血液中，并分布至全身。

酒精被吸收的过程可能在口腔中就开始了，到了胃部，也有少量酒精可直接被胃壁吸收，到了小肠后，小肠会很快地大量吸收。酒精吸收进入血液后，随血液流到各个器官，主要是分布在肝脏和大脑中。少量酒精可在进入人体之后，随肺部呼吸或经汗腺排出体外，乙醇在肝内主要由乙醇脱氢酶、细胞色素P450-2E1和乙醛脱氢酶代谢。乙醇代谢酶在乙醇代谢过程中发挥着最重要的作用。这些乙醇代谢酶具有基因多态性，并且可以通过干扰代谢、介导炎性、免疫反应、生成氧自由基损伤等机制在缓解乙醇的肝损伤中发挥着不可替代的作用。绝大部分酒精在肝脏中先与乙醇脱氢酶作用，生成乙醛，乙醛对人体有害，但它很快会在乙醛脱氢酶的作用下转化成乙酸。乙酸是酒精进入人体后产生的唯一有营养价值的物质，它可以提供人体需要的热量。

酒精在人体内的代谢速率是有限度的，如果饮酒过量，酒精就会在体内器官，特别是在肝脏和大脑中积蓄，积蓄至一定程度即出现酒精中毒症状。如果在短时间内饮用大量酒，初始酒精会像轻度镇静剂一样，使人兴奋、减轻抑郁程度，这是因为酒精压抑了某些大脑中枢的活动，这些中枢在平时对极兴奋行为起抑制作用。这个阶段不会维持很久，接下来，大部分人会变得安静、忧郁、恍惚、直到不省人事，严重时甚至会因心脏被麻醉或呼吸中枢失去功能而造成窒息死亡。

各种饮用酒里都含乙醇，乙醇在人体内主要发生如下变化（图3－1）：

$$2CH_3CH_2OH + O_2 \longrightarrow 2CH_3CHO + 2H_2O$$

乙醇　　　　　　乙醛

$$2CH_3CHO + O_2 \longrightarrow 2CH_3COOH$$

乙醛　　　　　　乙酸

图3－1　乙醇在人体内的变化

上面两个反应中“酵素”起了决定性的催化作用，人体内每时每刻都在发生各种复杂的化学反应，这些反应都是在酵素的作用下进行的。人体内含有各种酵素的量因人而异。有些人体内酵素比较多，有些人较少。体内酵素多的人虽饮了较多的酒，但能顺利地完成上述化学变化，而这些酵素含量比较少的人，酒后不能顺利完成上述生化过程，甚至失去催化作用，过多的乙醇和乙醛会刺激神经系统，使人产生一系列反应，也就是酒精中毒。急性肝炎潜伏期的患者，由于大量饮酒，可突然发生急性肝功能衰竭；慢性肝炎一次大量饮酒可引起慢性肝炎活动，激发黄疸。乙肝表面抗原长期阳性的患者长期饮酒易致肝硬变和促进肝硬变失代偿，还可促发肝癌，缩短寿命。

二、常见肝脏的疾病

常见肝脏疾病包括以下几类：

（1）各种病原体感染。包括病毒、细菌、寄生虫等感染。如最常见的病毒性肝炎；还有如细菌感染引起的肝脓肿、肝结核；寄生虫感染引起的肝吸虫病、阿米巴肝脓肿等。

（2）肝脏占位性疾病。所谓占位，简单地讲就是指不正常的或非肝脏组织在正常肝脏组织内占据了一定的位置并可能在其中生长、扩大，大多数可引起肝脏或全身损害。例如，各种良恶性肿瘤、肝囊肿、肝脓肿、肝包虫病、肝血管瘤、肝内胆管结石，等等。

（3）代谢障碍引起的肝脏疾病。最常见的也是大家最熟悉的是脂肪肝。

（4）酒精性肝病。顾名思义，这是由于过度饮酒引起的以肝细胞损害为主的肝病，严重的可发展为脂肪肝、肝硬化。

（5）药物以及其他原因引起的中毒性肝病。

（6）自身免疫性肝病。例如，红斑狼疮引起的肝炎。

（7）先天性或遗传性肝病。例如，主要以黄疸为表现的 Gilbert 综合征，就是一种先天性肝病。其他如多发性肝囊肿、海绵状肝血管瘤等等。

（8）肝硬化。它是各种原因长期损害肝脏后，肝脏病的晚期表现。例如肝炎后肝硬化、血吸虫病后肝硬化、酒精性肝硬化、淤血性肝硬化（多见于慢性心功能衰竭）、原发性胆汁性肝硬化等等。

三、肝脏酶的组织化学概况

肝脏是一个代谢很活跃的器官，每个肝细胞含有数千个线粒体（约 1 000 ~ 2 000 个），线粒体含有极为丰富的酶类，发现有近 250 种酶；近代酶组织化学能从形态学显示的有 30 多种。

许多种酶活性测定均可用于肝病检查，而现在常用的有：丙氨酸氨基转移酶（ALT）、天门冬氨酸氨基转移酶（AST）、碱性磷酸酶（ACT）、谷氨酰转肽酶（γ-CT）、单氨氧化酶（MAO）、5-核苷酸酶（5-NT）、山梨醇脱氢酶（SDHa-1）岩藻糖苷酶（AFU）、P2 肽酶、乙醇脱氢酶（ADH）、乙醛脱氢酶（ALDH）等。但以血清转氨酶测定应用最广。

转氨酶是一类催化氨基酸上的氨基向酮酸转移的酶，有专一性。体内有数十种之多，其中与肝关系密切、应用最广的是谷氨酸丙酮酸转氨酶（谷丙转氨酶 GPT，现又称丙氨酸氨基移换酶 ALT）及谷氨酸草酰乙酸转氨酶（谷草转氨酶 GOT，现又称门冬氨酸氨基移换酶 AST）。这两种酶存于体内许多组织。GPT 以肝含量最多，GOT 则肝含量次于心。当肝组织损伤时，细胞内酶释放入血流，使血清酶活性升高，升高程度与肝细胞损伤程度相关。在肝病检查中，使用 GPT

更多。参考值根据所用试验方法各不相同，金氏法 20～118 单位/dl、赖氏法 2～40 单位/dl、酶法 <30IU/L。GPT 过高，可见于各种原因引起的肝炎、肝硬变、肝癌、脂肪肝、胆道疾患等。此外，心肌损害、肌肉损害等许多情况也可升高。还有一些酶可以反映肝排泄功能（碱性磷酸酶、γ-谷氨酰转肽酶等）及肝纤维化程度（单胺氧化酶）。通过酶学检查可以了解肝脏的病变性质及程度，以方便确定准确的治疗方案。

事实上，肝脏也是人体内易受药物损害的器官。这是由于临床所用的绝大多数药物（特别是口服的非极性药物）均系通过肝脏的代谢作用将药物降解、灭活或转化为更易排泄的产物，这种药物代谢的过程统称为生物转化。药品的生物转化过程需经氧化、还原或水解以及结合的过程，在这一系列的过程中，需肝细胞内的多种酶参与，如细胞色素 P-450、单胺氧化酶、水解酶、葡萄糖醛酸转移酶、硫酸转移酶、乙酰转移酶等。肝脏既是药物代谢的主要场所，也是药物毒性反应的主要靶器官，所以肝脏常易遭受药物的损害。

四、益生菌对肝脏的保护作用

1. 保护身体不受病原菌感染

病原菌侵入人体后可以产生大量的内毒素，损害身体的各个组织器官，这些毒素大部分需要肝脏来解毒；同时病原菌致病后，需要用药物来治疗，而这些药物有很多对肝脏有毒害作用。所以阻止了病原菌侵入人体，也就直接和间接的保护了肝脏。

益生菌阻止病原菌侵入人体的作用有以下几个方面：

（1）生物屏障作用。作为原籍菌，它们直接参与膜菌群的构成，与黏膜受体形成特异性、可逆性结合，既坚固了机械屏障，又构成了生物屏障，对于阻止致病菌、条件致病菌定殖或异常增殖，或与内毒素释放和移位具有重要的生物屏障作用。

（2）提高定殖抗力作用。双歧杆菌是肠道占位密度最大的优势种群，它控制着其他过路菌在肠道黏膜的占位密度和组成，刺激肠道蠕动和腺体分泌，是构成机体定殖抗力（CR）的主要因素之一。

（3）促进微生态平衡作用。双歧杆菌在肠道迅速定殖和增殖，产生短链脂肪酸等代谢产物，如乳酸、乙酸等，不仅具有可用于肠道黏膜细胞修复，同时还可降低局部环境的 pH 值，抑制腐败菌等生长和繁殖，促进微生态平衡的作用。

（4）化学屏障作用。益生菌不仅产生乳酸和乙酸等短链脂肪酸，而且产生大量生物活性酶，如葡萄糖苷酶和细菌素以及类抗生素物质如双歧杆菌素、乳酸杆菌素等。这些物质能抑制沙门氏菌、李斯特菌、弯曲菌、志贺氏菌和霍乱弧菌的生长。这些物质既共同构成重要的化学屏障，也是定殖抗力构成的主要因素。

（5）免疫赋活作用。双歧杆菌等产乳酸菌不仅可刺激黏膜免疫，如局部免疫和 IgA 产生前体细胞通过体内循环活化全身的黏膜免疫；还可以作为免疫佐剂，诱导各种免疫功能的活化，如促进淋巴细胞增殖、NK 细胞活性增强、中性粒细胞游走、吞噬作用增强、抗体产生细菌活化，各种细胞因子适度的产生增多等，从而提高全身免疫功能，提高机体抗感染、抗肿瘤和抗衰老的能力。

2. 可抑制肠内腐败

肠内有害细菌可产生氨、胺、硫化氢、吲哚、酚、粪臭素等有害腐败产物。而益生菌是去除和抑制有害细菌最科学的方法。

（1）粪臭素（3-甲基吲哚），白色或微带棕色结晶，有粪臭。研究发现粪臭素对胰蛋白酶活性具有抑制作用。粪臭素对几种重要消化酶有抑制作用。研究发现粪臭素对三种消化酶均有一定程度的抑制作用，其对胰蛋白酶的抑制率最高，对胃蛋白酶的抑制率最低。

（2）酚与氯酚化合物有抑制酵素作用，能伤害细胞组织、改变生殖模式、妨碍生长、严重者可能造成死亡；有关专家称，酚为原生质毒，属高毒物质，可以在人体内积蓄，当人体摄入积蓄到一定量时，就中毒，出现头晕、出疹、瘙痒和贫血以及各种神经系统症状。

（3）氨是有毒的。人体氨基酸的代谢产物主要是氨，如果氨离子在人体内产生得过多（如腐败菌分解蛋白质过多，代谢紊乱等）或分解氨的酶不足，导致身体内的氨离子过量，就会伤害人体的组织细胞。所以人体很多的组织细胞中都含有多种的转氨酶，把氨转化为氨基酸，为人体再利用，或结合成低毒物质（如肌酐、尿素氮等）

排出体外。另外氨离子是“氧自由基”的一种形式，过多就会使细胞老化而失去功能。

（4）尸胺，为蛋白质腐败时赖氨酸在脱羧酶的作用下发生脱羧反应生成。尸胺与精氨酸、鸟氨酸的脱羧产物－腐胺都是尸体腐败产生气味中的成分，也作为一种肉毒胺存在于腐败物中。有害菌可将肉类食物分解产生尸胺，毒害人体。

（5）植物中都含有很多的硝酸盐，在肠道有害菌的作用下分解为亚硝酸盐，亚硝酸盐是强烈的致癌物质，食入0.3～0.5g的亚硝酸盐即可引起中毒甚至死亡。益生菌可有效分解亚硝酸盐，降解其毒性。

（6）硫化氢是强烈的神经毒物，可直接作用于脑，低浓度起兴奋作用；高浓度起抑制作用，引起昏迷、呼吸中枢和血管运动中枢麻痹。因硫化氢是细胞色素氧化酶的强抑制剂，能与线粒体内膜呼吸链中的氧化型细胞色素氧化酶中的三价铁离子结合，而抑制电子传递和氧的利用，引起细胞内缺氧，造成细胞内窒息。肠道内的硫化氢直接刺激肠黏膜，引起炎性反应，导致吸收亢进综合症，诱发一系列的疾病。益生菌的分泌物丁酸等酸性物质可中和、分解硫化氢，减少疾病的发生。

（7）经科学研究表明，有害菌在肠内分解食物产生的吲哚毒素，对人体视网膜和人体耳蜗有很强的毒性。益生菌可降低肠道内的吲哚含量。

3. 降解毒素

人类日常摄取的食物中含有不少的致癌物质或变异原活性物质，双歧杆菌等肠道菌群可通过许多代谢活动，对致癌和变异原活性起修饰作用，如杂环类、偶氮类物质，它们可与这些物质结合，可降低其致癌和变异原活性，减少这些物质与组织受体结合，降低它们的毒性和对组织细胞的损害作用。肠道内腐生菌产生的大量吲哚、硫化氢、胺等代谢产物需在肝脏中由酸解毒，随后以葡糖醛酸盐和硫酸盐等形式排除，若不及时解毒将导致肝功能紊乱和循环系统失常、干扰神经系统并影响睡眠。双歧杆菌在肠道内可吸收利用这些含氮有害物质，抑制产氨的腐败菌，降低肠道内的 pH 值，使氨变为难于吸收的离子型，达到降低血氨的功效。

4. 产生胃肠因子，预防癌症

双歧杆菌等产乳酸菌有抗肿瘤作用与免疫赋活作用。巨噬细胞活化、肿瘤坏死因子产生等，同提高机体免疫监视功能，及时清除突变细胞，降低致癌物活性密切相关；同时与这些生理细菌定殖和增殖，抑制肠道腐败菌的生长，尤其是减少腐败菌致突变致癌作用酶产生，以及降低其活性有关，如 β-葡萄糖醛酸酶、偶氮还原酶、亚硝基还原酶等。这样就减少了致癌物的产生、活化和滞留，而产生抗肿瘤作用。特别是黄曲霉毒素，广泛存在于大豆、玉米、花生等植物中，被国际癌症研究机构（IARC）列为天然存在的 1 类（Group-A）致癌物，人类摄入被污染食品过多，就可诱发原发性肝癌、胃癌、肺癌等。益生菌在人体肠道内能产生黄曲霉毒素解毒酶，能降解黄曲霉毒素，有效防止癌症的发生。

5. 营养作用

益生菌在快速繁殖过程中，产生大量有机酸、氨基酸、蛋白酶（特别是碱性蛋白酶）、糖化酶、脂肪酶、淀粉酶。这些酶能降解食物中复杂的有机物，使蛋白质转变成为氨基酸，脂肪转变成为脂肪酸，糖特别是将乳糖分解成为乳酸，从而促进这三大营养素的吸收与利用；从而促进消化吸收，减少肝脏负担，提高食物利用率，防止消化不良。

益生菌还参与许多水溶性维生素的合成，如维生素 B_1、维生素 B_2、维生素 B_6、维生素 B_{12}、维生素 K、烟酸、叶酸等，这些都是机体营养和代谢所必需的物质。如维生素 B_6 就有如下的功能：

（1）与维生素 B_1、维生素 B_2 合作，共同消化、吸收蛋白质、脂肪。缺乏维生素 B_6，进入人体的食物就不能得到充分的分解，食物里的营养也得不到有效的吸收，同时，大量未消化完全的食物在人体内又会产生许多毒素。

（2）与铁合作制造红血球，没有维生素 B_6、摄入大量的铁人体内也不能合成正常红血球。

（3）参与胰岛素的合成，防治糖尿病。

（4）作为转氨酶等的辅酶，对治疗肝炎、肝硬化有重要作用。

（5）能降低血胆固醇、防治血管硬化。

（6）刺激白细胞生成，提高免疫力。

维生素 B 族的缺乏可直接造成人体新陈代谢的紊乱，影响肝脏的解毒功能。而现代人由于饮食等因素影响，由外界摄入的维生素 B 族严重不足，主要由人体肠道内的益生菌生成供给。

双歧杆菌等肠道益生菌对于钙、铁、镁、锌、铜、等阳离子的吸收具有促进作用。而这些微量元素对肝脏功能的正常发挥是不可缺少的。

6. 降低胆固醇和血氨作用

双歧杆菌等分泌结合胆汁酸水解酶等，可以使结合胆汁酸降解为胆汁酸。血胆固醇有一半以上在肝脏形成胆汁酸，通过肠肝循环回到肠道内，由于双歧杆菌等肠道正常菌群分泌活性酶作用，使游离胆汁酸与胆固醇在肠道沉淀而随大便排出体外。双歧杆菌等生理性细菌，可以利用氨作为氮源合成氨基酸和尿素，而不能分解氨基酸和尿素转变成氨，因此可以降低血氨浓度，辅助性防治慢性肝病和肝性脑病等。

7. 提高免疫力作用

乳酸杆菌和双歧杆菌一方面能明显激活巨噬细胞的吞噬作用，另一方面由于它们能在肠道内定殖，相当于天然自动免疫。加之，它们还能刺激肠黏膜巨噬细胞、产生干扰素、促进细胞分裂、产生抗体及细胞免疫等，所以能增强机体的非特异性和特异性免疫反应，提高机体的抗病能力。Yasuis（1992）证实，某些双歧杆菌可以诱导 SIgA 分泌。这样可以防止和治疗某些病毒对肝脏的侵害。

8. 解酒护肝

纳豆芽孢杆菌及其所分泌的纳豆激酶进入人体后，通过三重渠道构建酒精防护屏障：进入人体肝脏系统，分流肝脏解酒的压力，协助解酒；进入人体血管系统，在脑血管区域形成重点防护屏障，抵制酒精对大脑的抑制效应；进入人体消化道系统，迅速形成保护屏障，加速消化道酸性分泌，促进解酒。服用微生物酵素能迅速解决酒后不良反应并能预防醉酒。微生物酵素中多种活性物质能活化肝细胞，促进肝细胞再生，提高肝功能，保护肝脏，有效预防改善脂肪肝。

9. 生成多种酶

益生菌之所以具有一些特殊的生物学功能，主要是因为益生菌不仅产生一般微生物所产生的有关酶系，而且还可以产生一些特殊的酶系。如产生有机酸的酶系、合成多糖的酶系、分解亚硝胺的酶系、降低胆固醇的酶系、控制内毒素的酶系、分解脂肪的酶系和合成各种维生素的酶系等。这些酶都是肝脏代谢不可缺少的，益生菌就像人体的第二个肝脏。另外，由益生菌产生的超氧化物歧化酶，有清除氧自由基、促进细胞再生的功能，在肝脏细胞受损后的恢复过程中起着不可替代的作用。对于肝炎病人，能够改善肝功能，促进肝细胞功能的恢复；对于肝硬化病人，能够改善肝脏蛋白质的代谢，减轻肝脏负担，发挥保肝、护肝等作用。

综上所述，微生物酵素就是含有多种活性益生菌和生物酶的制品。它以最快的速度到达体内提前老化和菌群失调的区域，活化再生细胞、平衡肠道菌群、维护黏膜免疫屏障，抑制各种有害菌的产生与孳长从而促进人体保持健康的状态。

微生物酵素通过促进细胞吸收养分，调节其新陈代谢，达到活化细胞，产生延缓衰老的作用。肠道内的益生菌可以中和、分解致癌物质，减少人体对致癌物质的吸收，从而有效保护黏膜免疫系统。

编者在 2003 ~2008 年中应用于 58 400 例有意保肝护肝和治疗肝病的人，包括慢性肝炎、酒精肝、脂肪肝、肝硬化、肝外伤恢复和肝移植等病在内。情况得到改善的为 98.8%，没有任何副作用，全身的其他功能亦趋向于改善。北京佑安医院的李宁教授把微生物酵素应用于肝移植术后的恢复中，取得了巨大的成功。微生物酵素的护肝功效非常显著。

第四节 微生物酵素是胃炎、胃溃疡的克星

一、什么是胃炎、胃溃疡

胃炎即为胃黏膜的炎症。根据黏膜损伤的严重程度，可将胃炎分为糜烂性胃炎和非糜烂性胃炎，也可根据胃累及的部位进行分类(如贲门、胃体和胃窦)。根据炎性细胞的类型，在组织学上可将胃炎进一步分为急性胃炎和慢性胃炎。

胃溃疡是指发生于贲门与幽门之间的炎性坏死性病变。

二、胃炎、胃溃疡的病因是什么

（1）物理因素。长期饮咖啡、浓茶、烈酒、辛辣调料等食品以及偏食、饮食过快、太烫、太冷等不良饮食习惯可导致胃黏膜损伤，从而诱发慢性胃炎。暴饮暴食或不规则进食可能破坏胃分泌的节律性。

（2）化学因素。长期大量服用非甾体类消炎药如阿司匹林、吲哚美辛等可抑制胃黏膜前列腺素的合成，破坏黏膜屏障，从而诱发慢性胃炎；吸烟时烟草中的尼古丁不仅可影响胃黏膜的血液循环，还可导致幽门括约肌功能紊乱，造成胆汁返流；各种原因的胆汁反流均可破坏黏膜屏障从而导致慢性胃炎的发生。

（3）生物因素。细菌尤其是幽门螺旋杆菌感染，与慢性胃炎、胃溃疡密切相关。

（4）免疫因素。慢性萎缩性胃炎患者的血清中能检出壁细胞抗体（PCA)，伴有恶性贫血者还能检出内因子抗体（IFA)。壁细胞抗原和 PCA 形成的免疫复体在补体参与下，破坏壁细胞。

（5）精神因素。根据现代的心理－社会－生物医学模式观点，消化性溃疡属于典型的心身疾病范畴之一。心理因素可影响胃液分泌。

（6）其他因素。心力衰竭、肝硬化合并门脉高压、营养不良都可引起慢性胃炎、胃溃疡。糖尿病、甲状腺病、慢性肾上腺皮质功能减退和干燥综合征患者同时伴有慢性萎缩性胃炎较多见。遗传因素也

已受到重视。

三、胃炎、胃溃疡的表现

1. 胃炎的表现

（1）上腹痛。疼痛多不规律，与饮食无关，一般为弥漫性上腹部灼痛、隐痛、胀痛等，极少数患者表现为绞痛并向背部放射，易误诊为心绞痛。

（2）嗳气。因胃酸缺乏，胃内发酵产气等因素使胃内气体积存，导致嗳气发生。

（3）腹胀。因食物滞留、排空延迟、消化不良、进食不易消化的食物，导致腹胀发生。

（4）食欲不振。慢性浅表性胃炎多有食欲减退或时好时坏。

（5）恶心与呕吐。胃黏膜受理化、生物因素刺激以及胃动力学障碍、胃逆蠕动影响，出现恶心、呕吐。

（6）便秘与腹泻。大多数患者有便秘症状，腹泻相对较少。

2. 胃溃疡的表现

溃疡病以反复发作的节律性上腹痛为临床特点，常伴有嗳气、返酸、灼热、嘈杂等感觉，甚至还有恶心、呕吐、呕血、便血。在胃肠局部有圆形、椭圆形慢性溃疡。

四、胃炎、胃溃疡的一般临床用药（表3－2）

表3－2　治疗胃炎、胃溃疡的一般临床用药

剂型分类	药品	作用	副作用
胃黏膜保护剂	硫糖铝	形成保护膜覆盖于溃疡面起屏障作用；与胃蛋白酶结合，抑制其活性。抑制胃蛋白酶	出现便秘、口干、恶心、胃痛等症
组胺 H2 受体拮抗剂	西米替丁、累尼替丁、法莫替丁	阻断胃黏膜壁细胞 H2 受体，抑制胃酸分泌。抑制胰腺分泌消化液	致女性月经不调，男性阳痿；可使胎儿致畸；有头疼、皮疹和腹泻等症出现
制酸剂	氢氧化镁－氢氧化铝合剂	有抗酸、保护溃疡面、局部止血等作用。中和胃酸，使胃蛋白酶失活	引起脑神经变化，导致痴呆症
抗菌素	阿莫西林、甲硝唑、痢特灵、克拉霉素等	杀灭幽门螺旋杆菌	杀灭益生菌，产生耐药菌；损伤肝肾

续表

剂型分类	药品	作用	副作用
质子泵抑制剂	奥美啦唑（洛塞克）和兰索啦唑	H^+/K^+-ATP 酶抑制剂，抑制胃酸分泌；抑制尿素酶活性	损伤肝肾；导致萎缩性胃炎；出现腹泻、头痛、恶心、腹痛、胃肠胀气以及便秘、皮疹、眩晕、嗜睡，失眠等

五、微生物酵素疗法

引起胃炎、胃溃疡病的原因很多，所用药物副作用多，复发率高。这是消化系统疾病多发的原因。益生菌具有调节胃肠功能的作用，无副作用。益生菌和酶调节胃肠道的作用大致有如下几个方面：

（1）益生菌可有效调节体内菌群，抑制致病菌的生长，消除致病菌所产生的毒素。研究显示乳酸杆菌能够产生大量的乳酸，从而抑制幽门螺旋杆菌在活体中的成长。

临床和试验模型研究显示嗜酸乳杆菌分泌物能抑制幽门螺旋杆菌的生长。格式乳杆菌、约氏乳杆菌 LG21 能抑制幽门螺旋杆菌在体内的生长和减少胃炎的发病率。一项治疗儿童胃炎的三联疗法研究显示干酪乳杆菌的发酵乳具有根除幽门螺旋杆菌的治疗效果。

（2）益生菌可形成黏膜免疫屏障，提高机体免疫力。有多项实验已经表明了这项理论。如鼠李糖乳杆菌可以增强 LGA（免疫因子）对食物抗原的抵抗力，可促进胃肠黏膜的修复。

（3）益生菌可清除体内的毒素。如动物实验表明鼠李糖乳杆菌可清除亚硝胺和革兰氏阴性菌产生的内毒素、葡萄球菌产生的葡萄球菌毒素，还有黄曲霉菌毒素。

（4）益生菌有调节脑神经的作用。由实验表明双歧杆菌能增加体内维生素 B_6 的含量提高脑内谷氨酸脱羧酶的活力，从而增加脑内的 γ-氨基丁酸，对因情绪紧张导致的应激性溃疡有治疗作用。

（5）酵素（酶）可直接作用于炎症部位，扩张血管（如血纤维蛋白溶酶，纳豆激酶等），清除炎症因子（如组胺、缓激肽、氧自由基等），修复受损细胞（如超氧化物歧化酶）。

胃酸是保护肠道不受病菌侵害的安全卫士。酸相关性疾病的发病率在全球呈逐年上升趋势。数据显示中国有近 30% 的人患有各种胃炎，目前全中国胃病患者的总人数粗略估计就有近 3 亿人，而且其中 40% 病情严重。中国 13 亿人口，肠胃病患者有 1.2 亿，其中中老年人占 70% 以上，消化性溃疡发病率 10%，慢性胃炎发病率 30%，是全世界当之无愧的“胃病大国”。因此胃病的防治是医务工作者的一项重要任务。微生物酵素调理胃病无任何副作用，效果确切，不产生耐药菌株，给人们提供了与胃病战斗的有力武器。

第五节 微生物酵素与肿瘤

一、肿瘤的概念

肿瘤是机体在各种因素作用下，局部组织的细胞在基因水平上失去了对其生长的正常调控，导致细胞的异常增生而形成的新生物。肿瘤是基因疾病，其生物学基础是基因的异常。致瘤因素使体细胞基因突变，导致正常基因失常，基因表达紊乱，从而影响细胞的生物学活性与遗传特性，形成了与正常细胞在形态、代谢与功能上均有所不同的肿瘤细胞。肿瘤的发生是多基因、多步骤突变的结果。不同的基因的突变与不同强度的突变形成了不同的肿瘤。

二、肿瘤的发病机理

正常细胞转化为癌细胞的过程称为“癌变”或“恶变”。癌变的原因和过程，有人认为：人体细胞内天然就存在着一些能够引起细胞癌变的基因——“癌基因”和另一些能够抑制细胞癌变的基因——“抑癌基因”。在正常情况下，癌基因的存在对人体非但无害，而且对细胞的生长和分化均起重要作用。因此，癌基因是人皆有之，但并非人人都得癌症。只有当正常细胞受到外界和内部致癌因素的反复作用后，细胞内癌基因才被激活，即基因结构产生突变或基因表达失去控制，使正常细胞变成了癌细胞。同样，如果抑癌基因被削弱，阻止细胞恶变的功能失去，正常细胞也会发生上述变化。

三、癌症的影响因素

（1）遗传。目前发现乳腺癌、胃癌、直肠癌、前列腺癌、子宫癌、卵巢癌和肺癌等均有较明显的遗传倾向。

（2）种族。有些癌症在不同的种族中患病率是有不同的。欧美人乳腺癌、结直肠癌患病率高；日本和中国人胃癌患病率高；非洲和东南亚人群中多见肝癌，而在欧美人中却少见；中国广东人的鼻咽癌发病率高；犹太人几乎无阴茎癌，子宫癌也极罕见。在美国，白人多发皮肤癌，黑人中宫颈癌患者较多。这些都有种族特点。

（3）辐射。电离子辐射 X 光照射、放射性物质、从外太空穿过大气进入地球的光线和其他来源的电离子辐射会破坏身体细胞。达到一定量时，电离子辐射可能会导致癌症或其他疾病。根据对二战时期在原子弹爆炸中幸存下来的日本人的研究表明，电离子辐射增加了白血病、乳腺癌、喉癌、肺癌、胃癌、皮肤癌、甲状腺肿瘤、骨肿瘤和淋巴系统的恶性肿瘤等。目前已可肯定有 5% 以上的癌症发病率是由于直接接触辐射所致。

（4）病毒。大量研究表明，病毒与癌症发生有关。专家认为，病毒致癌的机理是由 DNA 构成的 DNA 病毒嵌入到人体的细胞的 DNA 中，或由 RNA 构成的 RNA 病毒在 DNA 转录酶的帮助下制造出含有它本身信息的 DNA，并使这种 DNA 混入正常细胞的 DNA 中，从而导致正常细胞 DNA 结构被破坏，引发癌变。病毒能引起白血病、淋巴系统癌、肝癌、宫颈癌和鼻咽癌。

（5）烟草。烟草与肿瘤的关系已为成百上千个调查所证实。烟草要对全世界每年 1/3 的癌症死亡负责。这使烟草成为了这个世界中最可预防的致命原因。

85% 的肺癌死亡起因于吸烟。对吸烟者来说，他们吸掉的烟草越多，吸入的程度越深，患上肺癌的可能性越大。总之，一个每天吸一包烟的人患癌症的几率是不吸烟的人的 10 倍。

吸烟的人比不吸烟的人更容易患上其他几种癌症：口腔癌、喉癌、食道癌、胰腺癌、膀胱癌、肾癌和淋巴癌。吸烟还会增加患上胃癌、肝癌、前列腺癌、肠癌和直肠癌的可能性。当一个吸烟者戒烟以后，他患癌症的危险性便开始逐年下降。使用无烟烟草产品，如嚼烟和鼻烟，可能导致口腔癌或喉癌，而一旦停吸，可能致癌的癌症前期条件或组织变化通常会慢慢消失。

研究表明，不吸烟的人如果长期处在烟草烟雾环境下（也被称做“吸二手烟”），同样有可能患上肺癌。

（6）酒精。在法国和日本等大量饮酒国家已经发现过量饮酒使一些癌症的发病率和死亡率增加。中国也发现，过量饮酒能诱发口腔癌、肝癌、食管癌和咽喉癌。美国等国家还发现，中度饮酒在妇女中也易得乳腺癌。饮酒后，酒精易在人体中产生乙醛。酒中还夹杂着一些亚硝胺类化合物、霉菌毒素等，这些都是已明确的致癌物。

（7）化学毒素。因为生产需要或生活在工厂附近，人们不得不接触与生产有关的化学致癌物。长时间暴露在某些特定的化学物质、金属或杀虫剂等环境中，同样会增加患上癌症的危险性。石棉、镍、铀、氡、氯乙烯、对二氨基联苯和苯就是众所周知的致癌物质。它们可以独立发挥作用，也可以与其他致癌物质联合作用，例如工作时吸入石棉纤维会引起肺病，甚至是肺癌，对于吸烟的石棉工作者来说，危险性就更大了。

（8）光可致癌。紫外光诱发肿瘤多发见于户外工作者和日光浴者。每年这些人群中会新产生 70 万新的皮肤癌患者。

（9）膳食。根据美国科学院调查膳食致癌率，在女性中高达 60%，在男性中可达 40%。其原因是，第一，长期高脂膳食会直接或间接地导致乳腺癌、直肠癌、前列腺癌和子宫癌，也会导致肥胖。第二，盐制食品、烟熏食品、油炸食品等会导致食管癌、胃癌。第三，亚硝基化合物是食物中的一种常见的致癌物。第四，霉变的大米、玉米、花生等中所含有的黄曲霉素对人和动物都有很强的致癌作用。

（10）不正确的服用药物亦可致癌。如：激素取代疗法，医生常用雌激素来治疗女性更年期综合症。研究表明，单独使用雌激素会增加患上癌的危险性。因此，大多数医生进行激素取代疗法时通常会使用黄体酮，再配上少量的雌激素。通过防止单独使用雌激素时常会出现的内层的过度增长，黄体酮能够抑制雌激素对人体的有害作用。其他研究表明，长期使用雌激素的女性患上乳癌的危险性也会增加。还有一些研究表明，同时使用雌激素和黄体酮的人患上癌症的危险性更高。

己烯雌酚（DES）是一种人工合成的雌激素，从 20 世纪 40 年代开始使用，1971 年被停用。有些女性在怀孕期间会使用己烯雌酚，用来防止某些并发症。但是在很多年后人们发现，这样做增加了她们的女儿患上某些特定癌症的危险性。受到己烯雌酚影响的女性的子宫颈和子宫中产生变异细胞的可能性会增加，患上子宫癌或宫颈癌的危险性会更大。使用己烯雌酚的孕妇患上乳癌的几率要大一些。

四、肿瘤治疗方法

肿瘤治疗方法通常有手术治疗、放射治疗、化学治疗、生物治疗、中医调理、基因治疗和分子靶向治疗以及一些辅助的治疗方法。

五、微生物酵素的防治机理

人体有自然的“抗癌体系”，有益菌和酵素是抗癌体系的重要组成部分。研究表明，动物体内抗癌系统作用的发挥，依赖于预防性酶——被称为二期酶——数量的显著增加，这些酶能消除有害的化学物质。它们可以有效中和有害物质，破坏 DNA 引发癌症的能力。

生物治疗癌症是继手术、放疗和化疗后发展的第四类癌症治疗方法，系利用和激发机体的免疫反应来对抗、抑制和杀灭癌细胞。与传统的治疗方法不同，生物治疗主要是调动人体的天然抗癌能力，恢复机体内环境的平衡，相当于中医的“扶正祛邪，调和阴阳”。微生物酵素是微生态制剂，可归纳于生物治疗的范畴之内。

免疫系统是人体的防御体系，一方面清除细菌、病毒等外来异物，另一方面清除体内衰老的无功能细胞和发生突变的细胞。一个人身上每天有 10^{14} 个，即 100 万亿个细胞在复制。在复制中，约有万分之一到百万分之一的细胞会出现差错，也就是说，每天有 100 万到 1 亿个细胞可发生突变。有的突变细胞进一步变为癌细胞。所以癌症发生的根本原因是人体免疫功能失调，癌变的细胞逃脱了免疫监视，在体内迅速分裂增殖，形成恶性肿瘤，但无关大局，人体免疫系统可及时识别这些细胞，并予以清除。微生物酵素含有增强免疫活性的特殊蛋白质——免疫促进因子，服用后免疫球蛋白 A、G、M 明显升高，有效提高 T 细胞、K 细胞、NK 细胞和巨噬细胞的活力，因而能起到抗癌作用。

1. 微生物（有益菌）的抗癌作用

研究表明，益生菌有着直接的抗肿瘤效果。

在一项关于益生菌的抗肿瘤发生特性的动物实验中，测试了某一个特定的嗜酸乳杆菌株的抗肿瘤效果。此项实验中，一组老鼠每日摄入一定的嗜酸乳杆菌，另一组没有摄入任何益生菌。这些老鼠均在皮下注射了可诱发肿瘤的物质——亚硝酸胺。结果发现，到第 26 周时，喂养了益生菌的老鼠能显著地减少肿瘤的发生；到第 40 周时，喂养了该益生菌的那组老鼠产生肿瘤的情况比对照组的老鼠要低得多。这是因为，该种益生菌刺激了某些能杀死和抑制肿瘤生长的免疫成分的产生，比如白细胞介素 1a 和肿瘤坏死因子 a。在另一项关于益生菌和肿瘤的生长研究中，研究者发现：对喂养了菊粉和低聚果糖的实验鼠，该益生元能刺激其肠道中双歧杆菌的生长。

日本东京大学医学系大桥靖雄教授主持的研究项目表明，习惯饮用乳酸菌饮料的人，膀胱癌的发病危险可降低 50%。

大桥教授将日本 7 个区域医院中的 180 名膀胱癌患者和 445 名健康人作对比，对他们之前 10～15 年间对乳酸饮料的饮用情况做了 81 项问卷调查。经过一系列统计学的处理（性别、年龄、吸烟等造成的偏差）后，得出的结果是膀胱癌的发病危险指数，不饮用乳酸菌饮料的人为 1.0，每周饮用 1～20 次的人仅为 0.4～0.6。

还有一项研究着眼于观测益生菌在癌症患者体中阻挡感染源的防御作用。30 名病患者参加了这个实验。从病人最初接受化疗开始，每天分 3 次向病人提供乳杆菌胶囊，每次 2 粒，持续 30d。每粒胶囊都包含以 50：50 比例混合的双歧杆菌和嗜酸性乳酸菌。每粒胶囊中含有 40 亿个有机体。发热现象被大大地向后推迟了，从一个中间时间 8d 推迟到了 12d。显而易见，益生菌在治疗像癌症这类最严重的病症中，也起到了非常重要的作用。

据新华社2008年10月8日报道，北爱尔兰大学人类营养学教授伊恩·罗兰在80名志愿者身上进行实验，把他们分成两组，其中一组都接受过结肠癌治疗，另一组则被诊断出现作为癌症前兆的肠道息肉。罗兰让每名患者饮用一种含益生菌的饮品。罗兰让志愿者持续饮用益生菌饮品12周，并通过两次活组织切片检查比较志愿者饮用之前和之后细胞癌变的程度变化。实验结果显示，接受过结肠癌治疗的第一组志愿者细胞癌变情况在饮用益生菌饮品前后没有变化；但那些出现肠道息肉的志愿者在使用益生菌饮品后，结肠切片发现细胞癌变较少，增生程度也较轻。

Asono等报道将小鼠膀胱肿瘤MDT-2细胞接种同系小鼠后肢后，连续服用干酪乳杆菌活菌，可明显抑制肿瘤生长并降低肿瘤肺转移发生率。Perdigen等给小鼠口服干酪乳杆菌和保加利亚乳杆菌可诱导小鼠腹腔巨噬细胞释放溶酶体酶。活菌优于死菌，并可促进小鼠单核细胞系统的吞噬功能（Hosono，1997）。由以上可知，益生菌产物对免疫系统的激活作用增强了巨噬细胞的酶活性、吞噬活性。另外经研究发现益生菌的代谢产物丁酸等物质，可刺激T淋巴细胞产生抗癌因子，抑制和修复变异的DNA，防止癌肿的发生。另外益生菌尚有其他作用：

（1）限制有害菌的繁殖。益生菌能在肠内形成占位性防护屏障，有效阻止有害菌对肠黏膜的侵袭；益生菌多是厌氧菌能降低肠内氧气含量，而多数有害菌在缺氧的情况下不易生存，这样就限制了肠内的有害菌的数量。有害菌的减少，其代谢所产生的毒素亦随之减少，肠道炎症发病率降低，这样就可防止因反复炎症刺激和毒素吸收所导致的癌症发生。

（2）肠道细菌就像一个小小的化工厂，它们所具有的酶的数量比肝脏酶的数量还要多。它们将摄取的食物和体内分泌物分解成各种物质，其中包括许多有害物质和致癌物，像亚硝基胺、吲哚、酚类和二次胆汁酸等。

亚硝基胺通常情况下，肠内细菌产生的胺和亚胺类物质被应用于肝脏解毒，但由于产生的毒素太多或肝硬化、肝炎等疾病使肝功能无法正常进行解毒的话，问题就严重了。如果亚胺不能完全解毒，在肠道内会和亚硝酸盐发生作用，形成强致癌物－亚硝盐。

亚硝盐是强烈致癌物，跟大肠癌的发生有很大的关系。现在很多蔬菜、加工食品都含有硝酸盐，人们的唾液、肠液中也就有了很多硝酸盐，这些硝酸盐被肠道内的细菌转化成亚硝酸盐，而导致癌症的发生。

吲哚、酚类等致癌物是由于动物性蛋白质含有较多的色氨酸、酪氨酸、苯丙氨酸等芳香类氨基酸，肠道内的坏菌分解这些氨基酸，从而产生各种吲哚、酚类物质。

经研究表明，这些代谢物都是强烈的致癌物。在实验中给白鼠的饲料中添加色氨酸后，白鼠100%的得了膀胱癌。实验人员再将色氨酸的代谢物吲哚直接注入膀胱进行实验，发现也可导致癌症。

有害细菌也能将消化液等体内分泌物转变为致癌物，例如肝脏所分泌的胆汁。如果过量摄入脂肪，为了帮助消化和吸收，肝脏分泌出大量的胆汁。大肠中的有害细菌（大肠杆菌、酪酸梭状芽孢杆菌等）会将胆汁变为二次胆汁酸，而二次胆汁酸中含有石胆酸、脱氧胆酸等致癌物质。

研究显示：摄取太多脂肪的人的粪便中，含有很多致癌物质，除了上述的亚胺类物质外，尤其是二次胆汁酸含有的致癌物。

益生菌可产生多种酶和乳酸、乙酸和丁酸等物质，分解有害菌在肠内释放的对人体有害的物质，如氨、硫化氢、吲哚、酚、粪臭素、组胺、腐胺、尸胺、酪胺和色胺等，亦可分解食物中的有毒物质，如苯并芘、丙烯酰胺、亚硝酸盐、二甲基亚硝胺、农药、防腐剂等，起到防癌作用，例如双歧杆菌能分泌一种降解N-亚硝胺的酶，降解NH_3、NH_2、酚等。因而防止了亚硝胺引起的肿瘤。在双歧菌体内还有NAD-氧化还原酶和SOD酶，该酶有抗衰老和修复受损细胞的功能。

（3）益生菌能改善维生素代谢。由于现代食品生产、加工过程的损失，使得人体维生素摄入不足。益生菌可产生多种维生素，如维生素B_1、维生素B_2、维生素B_6、维生素B_{12}、烟酸、叶酸等。叶酸及维生素B_{12}缺乏是食道癌高发的重要因素。如山西省阳城县是食道癌高发区，据山西医学院的专家们通过大量调查和检测发现该县人群血清叶酸和维生素 B_{12} 总体水平明显低下。据此说明，防止叶酸和维生素 B_{12} 缺乏是预防食道癌发生的措施之一。另据流行病学调查显示：缺乏叶酸还可导致宫颈癌、结肠癌、直肠癌和脑瘤等癌症。

（4）现代医学研究表明，癌症不但与遗传、环境、生活习惯等因素有关，与微量元素也有极密切的联系。益生菌产生的乳酸、乙酸和丁酸等酸性物质有利于对微量元素的吸收。例如铁、钼、锰、铜、镁、硒、锗、锌等。

①锌：人体内具有免疫功能的T细胞在胸腺中分化发育，当人体一旦产生癌细胞，T细胞立即发起进攻、杀伤，甚至消灭它，正常人在四十岁以后胸腺开始萎缩，免疫功能也逐渐下降，诱发癌症。锌能促使胸腺激素分泌，使T细胞数字增加，提高机体抗癌能力。

②硒：硒是人体内一种难得的营养素和抗癌元素，它能加速体内过氧化物或自由基的分解，致使肿瘤细胞得不到分子氧的充分供应。

③碘：缺碘不但可引起甲状腺肿症，而且可诱发乳腺癌、甲状腺癌、子宫内膜癌、卵巢癌等，原因是由于碘缺乏，引起甲状腺机能减退，从而伴随甲状腺激素、催乳激素，性激素等不平衡和紊乱而使癌症发病率增加。

④镁：镁有防止癌症侵袭的作用。人体内若长期缺镁有可能导致染色体突变，而此种突变会诱发肿瘤。同时，缺镁显然会使免疫功能降低，使肿瘤细胞得以迅速增殖。

2. 酵素酶的抗癌作用

微生物酵素中含有多种酶。研究表明，酶有分解致癌物质亚硝胺的作用，抑制亚硝胺在人体内合成并能提高人体内巨噬细胞的活力，增强其抗癌能力。微生物酵素中含有上千种酶，特别是所含超氧化物歧化酶，是自由基的重要清除剂，因而可以防癌。

研究表明，在细胞基因（HN）或致病性大肠埃希杆菌黏附因子（EAF）的肝癌前期细胞中，一些与致癌剂有关的代谢酶类，如谷胱甘肽（GSH）代谢酶类的活性已有明显改变。一般而言，激活酶类均减少，而灭活酶类均升高，而环氧化物水合酶（EH）既参与前致癌剂的激活，也催化致癌剂的灭活。

科学研究发现，萝卜中含有一种“淀粉酶”能够解除强致癌物亚硝胺与苯并芘等毒性，使其失去致癌作用，其防癌效果较为显著。另外，莴苣、豌豆、豆芽菜、南瓜等亦都含有一种“酶”，可以分解强致癌物质亚硝胺，有效地预防癌变。

综上所述，微生物酵素对癌症的预防作用确切。世界各国学者的研究结论很多。该书编者对513例癌症患者（包括胃癌、食道癌、结肠癌、脑癌、前列腺癌、膀胱癌、肺癌、皮肤癌和白血病等）对比观察发现：配合服用微生物酵素患者的生存质量和生存时间都优于不服用者，甚至还有25%的患者癌肿消失。

第六节 微生物酵素与免疫

在过去的20~30年中，变态反应性疾病的流行趋势显著增加而且丝毫没有减弱的迹象。据估计，全球有4亿人患有过敏性鼻炎，3亿人患有哮喘，这些疾病造成的经济上的花费估计高于肺结核和艾滋病毒/艾滋病（HIV/AIDS）的总成本。随着变态反应性疾病和相关疾病的发病率显著上升，在变态反应性疾病的诊断和治疗方面受过训练的专业医护人员的数量却有所下降，致使许多患者未能得到确诊和治疗。

一、什么是变态反应性疾病

变态反应性疾病，医学上也称“过敏性疾病”。一般可分为以下四种类型：

1. 速发型（Ⅰ型变态反应），又称过敏反应

过敏原进入机体后，诱导B细胞产生IgE抗体。IgE与靶细胞有高度的亲和力，牢固地吸附在肥大细胞、嗜碱粒细胞表面。当相同的抗原再次进入致敏的机体，与IgE抗体结合，就会引发细胞膜的一系列生物化学反应，启动两个平行发生的过程即脱颗粒与合成新的介质。①肥大细胞与嗜碱粒细胞产生脱颗粒变化，从颗粒中释放出许多活性介质，如组胺、蛋白水解酶、肝素、趋化因子等；②同时细胞膜磷脂降解，释放出花生四烯酸。它以两条途径代谢，分别合成前列腺

素、血栓素 A2 和白细胞三烯（LTs）、血小板活化因子（PAF）。各种介质随血流散布至全身，作用于皮肤、粘膜和呼吸道等效应器官，引起小血管和毛细血管扩张，毛细血管通透性增加，平滑肌收缩，腺体分泌增加，嗜酸粒细胞增多、浸润，从而引起皮肤黏膜过敏症（荨麻疹、湿疹、血管神经性水肿），呼吸道过敏反应（过敏性鼻炎、支气管哮喘、喉头水肿），消化道过敏症（食物过敏性胃肠炎），全身过敏症（过敏性休克）。

2. 细胞毒型（Ⅱ型变态反应）

抗体（多属 IgG、少数为 IgM、IgA）首先同细胞本身抗原成分或吸附于膜表面成分相结合，然后通过四种不同的途径杀伤靶细胞。

3. 免疫复合物型（Ⅲ型变态反应）

在免疫应答过程中，抗原抗体复合物的形成是一种常见现象，但大多数可被机体的免疫系统清除。如果因为某些因素造成大量复合物沉积在组织中，则引起组织损伤和出现相关的免疫复合物病。

4. 迟发型（Ⅳ型变态反应）

此型反应局部炎症变化出现缓慢，接触抗原 24～48h 后才出现高峰反应，故称迟发型变态反应。

（1）微生物酵素的作用机理。固有免疫系统的功能是非特异地识别并清除微生物，或在不能清除的时候将它们包裹起来。肠道上皮细胞可在微生物的刺激下分泌大量免疫球蛋白和细胞因子，这便是肠道固有免疫系统行使防御功能的重要形式。益生菌的治疗目标就是激发肠道免疫系统的这种功能，使机体达到免疫稳态并在随时对共生微生物和与其有相似抗原决定簇的病原微生物产生反应的同时，不引发过激的炎性反应。

益生菌可通过 Toll 样受体（TLR）调节免疫系统的功能。TLR 是一种跨膜蛋白，其是固有免疫系统行使防御功能过程中重要的信息传递者，其与特定物质结合后可激活脊椎动物的免疫系统。益生菌可干扰与其发生相互作用的其他细菌及宿主肠道表皮细胞上的 TLR，进而调节一些抗体的水平，这也是共生微生物给宿主带来的益处之一。

益生菌通过免疫途径对机体起作用的方式主要是免疫刺激和免疫

调节。免疫刺激就是将个体的免疫反应功能获得一定的提高，这对正常免疫无法获得或免疫低下的个体尤为重要。很多乳酸杆菌和双歧杆菌能够提高机体体液抗体水平（PerdigonGill，2000）。对人的研究结果表明，口服乳酸杆菌 GG 可以提高机体对轮状病毒和沙门氏杆菌疫苗的抗体反应性（Fangac 等，2000）。短乳杆菌能够提高脊髓灰质炎病毒疫苗的 IgA 水平（Fukushima 等，1998）。这些事实都表明口服益生菌可以通过肠黏膜刺激机体的免疫反应。将来也有可能用于临床来增强机体对口服流感疫苗的免疫反应（Maassen 等，2000）。益生菌更进一步的用途是可提高个体亚免疫状况、幼年个体和老年个体的免疫力。研究结果表明，随着年龄增大免疫系统功能也将逐渐下降，而免疫反应功能的强弱与寿命密切相关（Goodwin 等，1995）。益生菌可提高年老个体 T 细胞诱导的免疫反应、提高 NK 细胞和吞噬细胞功能（Solana 等，2000）。研究结果表明鼠李糖乳杆菌和乳酸乳杆菌联合使用确实提高了老年个体的细胞免疫功能（Sheih，2001）。

关于益生菌的免疫调节作用科学界进行了广泛的研究，主要以研究乳酸菌的免疫调节作用为主，它能够诱导抗炎因子 Il-12 和 IFN-γ 的产生，这些因子可抑制特异性反应和过敏反应。在益生菌用于新生个体，促使新生个体的免疫系统发育完全，从而避免过敏反应。益生菌其他的潜在免疫作用现在主要集中在对肠道炎症反应的调节上（Menturi，1999），最新研究结果表明，将鼠李糖乳杆菌与日粮混合使用，可降低 Crohn's 病引起的肠道炎症（Gupta 等，2000）。

（2）酵素对变态反应疾病的影响。有人对血清葡萄糖-6-磷酸异构酶与自身免疫性疾病做了相关性研究。结果类风湿性关节炎（RA）组的 GPI 浓度和阳性率都显著高于其他 AID 组和正常对照组（$P<0.001$）。解旋酶广泛存在于从病毒到人类的各种生命体中。在细胞中，解旋酶负责催化解开双链多聚核苷酸。在人体中，DNA 解旋酶在 DNA 代谢中起到了关键的作用，参与基因组复制、DNA 修复、重组、转录和维持端粒稳定。最近的研究发现 RNA 解旋酶－RIG-I 在天然免疫应答中起到了重要的作用。

国际上的科学研究中发现酵素有直接提高机体免疫力的功效。奥地利维也纳大学底色博士用菠萝蛋白酶、木瓜蛋白酶和淀粉酶进行免疫功能测试，发现它们都可以提高辅助T淋巴细胞的活性并能加强B细胞制造抗体的能力。德国穆尼可博士和美国克里夫博士都发现某些酶有抑制黏附分子CD44的作用，而CD44是引起炎症反应的重要物质，抑制了CD44就减轻了炎症反应。英国的恩格位达博士研究发现酵素可促进T细胞产生γ－干扰素。而γ－干扰素具有抵抗病毒感染、抑制肿瘤细胞生长与调节机体免疫功能的作用。

近年来的“酶学疗法”就是在生理条件下应用很小量的酶，即可迅速产生特异效应的疗法。多年来人们已广泛用酶治疗多种疾病。但因为抗原性、失活性，在体内分布局限性大等缺点，而且又难获得足够量的同种酶，天然酶大多数又不宜直接用于治疗，故酶学疗法普遍使用受到一定限制。微生物酵素的出现给酶学疗法增加了新的内容。它以多种大量的复合酶和益生菌经口服进入体内，综合作用，解决了抗原性、失活性，在体内分布局限性大等缺点而且较易获得，作用广泛，无副作用，调理作用可靠。

综上所述，微生物酵素在提高机体免疫力、调节免疫功能、防治免疫性疾病方面有着不可估量的作用。有益菌和酵素的联合应用更加提高了其作用的有效性。该书编者在2003～2008年中收集到包括红斑狼疮、类风湿性关节炎、风湿性关节炎、强直性脊柱炎、硬皮病、皮肌炎、神经性皮炎、甲状腺机能亢进、青少年糖尿病、原发性血小板紫癜、溃疡性结肠炎、慢性淋巴细胞白血病、多发性硬化、重症肌无力、炎症性脱髓鞘性神经病、过敏性哮喘、过敏性鼻炎和荨麻疹等病在内的1 328例。情况得到改善的为94.8%，良效率达53.3%。有力地证明了微生物酵素在提高机体免疫力、调节免疫功能、防治免疫性疾病方面的功能并且无副作用。

第七节　微生物酵素的保健实用技术

一、肝炎

（1）病毒性肝炎是由多种肝炎病毒引起的常见传染病，具有传染性强、传播途径复杂、流行面广泛和发病率较高等特点。临床上主要表现为乏力、食欲减退、恶心、呕吐、肝肿大和肝功能损害，部分病人可有黄疸与发热，有些人出现荨麻疹、关节痛或上呼吸道症状。

（2）肝炎可分为甲、乙、丙、丁、戊、己、庚七种类型，其中乙肝是发病率最高的一种传染性肝炎。该病如果延误治疗，会发展成重症肝炎，患病日久，会沿着“乙肝－肝硬化－肝癌”的方向演变。

（3）中国是个肝炎大国，病毒性肝炎发病数位居法定管理传染病的第一位，仅慢性乙型肝炎病毒感染者就达1.2亿人。

（4）病因病理：邪气炽盛（病毒传染性强），正气亏损（免疫力低下），正虚邪恋（正邪交争），血瘀络阻（细胞坏死，纤维化）。

（5）调理：护肝型微生物酵素6～12粒/日，益生菌胶囊2粒/日。

二、胆结石

中国人胆结石的组成成分以胆固醇结石为主，含有少量的胆盐成分，属于混合型胆结石。

（1）形成原因：①喜静少动；②体质肥胖；③不吃早餐；④多次妊娠；⑤餐后零食；⑥肝硬化者；⑦遗传因素等导致。

（2）症状表现：右上腹疼痛，平时隐痛，严重时可有绞痛。可有恶心、厌油、消化不良等症，严重时可有癌变。

（3）调理：护肝型微生物酵素6粒/日，2粒/日；生豆油10ml，早晨空腹饮用。

三、脂肪肝

（1）表现：早期多无自觉症状，或仅有轻度的疲乏、食欲不振、腹胀、嗳气、肝区胀满等感觉。严重时可致肝硬化，出现黄疸、肝昏迷等症。

（2）原因：肝炎、饮酒、过食等因素，使脂肪分解酶减少、脂肪代谢紊乱而成。

（3）调治：护肝型微生物酵素5粒/日，2粒/日；酵素苦丁茶3袋/日，饮用。

四、溃疡性结肠炎

（1）表现：溃疡性结肠炎早期症状最常见的是血性腹泻。其他症状依次有腹痛、便血、体重减轻、里急后重和呕吐等。偶尔主要表现为关节炎、虹膜睫状体炎、肝功能障碍和皮肤病变。发热则不常见，多数病人表现为慢性、低恶性，在少数病人（约占15%）中呈急性、灾难性暴发的过程。这些病人表现为频繁血性粪便，可多达30次/天并伴随高热、腹痛。因此，该病的临床表现特殊，可出现从轻度腹泻至暴发性、短期内威胁生命的结局，需立即进行治疗。

（2）调理：益生菌胶囊2粒/日；胃肠型6粒/日；口服。

专供粉1袋，39℃温水150～200ml混合溶解后保留灌肠。2次/日。

五、便秘

1. 病因

（1）心理因素。情绪紧张，忧愁焦虑或精神上受到惊恐等强烈刺激，导致大脑皮层和植物神经紊乱。

（2）胃肠道运动缓慢。服用抗生素，导致肠道菌群失调，缺乏B族维生素，甲状腺功能减退，内分泌失调，营养缺乏等。

（3）肠刺激不足。饮食过少或食物中纤维素和水分不足，食物残渣在肠内停留过久，水分被充分吸收，大便干燥，排出困难。

（4）排便动力缺乏。年老体弱，久病或产后，肌肉收缩力减弱。

（5）肠壁应激性减弱。长期使用刺激性泻药可减弱肠壁的应激性，导致便秘。

2. 调理

微生物酵素胃肠型6粒/日。情绪紧张者加服护肝型6粒/日；老年人加服老年型6粒/日；胃肠运动缓慢者加服专供粉1～2袋/日；肠刺激不足者加服美容塑身型。

六、腹泻

1. 病因

（1）急性腹泻。①食物中毒；②肠道感染；③药物引起的腹泻。

（2）慢性腹泻。①肠道感染性疾病；②肠道非感染性炎症；③肿瘤；④小肠吸收不良；⑤运动性腹泻；⑥药源性腹泻。

2. 调理

（1）急性腹泻。用益生菌胶囊 2 粒/日；胃肠型 4 粒/日。

（2）慢性腹泻。益生菌胶囊 2 粒/日。非感染性炎症加微生物酵素护肝型 6 粒。肿瘤加护肝型 6 粒和专供粉 3 袋。小肠吸收不良者加用老年型 6 粒。药源性泻加护肝型 6 粒。五更泄加专供粉 2 袋，同时加服酵素钙 3 片/日。

七、高血脂症

1. 病因

①主要与饮食有关。进食高脂肪、高蛋白、高糖以及饱食、饮酒、运动量少等；②糖尿病等代谢性疾病；③遗传因素都可导致脂肪代谢紊乱引起血脂升高。

2. 表现

早期症状不明显，可有肢体沉重，乏力，困倦等表现。后期可导致动脉粥样硬化、冠心病和脑中风，对肾脏、末梢循环、胰脏、瘙痒症、免疫系统疾病和血液系统疾病也有很大影响。

3. 调理

微生物酵素护肝型 6 粒/日，心脑型 4 粒/日。

八、动脉硬化

1. 病因

①年龄因素。高血压的发病率随着年龄的增长而增高；②饮食因素。肥甘厚味，大量饮酒，吸烟，食盐过量；③运动不足；④情绪因素。喜怒忧思悲恐惊七情过度；⑤过度疲劳；⑥继发于多种疾病。如高血压、高血脂、糖尿病等。

2. 表现

（1）早期阶段。神经衰弱（常有头晕、头昏、头痛、耳鸣、嗜睡、记忆力减退和易疲劳），情感异常（情绪易激动，缺乏自制力，表情淡漠，对事物缺乏兴趣），判断能力低下（不能持以地集中注意力，想象力降低，处理问题要靠别人协助）。脑动脉硬化达到中后期时可出现步态僵硬或行走不稳，痴呆、癫痫样痉挛发作。

（2）后期阶段。可引起脑缺血、脑萎缩或造成脑血管破裂出血。

肾动脉粥样硬化：常引起夜尿多、顽固性高血压、严重者可有肾功能不全。

肠系膜动脉粥样硬化，可表现为饱餐后腹痛、便血等症状。

下肢动脉粥样硬化，早期症状主要表现为间歇性跛行，休息时也发生疼痛，则是下肢严重缺血的表现，常伴有肢端麻木，足背动脉搏动消失等，晚期还可发生肢端溃疡和坏疽。

3. 调理

微生物酵素心脑血管型；（脑部缺血症状为主者＋IQ；心脏症状为主者＋解酒护肝型；肾脏症状为主者＋专供粉；下肢症状为主者＋酵素钙；胃肠道症状为主者＋胃肠型）。

九、冠心病

1. 病因

冠心病是一种由冠状动脉器质性（动脉粥样硬化或动力性血管痉挛）狭窄或阻塞引起的心肌缺血缺氧（心绞痛）或心肌坏死（心肌梗塞）的心脏病，亦称缺血性心脏病。病因至今尚未完全清楚，但认为与高血压、高脂血症、高粘血症、糖尿病和内分泌功能低下以及年龄大等因素有关。

2. 发病机理

系体内脂肪分解酶缺乏，脂肪物质沿血管内壁堆积所致，这一过程称为动脉硬化。动脉硬化发展到一定程度，冠状动脉狭窄逐渐加重，限制流入心肌的血流。心脏得不到足够的氧气、营养供给，心肌酶不能正常工作就会发生胸部不适，即心绞痛。

3. 表现

冠心病有5型，分别有如下临床症状：

①心绞痛型；②心肌梗塞型；③无症状性心肌缺血型（隐性冠心病）；④心力衰竭和心律失常型；⑤猝死型。

4. 调理

（1）心阳亏虚，气滞痰阻气机

症状：胸闷、头痛、心悸、气短、面色苍白或黯滞、肢冷畏寒、自汗、小便清长、大便稀薄、舌胖嫩苔白润、脉缓滑或结代。微生物酵素心脑血管型＋专供粉＋钙。

（2）心阴虚损，痰阻气机

症状：心悸、心痛、憋气、口干、耳鸣、眩晕、盗汗、夜睡不宁；夜尿多、腰酸腿软、舌嫩红苔薄白或无苔、脉细数而促或细湿而结。微生物酵素心脑血管型＋老年型。

（3）寒凝心脉

症状：卒然心痛如绞，形寒，天气寒冷或迎寒风则心痛易发作或加剧，甚则手足不温，冷汗出，气短心悸，心痛彻背，背痛彻心，脉紧，苔薄白。微生物酵素心脑血管型＋酵素钙＋专供粉。

（4）火邪热结

症状：心中灼痛，口干，烦躁，气粗，痰稠或有发热，大便不通，舌红，苔黄或糙，脉数或滑数。心脑型＋护肝型＋美体型。

（5）气滞心胸

症状：心胸满闷，隐痛阵阵，痛无定处，时欲太息，遇情怀不畅则诱发、加剧或可兼有脘胀，得暖气、矢气则舒等症，苔薄或薄腻，脉细弦。心脑型＋护肝型。

（6）痰浊闭阻

症状：可分为痰饮、痰浊、痰火、风痰等不同症候。痰饮者，胸闷重而心痛轻，遇阴天易作，咳痰，苔白腻或白滑，脉滑；兼湿者，则可见口粘，恶心，纳呆，倦怠，或便软等症。痰浊者，胸闷而兼心痛时作，痰粘苔白腻带干或淡黄腻，若痰稠，色或黄，大便偏干，苔腻或干或黄腻，则为痰热。痰火者，胸闷，心胸时作灼痛，痰黄稠厚，心烦，口干，大便干或秘，苔黄腻，脉滑数。风痰者，胸闷时痛，并见舌偏瘫，眩晕，手足颤抖麻木之症，苔腻，脉弦滑。心脑型＋美体型＋护肝型。

（7）瘀血痹闭

症状：心胸疼痛较剧，如刺如绞，痛有定处，伴有胸闷，日久不愈，或可由暴怒而致心胸剧痛。苔薄、舌暗红、紫暗或有瘀斑，或舌下血脉青紫，脉弦涩或结代。微生物酵素心脑血管型+护肝型+酵素钙。

（8）心气不足

症状：心胸阵阵隐痛，胸闷气短，动则喘息，心悸且慌，倦怠乏力，或懒言，面色白，或易汗出，舌淡红胖，有齿痕，苔薄，脉虚细缓或结代。微生物酵素心脑血管型+胃肠型+酵素钙。

【脑中风】

1. 表现

突然眩晕、天旋地转；面部、肢体麻木、无力、嘴歪眼斜并流口水；说话突然困难或听不懂语言并嗜睡；两腿发软甚至跌倒、出现难以忍受的局部头痛；血压居高不下；恶心、呕吐等都是中风发生时的信号。严重时中风患者会突然失去知觉，有的还有麻木、视线模糊、出现双重影像、精神错乱及眩晕等症状。中风的最大特点是起病特别急，常常在做某事时犯病，或者早上起床时发现异常。后期最常见的是运动的障碍如偏瘫，病人一侧身体和手脚不灵活、无力，甚至不能活动，或一侧身体和手脚感觉麻木。

2. 调理

凡是非出血性脑中风病可用心脑型2~6粒/日；护肝型6~9粒/日；IQ型2粒/日；另外，痰湿壅盛者加美容塑身型6粒/日；气血虚弱者加老年型6粒/日。

【头痛】

1. 原因

头疼病因十分复杂，很多的因素可导致头疼发生。

中医一般分为：①六淫外袭：起居不慎，劳役失节，六淫之邪，风、寒、暑、湿、燥、火皆可引起头痛”。②内伤七情：人有七情，喜、怒、忧、思、悲、恐、惊，过之则伤人。③脏腑气弱：或秉赋不足，或后天戕伤，脏腑衰弱，气血不足，皆可引起头痛。④跌仆伤损，络脉瘀阻，经隧不通，可发生瘀血性头痛。

2. 调理

（1）风寒外束。证候：巅顶、偏侧或枕后疼痛，颈项强痛适，或牵及后背，头痛多由外感引发，或兼恶风畏寒，舌淡红苔薄白，脉浮紧。治法：专供粉3袋/日。

（2）肝阳上亢。证候：头痛且胀，或有刺痛、跳痛感、眩晕、心烦失眠，情志不舒，多为精神紧张、情志不逐而发作，妇女经期发作或加剧，舌质红或紫黯有瘀点，苔薄黄，脉弦有力。治法：平肝潜阳，通络止痛。护肝型+综合型。

（3）瘀血阻络。证候：头痛经久不愈，发作时痛如锥刺，部位固定。多为夜间发作或劳累后发作，舌质紫黯，脉弦涩或细涩。治法：活血祛瘀，通络利窍。心脑型+护肝型。

（4）风痰阻络。证候：头痛昏蒙，时发时止，缠绵不已，呕恶欲吐，胸脘满闷，面色晦黯，舌淡胖，苔白腻，脉弦滑。治法：熄风化痰，通络止痛。心脑型+美体型。

（5）气血两虚。证候：头痛且晕，缠绵不休，心悸气短，神疲乏力，面色无华，舌质淡，苔薄白，脉弦细而弱。治法：补养气血，升阳通络。胃肠型+老年型。

（6）肝肾亏虚。证候：头痛势缓，多兼眩晕，腰膝酸软，神疲乏力，耳鸣失眠，舌红少苔，脉沉细无力。治法：滋补肝肾，益精活络。专供粉+胃肠型+钙。

【肥胖症】

1. 何谓肥胖症

日本人的标准体重(kg)=身高(cm)-105。中国军事医学科学院卫生研究所制定的符合中国人实际的标准体重的计算公式是：

以长江为界。南方人标准体重=[身高(cm)-150]×0.6+48

北方人标准体重=[身高(cm)-150]×0.6+50

肥胖度=[(实际体重-标准体重)÷标准体重]×100%

肥胖度在±10%之内，称之为正常适中。

肥胖度超过10%，称之为超重。

肥胖度超过20%~30%，称之为轻度肥胖。

肥胖度超过30%~50%，称之为中度肥胖。

肥胖度超过50%，以上，称之为重度肥胖。

肥胖度小于10%，称之为偏瘦。

肥胖度小于20%以上，称之为消瘦。

2. 肥胖者易患的并发症

①肥胖并发高血压；②肥胖并发冠心病和各种心脑血管疾病；③肥胖并发糖尿病和高脂血症；④肥胖并发肺功能不全；⑤肥胖并发脂肪肝；⑥肥胖并发生殖性功能不全；⑦肥胖者运动系统易受损。另外肥胖者易罹患急性感染。肥胖女性比正常体重女性更易罹患乳腺癌、子宫体癌，胆囊和胆道癌肿也较常见。肥胖男性结肠癌、直肠癌和前列腺癌发生率较非肥胖者高。

3. 调理

美体塑身型6～10粒/日；护肝型6～10粒/日。酵素钙3片/日。

【前列腺增生】

1. 病因

（1）过度的性生活和手淫，使性器官充血，前列腺组织因持久郁血而增大，性交时忍精不泻。

（2）前列腺慢性炎症未彻底治愈或尿道炎、膀胱炎、精阜炎等，使前列腺组织充血而增生。

（3）经常酗酒或长期饮酒，嗜食辛辣等刺激性食物，刺激前列腺增生。

（4）缺乏体育锻炼，动脉易于硬化，前列腺局部的血液循环不良，也会导致该病。

（5）长期骑自行车、坐姿不良压迫刺激前列腺。

2. 表现

①有排尿不尽感，尿余沥；②间断性排尿；③排尿不能等待，即不能憋尿，即尿急；④排尿后两小时又想排尿，即尿频；⑤尿线变细变软或分叉；⑥排尿费力；⑦夜尿增多。

3. 调理

老年型6～12粒/日；专供粉2袋/日；酵素钙3片/日。

【小儿泄泻】

1. 病因

（1）体质因素。本病主要发生在婴幼儿，其内因特点：①婴儿胃肠道发育不够成熟，酶的活性较低，但营养需要相对地多，胃肠道负担重；②婴儿时期神经、内分泌、循环系统及肝、肾功能发育均未成熟，调节机能较差；③婴儿免疫功能也不完善；④婴儿体液分布和成人不同。

（2）感染因素。分为消化道内与消化道外感染，以前者为主。

①消化道内感染：致病微生物可随污染的食物或水进入小儿消化道；②消化道外感染：消化道外的器官、组织受到感染也可引起腹泻，常见于中耳炎、咽炎、肺炎、泌尿道感染和皮肤感染等；③滥用抗生素所致的肠道菌群紊乱。

（3）消化功能紊乱

①饮食因素；②不耐受碳水化物；③食物过敏；④药物影响；⑤其他因素：如不清洁的环境、户外活动过少，生活规律的突然改变、外界气候的突变（中医称为“风、寒、暑、湿泻”）等，也易引起婴儿腹泻。

2. 表现

（1）伤食泻。症状：长期食欲不振，口气臭秽，大便恶臭大便中有不消化的食物，大便呈糊状，粪色淡黄带白。

（2）寒湿泄。表现：腹痛，哭声有力，大便清稀如水。

（3）小儿慢惊风泻。表现：闭目摇头，面唇发青发黯，额上汗出，四肢厥冷，手足微搐，气弱神微，昏睡不语，舌短声哑，呕吐清水，指纹隐约。泻下清稀，颜色呈青绿。

3. 调节

（1）伤食泻：儿童型 2 ~ 6 片/日；胃肠型 2 ~ 6 粒/日。

（2）寒湿泻：儿童型 3 ~ 6 粒/日；专供粉 1 袋/日，分 3 次吃。酵素钙 1 片/日，分 3 次吃。

（3）小儿惊风泻：儿童型 3 ~ 6 粒/日；护肝型 2 ~ 4 粒/日；酵素钙 1 片/日，分 3 次吃。

【小儿免疫低下】

1. 病因

（1）环境不良大气污染或被动吸烟等。

（2）维生素和微量元素的缺乏。

（3）患有先天性疾病。

（4）患有免疫缺陷病。

（5）滥用抗生素和各种药物。

（6）医源性问题。

（7）不良的习惯：睡前吃东西，或抱奶瓶入睡，很容易诱发感冒；不刷牙或不漱口的孩子，最容易嗓子发炎。这些都会造成宝宝免疫力下降。

2. 表现

反复感冒，腹泻、肤色不润、哭声乏力、头发稀疏等。

3. 调理

儿童型 4～8 片/日；专供粉 1 袋/日，分 3 次服；酵素钙 1～2 片/日，分3 次服。

【痤疮】

1. 病因

多数认为该病与雄激素、皮脂腺和毛囊内微生物密切相关。此外，遗传、饮食、胃肠功能、环境因素、化妆品以及精神因素亦与该病的发病有关。

2. 症状

（1）初起皮损多为位于毛囊口的粉刺，分白头粉刺和黑头粉刺两种，在发展过程中可产生红色丘疹、脓疱、结节、脓肿、囊肿和疤痕。

（2）皮损好发颜面部，尤其是前额、颊部、颏部，其次为胸背部、肩部皮脂腺丰富区，对称性分布。偶尔也发生在其他部位。

3. 调理

美体塑身型 6～12 粒/日；胃肠型 6～9 粒/日；有两胁胀满、烦躁易怒者加服护肝型 6～9 粒/日。

【风湿性关节炎】

1. 病因

大多数病因、发病机制不甚清楚。已经知道病因繁多，可以有：

①感染性：如链球菌感染的关节炎、结核性关节炎、莱姆病关节炎等。②自身免疫性：如红斑狼疮、类风湿关节炎、硬皮病等。③代谢性：如痛风等。④内分泌性：如肢端肥大、甲状腺功能亢进。⑤遗传性：如粘多糖病。⑥肿瘤性：如多发性骨髓瘤。⑦退行性：如骨性关节炎。⑧神经功能性：如精神神经风湿症、纤维肌痛症。⑨地理环境性及其他：如血友病、淀粉样病变等。中医属于“痹证”。就是由于人体正气不足，风寒湿热等外邪侵袭，使机体经络、肌肤、血脉、筋骨，甚则脏腑的气血痹阻不通所致。

2. 症状

肢体关节，肌肉疼痛，酸楚，重着，麻木，肿胀，灼热，屈伸不利，僵硬与活动受限，甚则关节肿大变形，或累及脏腑为特征的一类病证。轻度或中度发热，游走性多关节炎，受累关节多为膝、踝、肩、肘、腕等大关节，风湿活动可影响心脏，诱发心肌炎，甚至引起心脏瓣膜病变，严重者导致风心病。

3. 调理

专供粉 2 ~4 袋/日；中老年型 6 粒/日：酵素钙 3 片/日。

【类风湿性关节炎】

1. 病因

病因尚未完全明确。一般认为与环境、细胞、病毒、遗传、性激素及精神状态等因素密切相关。寒冷、潮湿、疲劳、营养不良、创伤和精神因素等，常为该病的诱发因素。

2. 表现

起病缓慢，多先有几周到几个月的疲倦无力、体重减轻、胃纳不佳、低热和手足麻木刺痛等前驱症状。

（1）关节症状：①晨僵：关节的第一个症状，常在关节疼痛前出现。关节僵硬开始活动时疼痛不适，关节活动增多则晨僵减轻或消失。关节晨僵早晨明显，午后减轻。②关节肿痛：多呈对称性，常侵及掌指关节、腕关节、肩关节、趾间关节、踝关节和膝关节。关节红、肿、热、痛、活动障碍。

（2）关节外表现：①类风湿结节；②类风湿性血管炎：类风湿

性血管炎是该病的基本病变，除关节和关节周围组织外，全身其他处均可发生血管炎。表现为远端血管炎，皮肤溃疡，周围神经病变，心包炎，内脏动脉炎如心、肺、肠道、脾、胰、肾、淋巴结和睾丸等；③类风湿性心脏病；④类风湿性肺病：慢性纤维性肺炎较常见，肺小血管发生纤维蛋白样坏死和单核细胞浸润，发热、呼吸困难、咳嗽和胸痛；⑤肾脏损害；⑥眼部表现：葡萄膜炎是幼年性类风湿性关节炎的常见病变，成人类风湿性关节炎常引起角膜炎；⑦Felty 综合征是一种严重的类风湿性关节炎，常引起脾脏肿大，中性粒细胞减少，血清类风湿因子阳性率高，抗核抗体阳性；⑧干燥综合征；⑨消化道损害。

3. 调理

专供粉 2 ~ 4 袋/日；护肝型 6 ~ 12 粒/日。

【亚健康】

1. 健康标准

（1）精力充沛，能从容不迫地应付日常生活的压力而不感到过分紧张，你可以从事你渴望做的一切工作；

（2）处事乐观，态度积极，乐于担责任，严于律已宽以待人；

（3）应变能力强，能够较好的适应环境的各种变化；

（4）对于一般感冒和传染病有抵抗能力；

（5）体重标准，身体均称，站立时身体各部位协调自然；

（6）眼睛明亮，反映敏捷无炎症；

（7）头发有光泽，无头屑或较少；

（8）牙齿清洁，无龋齿、无疼痛，牙龈色正常无出血现象；

（9）肌肉、皮肤有弹性，走路感觉轻松；

（10）善于休息，睡眠好。

2. 亚健康原因

原因很多，大致可分为如下几条：①心理失衡；②营养失调；③噪声污染；④空气污染；⑤违反作息规律；⑥锻炼不当；⑦乱用药品；⑧内劳外伤劳损、房事过度、繁琐穷思、生活无序最易引起各种疾病；⑨外感六淫，内伤七情等等。

3. 表现

①“将军肚”早现；②脱发、斑秃、早秃；③频频去洗手间。说明消化系统和泌尿系统开始衰退；④性能力下降；⑤记忆力减退；⑥做事经常后悔、易怒、烦躁、悲观，难以控制自己的情绪；⑦注意力不集中；⑧睡觉时间越来越短，醒来也不解乏；⑨处于敏感紧张状态，惧怕并回避某人、某地、某物或某事；⑩身上有某种不适或疼痛，但医生查不出问题。

4. 调理

亚健康累及脏腑较多，故主要使用综合型为主，根据表现可适当调整。如：

（1）肥胖：综合 + 美体；

（2）脱发：综合 + 护肝；

（3）小便多：综合 + 老年；

（4）大便多：综合 + 胃肠；

（5）性能力下降：综合 + 老年 + 钙；

（6）记忆减退：综合 + IQ + 心脑；

（7）悲观、烦躁、易怒：综合 + 护肝；

（8）睡眠差：综合 + 护肝 + 老年。

【颈椎病】

1. 病因病理

①年龄因素；②慢性劳损；③外伤；④咽喉部炎症；⑤发育性椎管狭窄；⑥颈椎的先天性畸形；⑦代谢因素：特别是钙、磷代谢和激素代谢失调者；⑧产伤。

2. 病理变化

颈椎周围软组织（如肌肉、筋膜、韧带等）炎性变，还可有颈椎间盘退行性变，纤维环弹力减退而向四周膨出或髓核疝出，能压迫神经根、脊髓、椎动脉；椎间隙狭窄，椎体边缘骨质增生，黄韧带肥厚、变性，使神经根管及椎管容积变小，小关节及钩突关节退行性变致小关节脱位可造成颈椎退行性滑脱。

3. 表现

（1）颈型：主诉头、颈、肩疼痛等异常感觉并伴有相应的压痛点。

（2）神经根型：①具有较典型的根性症状（麻木、疼痛），且范围与颈脊神经所支配的区域相一致；②压头试验或臂丛牵拉试验阳性。

（3）脊髓型：临床上出现颈脊强损害的表现。

（4）椎动脉型：关于椎动脉型颈椎病的诊断问题是有待于研究的问题。①曾有猝倒发作并伴有颈性眩晕；②旋颈试验阳性。

（5）交感神经型：临床表现为头晕、眼花、耳鸣手麻、心动过速、心前区疼痛、胃肠功能紊乱、汗出异常和小便不利等一系列交感神经症状。

（6）食道型：颈椎椎体前嘴唇样增生压迫食管引起吞咽困难。

（7）混合型：有上述2~3中混合症状。

4. 调理

综合型4~6粒/日；心脑型2~4粒/日；IQ型2粒/日；酵素钙3片/日。

【腰痛】

1. 病因

腰痛是几十种疾病共有的临床表现之一。腰部是连接胸腔、腹腔、盆腔的中枢地带。因此，腰痛可以是这些结构中的组织、器官病理改变的表现。此外，脊柱、腰部肌肉、韧带、神经系统的疾病以及腹腔内脏器的疾病等也均可表现出腰痛。中医认为腰痛是因感受寒湿、湿热，或跌仆外伤，气滞血瘀或肾亏体虚所致。其病理变化是以肾虚为本，感受外邪，跌仆闪挫为标的特点。

2. 症状

（1）寒湿腰痛：腰部冷痛重着，转则不利，静卧不减，阴雨天加重。舌苔白腻，脉沉。

（2）湿热腰痛：腰痛处伴有热感热天或雨天疼痛加重，活动后可减轻，尿赤。舌苔黄腻，脉滑数。

（3）肾虚腰痛：腰痛，绵绵不休，不耐劳作久立远行，休息后暂可减轻，稍遇劳累则疼痛加重，偏肾阳虚者，可兼见少腹拘急，面色苍白微肿，畏寒肢冷，腰背寒冷，溲频，夜尿多，滑精阳痿，舌淡或胖嫩，脉沉细；偏肾阴虚者，可兼见低热，五心烦热，面部烘热，失眠盗汗，多盗汗，多梦遗精，口干咽燥，面色潮红，小便红赤，舌红而干，脉弦细数。

（4）瘀血腰痛：腰痛剧烈，如锥如刺如折，有明显外伤史，根据闪挫部位或脊痛或腰痛或腰腿痛，痛有定处而拒按，轻者俯仰不利，重者难以转侧，日轻夜重，大便秘结或色黑，舌质紫暗或有瘀斑，脉弦涩。

3. 调理

专供粉2～4袋/日；酵素钙3片/日。湿热腰痛加酵素苦丁茶。闪挫瘀血腰痛加心脑型2～4粒/日。肾虚腰痛加老年型4～6粒/日。

【习惯性流产】

1. 病因

凡妊娠不到20周，胎儿体重不足500g而中止者，称流产。习惯性流产是指连续发生3次以上者。其临床症状以阴道出血，阵发性腹痛为主。习惯性流产病因复杂，现代西医学尚缺乏理想的治疗方法。习惯性流产的病因复杂，有免疫性因素、遗传性因素、感染性因素、内分泌性因素、解剖因素等。有43种疾病可最终导致习惯性流产的发生。

中医学中称习惯性流产为“滑胎”。多系肾气不足，冲任不固所致。

2. 表现

早期仅可表现为阴道少许出血，或有轻微下腹隐疼，出血时间可持续数天或数周，血量较少。一旦阴道出血增多，腹疼加重，检查宫颈口已有扩张，甚至可见胎囊堵塞颈口时，流产已不可避免。

3. 调理

护肝型3～9粒/日；美体塑身型3～9粒/日。

【妇件炎症】

1. 病因

①分娩或流产后由于抵抗力下降病原体经生殖道上行感染并扩散到输卵管卵巢继而整个盆腔引起炎症；②在宫内节育器广泛应用的同时患者不注意个人卫生或手术操作不严格而引发；③未经严格消毒而进行的宫腔操作，以及消毒不严格的产科手术感染等；④不注意经期卫生月经期性交或不洁性交等；⑤身体其他部位有感染未经及时治疗时病原菌可经血行传播而引起输卵管卵巢炎；⑥盆腔或输卵管邻近器官发生炎症如阑尾炎时，可通过直接蔓延引起输卵管卵巢炎，盆腔腹膜炎，炎症一般发生在邻近的一侧输卵管及卵巢；⑦性传播疾病如淋病感染后淋病双球菌，可以沿黏膜向上蔓延引起输卵管、卵巢炎症。

2. 症状

急性输卵管-卵巢炎临床表现为下腹痛及发热，部分患者在高热前有寒战、头痛、食欲不振，常见白带增多，是输卵管炎性分泌物通过宫腔排出所致。部分人有肠道与膀胱刺激症状。慢性输卵管-卵巢炎临床表现为：下腹疼痛与低热并有腰骶酸痛，下坠感，性交痛，可反复发作并在劳累、性交、月经后加重。病程长者有神经官能症。如精神不振、倦怠、周身不适、失眠等。

3. 调理

专供粉 2 ~4 袋/日；护肝型 3 ~6 粒/日。

【乳腺增生】

1. 病因

内分泌紊乱是由于神经、免疫及微量元素等多种因素均可造成机体各种内分泌激素的失衡。人生存的外部环境、工作与生活条件、人际关系、各种压力造成的神经精神因素等均可使人体的内环境发生改变，从而影响内分泌系统的功能，进而使某一种或几种激素的分泌出现异常。中医称此病为“乳癖”，认为是多由于肝郁气滞、情志内伤所致。平素情志抑郁，气滞不舒，气血流注失调，蕴结于乳房胃络，乳络不通，而引起乳房疼痛；肝气横逆犯胃，脾失健运，痰浊内生，气滞血瘀挟痰积聚成核。肝肾不足，冲任失调也是引起该病的原因。

肾为先天之本，肾藏精生天癸，天癸藏于冲任，冲任下起胞宫，上连乳房，冲任之气血，上行为乳，下行为经。若肾气不足，冲任失调，气血滞，积瘀聚乳房，发为该病。

2. 症状

（1）乳房疼痛：常为胀痛或刺痛，可累及一侧或两侧乳房，以一侧偏重多见，疼痛严重者不可触碰，甚至影响日常生活及工作。疼痛以乳房肿块处为主，亦可向患侧腋窝、胸胁或肩背部放射；有些则表现为乳头疼痛或痒。乳房疼痛常于月经前数天出现或加重，行经后疼痛明显减轻或消失；疼痛亦可随情绪变化而波动。这种与月经周期和情绪变化有关的疼痛是乳腺增生病临床表现的主要特点。

（2）乳房肿块：肿块可发于单侧或双侧乳房内，单个或多个，好发于乳房外上象限，亦可见于其他象限。肿块形状有片块状、结节状、条索状、颗粒状等，其中以片块状为多见。肿块边界不明显，质地中等或稍硬韧，活动好，与周围组织无粘连，常有触痛。肿块大小不一，小者如粟粒般大，大者可逾 3～4cm。乳房肿块也有随月经周期而变化的特点，月经前肿块增大变硬，月经来潮后肿块缩小变软。

（3）乳头溢液：少数患者可出现乳头溢液，为自发溢液，草黄色或棕色浆液性溢液。

（4）月经失调：该病患者可兼见月经前后不定期，量少或色淡，可伴痛经。

（5）情志改变：患者常感情志不畅或心烦易怒，每遇生气、精神紧张或劳累后加重。

3. 调理

护肝型 6～12 粒/日；美体塑身型 6 粒/日。酵素钙 3 片/日。

【月经不调】

1. 病因

可以是器质性病变或是功能失常。许多全身性疾病如血液病、高血压病、肝病、内分泌病、流产、宫外孕、葡萄胎、生殖道感染、肿瘤（如卵巢肿瘤、子宫肌瘤）等均可引起月经失调。月经失调不一定是妇科病，情绪异常引起月经失调，寒冷刺激引起月经过少甚至闭经，节食引起月经不调，嗜烟酒引起月经不调等。中医认为月经不调主要是七情所伤或外感六淫；或先天肾气不足，多产房劳，劳倦过度，使脏气受损，肾肝脾功能失常，气血失调，致冲任二脉损伤，发为月经不调。

2. 表现

月经先期、月经后期、月经先后无定期、经期延长、月经过多、月经过少等。可分为：

(1) 气血两虚型：月经周期提前或错后，经量增多或减少，经期延长，色淡，质稀。或少腹疼痛，或头晕眼花，或神疲肢倦，面色苍白或萎黄，纳少便溏。舌质淡红，脉细弱。

(2) 血寒型：经期延后，量少，色黯有血块。小腹冷痛，得热减轻，畏寒肢冷。苔白，脉沉紧。

(3) 血热型：①实热型：月经先期，量多，色深红或紫，质稠黏，有血块。伴心胸烦躁，面红口干，小便短黄，大便燥结。舌质红，苔黄，脉数。②虚热型：经来先期，经期延长，量多，色红，质稠。或伴两颧潮红，手足心热。舌红，苔少，脉细数。

(4) 气滞血瘀型：月经先后无定，经量或多或少，色紫红，有块，经行不畅。或伴小腹疼痛拒按，或有胸胁、乳房、少腹胀痛，脘闷不舒，舌质紫黯或有瘀点，苔薄白或薄黄，脉弦或涩。

(5) 肾虚型：月经周期先后无定，量少，色淡红或黯红，质薄。腰膝酸软，足跟痛，头晕耳鸣，或小腹冷，或夜尿多。舌淡，脉沉弱或沉迟。

3. 调理

护肝型 4 ~6 粒/日；美体塑身型 6 ~9 粒/日。气血虚者加胃肠型 6/日；血寒者加酵素钙 3 片/日；血实热者加绿茶，虚热者加老年型 6 粒/日；气滞血瘀者加心脑型 2 粒/日；肾虚者加综合型 6 粒/日，酵素钙 3 片/日。

【子宫肌瘤】

1. 病因

①根据大量临床观察和实验结果表明，肌瘤是一种依赖于雌激素

生长的肿瘤；②子宫肌瘤与内分泌失调有相当的关系；③通常还认为子宫肌瘤的发生可能来自未分化间叶细胞向平滑肌细胞的分化过程。中医认为该病的发生主要为风、寒、湿、热之邪内侵，或七情、饮食内伤，脏腑功能失调，气机阻滞、淤血、痰饮和湿浊等有形之邪，相继内生，停积小腹，腹结不解，日积月累，逐渐而成。

2. 表现

①月经过多和月经期间出血；②疼痛；③压迫症状：子宫肌瘤可以压迫到膀胱、输尿管、血管、神经和肠子，而产生各种影响这些器官的操作；④不孕即子宫肌瘤可以影响到子宫腔的结构和子宫内膜的操作，使着床不易。但也有子宫肌瘤的病人，一样可以正常的受孕，正常的生产。

3. 调理

美体塑身型 6 ~ 12 粒/日；护肝型 6 粒/日。

【更年期综合症】

1. 病因

更年期妇女，由于卵巢功能减退，垂体功能亢进，分泌过多的促性腺激素，引起植物神经功能紊乱，从而出现一系列程度不同的症状。

2. 表现

（1）女性表现月经变化、面色潮红、心悸、失眠、乏力、抑郁、多虑、情绪不稳定、易激动和注意力难以集中等。

（2）男性表现

①精神症状：主要是性情改变，如情绪低落、忧愁伤感、沉闷欲哭、或精神紧张、神经过敏、喜怒无常，或胡思乱想、捕风捉影，缺乏信任感等。

②植物神经功能紊乱：主要是心血管系统症状，如心悸怔忡、心前区不适或血压波动、头晕耳鸣、烘热汗出；胃肠道症状，如食欲不振、腹脘胀闷、大便时秘时泄；神经衰弱表现，如失眠、少寐多梦、易惊醒、记忆力减退、健忘、反应迟钝等。

③性功能障碍：常见性欲减退、阳痿、早泄、精液量少等。

④体态变化：全身肌肉开始松弛，皮下脂肪较以前丰富，身体变胖，显出“福态”。

3. 调理

（1）女性：美体塑身型6～12粒/日；护肝型6～12粒/日。

（2）男性：护肝型6～12粒/日，综合型6～12粒/日。

【神经官能症、神经衰弱、失眠】

1. 病因

（1）精神因素是诱发神经衰弱的重要原因。凡能引起神经活动过度紧张并伴有不良情绪的情况，都可能是神经衰弱的致病因素。

（2）性格特征即敏感、多疑、胆怯、主观、自制力差。性格特征明显者可因一般性精神刺激而发病；性格特征不显者则须较强烈或较持久的精神刺激之后才发病。

（3）躯体因素：各种躯体疾病或能削弱躯体功能和的各种因素，均能助长本症的发生。

2. 表现

（1）衰弱症状即包括脑力与体力均易疲劳。表现为精神萎靡、疲乏无力、困倦思睡、头昏脑胀、注意力不集中、记忆力减退、近事遗忘、工作不持久、效率下降。但智力正常，意志薄弱，缺乏信心与勇气，容易悲观失望。

（2）情绪症状：情绪容易兴奋可因小事而烦躁、忧伤、激动烦燥或焦急苦恼，事后又懊丧不已。一般早晨情绪较好，晚上差。

（3）兴奋症状：精神容易兴奋可表现为回忆和联想增多。此外，感官与内脏感受器感受性明显增强，如对声、光敏感、手指、眼脸与舌尖震颤动和皮肤与膝腱反射增强等。

（4）紧张性头痛或肢体肌肉酸痛，时轻时重。

（5）睡眠障碍：睡眠节律失调，夜晚入睡困难睡眠浮浅、多恶梦、易早睡、醒后感到不解乏，头脑不清醒。有时表现为日间昏昏欲睡，傍晚反而精神振作等生物规律异常变化。

（6）植物神经功能紊乱症状主要表现在，①心血管系统：如心动过速、心前区疼痛、四肢发凉、皮肤划痕症、血压偏高或偏低等；

②胃肠道症状：有消化不良、食欲不振、恶心，腹胀、便秘或腹泻等；③泌尿生殖系统症状：如尿频、遗精、阳痿、早泄、月经不调等。

3. 调理

综合型6~9粒/日；IQ型2粒/日；钙3片/日。烦躁、易怒明显时加护肝型4~6粒/日。

【植物神经功能紊乱】

1. 病因

（1）遗传因素：一般神经衰弱的病人都有家族性。

（2）社会因素：各种引起神经系统功能过度紧张的社会心理因素，都会成为该病的促发因素。现代研究表明，精神刺激，压力过大可造成内分泌和植物神经的功能紊乱。

（3）个性因素：性格内向，情绪不稳定者，多表现为多愁善感，焦虑不安、保守，不善与人沟通，遇事闷在自己心里，得不到及时地发泄，时间久了必然导致植物神经失调和神经衰弱，但另一人群也是高发人群，脾气暴躁、心胸狭窄、争强好胜、得理不让人，凡是自我为中心的人最容易患植物神经功能紊乱。

2. 表现

胃肠功能紊乱：如没有食欲，进食无味，腹胀，恶心，打嗝，烧心，胸闷气短，喜长叹气，喉部梗噎，咽喉不利，有的患者表现头痛，头昏，头憋胀，沉闷，头部有紧缩感重压感，头晕麻木，两眼憋胀，干涩，视物模糊，面部四肢憋难受，脖子后背发紧发沉，周身发紧僵硬不适，四肢麻木，手脚心发热，周身皮肤发热，但量体温正常，全身阵热阵汗，或全身有游走性疼痛，游走性异常感觉等症状。

植物神经紊乱患者常以自觉症状为主，虽然做过多次检查，但结果往往都比较正常，什么病也查不出来，上述种种症状在临床上常被认为是精神病，脑供血不足，心脏病，胃肠病而进行治疗，往往疗效不高或无效。亦可称之为“亚健康”。

3. 调理

植物神经功能紊乱累及脏腑较多，故主要使用综合型为主，根据表现可适当调整。

（1）胃肠功能紊乱、呕吐；胃肠型 2～6 粒/日；护肝型 2～6 粒/日；

（2）头痛、头晕：综合 + 护肝；

（3）周身热：综合 + 老年；

（4）心慌心悸：综合 + 心脑型；

（5）性能力下降：综合 + 老年 + 钙；

（6）记忆减退：综合 + IQ + 心脑；

（7）悲观、烦躁、易怒：综合 + 护肝；

（8）睡眠差：综合 + 护肝 + 老年。

【精神分裂症】

1. 病因

主要是由遗传因素导致，与社会环境有一定关系。另外还与出生时缺氧、辐射、养宠物、高龄父亲之子、分娩时缺氧、妊娠期病毒感染和服用某些药物等有一些关系。

2. 表现

①思维联想过程缺乏连贯性和逻辑性是具有特征性的表现；②思维异己体验；③情感迟钝淡漠，情感反应不能与思维内容和外界刺激产生共鸣或联系；④孤独退缩，活动减少，行动被动常与情感淡漠相伴随。

3. 调理

护肝型 6～12 粒/日；心脑型 2～4 粒/日；IQ 型 2 粒/日；酵素钙 3 片/日。

【咽炎】

1. 病因

常因受凉，过度疲劳，烟酒过度等致全身与局部抵抗力下降，病原微生物乘虚而入而引发本病。营养不良，患慢性心、肾、关节疾病，生活与工作环境不佳，经常接触高温、粉尘、有害刺激气体等皆易罹本病。

2. 表现

急性咽炎：初起时咽部干燥、灼热、继之疼痛，吞咽时加重并可放射至耳部。有时全身不适、关节酸困、头痛、食欲不振并有不同程度的发热。慢性咽炎：咽部不适，有异物感，发痒，干燥，微痛。分泌物有多有少，较黏稠，常附在咽后壁，引起刺激咳嗽。晨起常用力咯出咽部分泌物，可引起恶心、呕吐等现象。咽部慢性充血，呈深红色或暗红色或有扩张的小血管，咽弓黏膜肥厚，后壁见到颗粒状或片状淋巴滤泡，表面常附有分泌物。

3. 调理

专供粉 2 ~4 袋/日；慢性者加护肝型 4 ~6 粒/日。用法：分 6 ~10 次含咽。

【气管炎】

1. 病因

（1）吸烟。现今公认为主要因素。

（2）大气污染、化学气体，如氯、氧化氮、二氧化硫等烟雾，空气中的烟尘、汽车尾气、烹饪时的油烟，其他粉尘。

（3）感染。呼吸道感染是慢性支气管炎发病和加重的另一个重要因素。

（4）过敏因素。接触某些食物、花粉、尘螨、霉菌孢子或杀虫药等。

（5）其他。“冷空气”老年人性腺和肾上腺皮质功能衰退，营养方面缺乏维生素 C、维生素 A。

2. 表现

急性支气管炎以流鼻涕、发热、咳嗽、咳痰为主要症状并有声音嘶哑、喉痛、轻微胸骨后摩擦痛。初期痰少，呈黏性，以后变为脓性。烟尘和冷空气等刺激都能使咳嗽加重。

慢性支气管炎主要表现为长期咳嗽，特别是早晚咳嗽加重。如果继发感染则发热、怕冷、咳脓痰。

3. 调理

专供粉 2 ~4 袋/日；急性期加护肝型 6 粒/日，苦丁茶 2 袋。

【肺气肿】

1. 病因

肺气肿的发病机制至今尚未完全阐明，绝大部分肺气肿是在气管炎，慢性支气管炎的基础上逐渐加重形成的，也有少部分是由哮喘发展而来。一般认为是多种因素协同作用形成的。

（1）引起慢性支气管炎的各种因素，如感染、吸烟、大气污染、职业性粉尘和有害气体的长期吸入、过敏等，均可引起阻塞性肺气肿。

（2）弹性蛋白酶及其抑制因子失衡学说。

2. 表现

发病缓慢，多有慢性咳嗽、咳痰史。早期症状不明显或在劳累时感觉呼吸困难，随着病情发展，呼吸困难逐渐加重。慢性支气管炎在并发阻塞性肺气肿时，在原有的咳嗽、咳痰等症状的基础上出现逐渐加重的呼吸困难。当继发感染时，出现胸闷、气急，紫绀，头痛，嗜睡，神志恍惚等呼吸衰竭症状。肺气肿加重时出现桶状胸，呼吸运动减弱，呼气延长。部分患者发生并发症，如自发性气胸；肺部急性感染；慢性肺原性心脏病。

3. 调理

专供粉2～4袋/日；老年型6～9粒/日；酵素钙3片/日。

【副鼻窦炎（副鼻窦包括上颌窦、额窦、蝶窦、筛窦）】

1. 病因

副鼻窦黏膜受到细菌感染产生脓汁流入鼻腔内引起。急性鼻窦炎常由感冒而引起，而反复发作的急性鼻窦炎会导致慢性鼻窦炎。

2. 表现

流黄鼻涕、前额部肿痛、不舒适感、昏沉感、鼻塞。鼻窦炎也就是副鼻窦炎的症状，根据病程的长短急缓而有所区别，如鼻塞、流脓涕、头痛等，急性者还可以伴有发热。

3. 调理

专供粉2～3袋/日；酵素钙3片/日。专供粉用温水调擦鼻腔3～6次/日。

【白癜风】

1. 病因

西医学认为：①有明显遗传倾向，为一常染色体显性遗传；②自身免疫学说，常合并其他自身免疫疾病，如糖尿病、恶性贫血、甲状腺病等，且能在血清中查出一些自身抗体；③黑色素细胞自身坏学说：黑色素细胞被毒性物质作用破坏，引起抗体产生，造成更多细胞破坏，而成一恶性循环；④神经化学因子假说：损害常沿神经分布，有的与精神创伤有关。日常主要原因有以下几种：工业污染、农业污染、小食品及饮料、内分泌与免疫功能失调、微量元素缺乏、遗传因素。临床观察，仅少数病例与遗传有关，但不影响本病的治疗。诱发白癜风发病的因素主要的有：精神紧张，外伤，手术，长期强短波紫外线照射，各种电离辐射，某些化学物质刺激，过敏，其他皮肤病如牛皮癣等，某些内脏疾病尤其是甲状腺疾病和营养不良等等。中医称此病为“白癜”或“白驳风”。由于风邪内袭，导致气机运行不畅，气滞则血瘀，血瘀则脏腑功能失调；加之其风邪炽盛，易生寒邪，寒凝血脉，血不养肤，以上病机导致皮肤失荣、失养，终致此病。

2. 表现

①头发、脸部、躯干和四肢等部位，出现大小不等、单个或多发的不规则纯白色斑块，白色斑块面积逐渐扩大，数目增多；②白斑境界清楚，斑内毛发也呈白色，表面光滑，无鳞屑或结痂，感觉和分泌功能都正常；③白斑对日光比较敏感，稍晒即发红。

3. 调理

综合型6～9粒/日；酵素钙3片/日。

【牛皮癣（银屑病）】

1. 病因

①与遗传有关；②与感染有关；③与免疫力有非常重要的关系；④牛皮癣的发病与精神创伤、情绪紧张、外伤、饮食、搔抓皮损和不适当的外用或内服药物有关。

2. 表现

（1）初发为针头至扁豆大的炎性扁平丘疹，逐渐增大为钱币或更大淡红色浸润斑，境界清楚，上覆多层银白色鳞屑。轻轻刮除表面鳞屑，则露出一层淡红色发亮的半透明薄膜，称薄膜现象。再刮除薄膜，则出现小出血点，称点状出血现象。

（2）发展过程中，皮损形态可表现为多种形式。急性期皮损多呈点滴状，鲜红色，瘙痒较重。静止期皮损常为斑块状或地图状等。消退期皮损常呈环状、半环状。少数皮疹上的鳞屑较厚。

（3）皮损可在身体任何部位对称性发生。好发于肘、膝关节内侧和头部。少数病人指（趾）甲和黏膜亦可被侵。

（4）银屑病患者继发红皮病者称红皮病型银屑病；皮疹有少量渗液，附有湿性鳞屑或初起为小脓疱，伴有发热等症状者称为脓疱型银屑病；合并关节病变者称为关节型银屑病。

（5）本病急性发作，慢性经过，倾向复发。发病常与季节有关，有夏季增剧，秋冬自愈者；也有冬春复发，入夏减轻者。

3. 调理

专供粉 2～4 袋/日；护肝型 6 粒/日；酵素钙 3 片/日。

【脚气】①

1. 病因

本病是由皮肤癣菌（真菌或称霉菌）所引起的。足部多汗潮湿或鞋袜不通气等都可诱发本病。皮肤癣菌常通过污染的澡堂、游泳池边的地板、浴巾、公用拖鞋、洗脚盆而传染。

2. 表现

（1）糜烂型：好发于第三与第四、第四与第五趾间。初起趾间潮湿，浸渍发白或起小水疱，干涸脱屑后，剥去皮屑为湿润、潮红的糜烂面，有奇痒，易继发感染。

（2）水疱型：好发于足缘部。初起为壁厚饱满的小水疱，有的可融合成大疱，疱液透明，周围无红晕。自觉奇痒，搔抓后常因继发感染而引起丹毒、淋巴管炎等。

① “脚气病”是因维生素 B 缺乏引起的全身性疾病，而“脚气”则是由真菌（又称毒菌）感染所引起的一种常见皮肤病。

（3）角化型：好发于足跟。主要表现为皮肤粗厚而干燥，角化脱屑、瘙痒，易发生皲裂。该型无水疱及化脓，病程缓慢，多年不愈。

3. 调理

综合型4～6粒/日；洗足后用粉剂涂抹患部。

【过敏性紫癜】

1. 病因

（1）中医学认为：该病为病邪侵扰机体，损伤脉络，离经之血外溢肌肤黏膜而成。其病因以感受外邪、饮食失节、瘀血阻滞经络，脏腑失养所致。久病气虚血亏为主。

（2）西医认为：过敏性紫癜属于自身免疫性疾病，由于机体对某些过敏物质发生变态反应而引起毛细血管的通透性和脆性增高，导致皮下组织、黏膜和内脏器官出血与水肿。

（3）该病的病变范围相当广泛，可累及皮肤、关节、胃肠道、肾脏、心脏、胸膜、呼吸器官、中枢神经系统、胰腺和睾丸等。

2. 表现

（1）皮肤症状：以下肢大关节附近和臀部分批出现对称分布、大小不等的斑丘疹样紫癜为主，反复发作于四肢臀部，少数累及面和躯干部。皮损初起有皮肤瘙痒，出现小型荨麻疹、血管神经性水肿和多形性红斑。

（2）关节症状：可有单个或多发性、游走性关节肿痛或关节炎，有时局部有压痛，多发生在膝、踝、肘、腕等关节，关节腔可有渗液，但不留后遗症。

（3）消化道症状：以腹部阵发性绞痛或持续性钝痛为主，同时可伴有呕吐、呕血或便血，严重者为血水样大便。

（4）肾脏症状：一般于紫癜发生后2～4周左右出现肉眼血尿或镜下血尿、蛋白尿和管形尿，也可出现于皮疹消退后或疾病静止期。通常在数周内恢复，重症可发生肾功能减退、氮质血症和高血压脑病。少数病例出现血尿、蛋白尿或高血压，可持续2年以上。

（5）常见并发症可有肠套叠、肠梗阻、肠穿孔、出血性坏死性肠炎、颅内出血、多发性神经炎、心肌炎、急性胰腺炎、睾丸炎和肺出血等。

3. 调理

专供粉 2～4 袋/日；护肝型 6～12 粒/日；酵素钙 3 片/日。

【支气管哮喘（过敏性哮喘）】

1. 病因

（1）遗传因素：许多调查资料表明，哮喘患者亲属患病率高于群体患病率并且亲缘关系越近，患病率越高；患者病情越严重，其亲属患病率也越高。

（2）促发因素：环境因素在哮喘发病中起到重要的促发作用。相关的诱发因素较多，包括吸入性抗原（如尘螨、花粉、真菌、动物毛屑等）和各种非特异性吸入物（如二氧化硫、油漆、氨气等）；感染（如病毒、细菌、支原体或衣原体等引起的呼吸系统感染）；食物性抗原（如鱼、虾蟹、蛋类、牛奶等）；药物（如心得安、阿司匹林等）；气候变化、运动、妊娠等都可能是哮喘的诱发因素。

（3）发病机制：哮喘的发病机制不完全清楚。多数人认为，变态反应、气道慢性炎症、气道反应性增高和植物神经功能障碍等因素相互作用，共同参与哮喘的发病过程。

2. 表现

典型的支气管哮喘发作前有先兆症状如打喷嚏、流涕、咳嗽、胸闷等，如不及时处理，可因支气管阻塞加重而出现哮喘，严重者可被迫采取坐位或呈端坐呼吸，干咳或咯大量白色泡沫痰，甚至出现紫绀等。但一般可自行缓解或用平喘药物等治疗后缓解，某些患者在缓解数小时后可再次发作，甚至导致哮喘持续状态。

3. 调理

专供粉 2～4 袋；护肝型 6～12 粒/日；酵素钙 3 片/日。

【肺结核】

1. 病因

机体免疫力低下，结核菌通过呼吸道进入人体肺部，滋长繁殖而患病。

2. 表现

全身毒性表现为午后低热、乏力、食欲减退，体重减轻、盗汗等。当肺部病菌急剧进展播散时，可有高热，妇女可有月经失调或闭经。呼吸系统表现为：干咳或只有少量黏液。伴继发其他病菌感染时，痰呈黏液性或脓性。较重的病人有不同程度的咯血。当炎症波及壁层胸膜时，相应胸壁有刺痛，一般并不剧烈，随呼吸和咳嗽而加重。慢性重症肺结核，呼吸功能减慢，出现呼吸困难。

3. 调理

专供粉 2～6 袋/日；护肝型 6～12 粒/日。

【痴呆症】

1. 病因

（1）脑变性疾病：脑变性疾病引起的痴呆有许多种，最为多见的是阿尔茨海默病性痴呆，在老年前期发病的又叫做早老性痴呆。其发病缓慢，为逐渐进展的进行性痴呆。除此之外，还有皮克病、廷顿舞蹈病性痴呆、进行性核上性麻痹、帕金森病性痴呆等等。后面的这些痴呆都比较少见。

（2）脑血管病：最常见的有多发性脑梗死性痴呆，是由于一系列多次的轻微脑缺血发作，多次积累造成脑实质性梗死所引起。此外，还有皮质下血管性痴呆、急性发作性脑血管性痴呆，可以在一系列脑出血、脑栓塞引起的脑卒中之后迅速发展成痴呆，少数也可由一次大面积的脑梗死引起。总之，脑血管病也是老年痴呆较为常见的病因。

（3）遗传因素。

（4）内分泌疾患：如甲状腺功能低下症和副甲状腺功能低下症都可能引起痴呆。

（5）营养与代谢障碍：由于营养与代谢障碍造成了脑组织及其功能受损而导致痴呆。如各种脏器引起的脑病，像肾性脑病，是慢性肾功能衰竭、尿毒症引起脑的缺血、缺氧，可以导致痴呆；其他如肝性脑病、肺性脑病等都可导致痴呆。营养严重缺乏，如维生素 B_1、维生素 B_{12}以及烟酸、叶酸缺乏症均可导致痴呆。糖尿病及高脂血症都可引起大、中动脉血管发生动脉粥样硬化，小血管及微血管基底膜增厚，可引起脑梗死及脑出血，导致血管性痴呆。

（6）肿瘤：恶性肿瘤引起代谢紊乱可导致痴呆，脑肿瘤也可直接损伤脑组织导致痴呆。

（7）药物及其他物质中毒：酗酒、慢性酒精中毒者引起的老年痴呆并不少见，长期接触铝、汞、金、银、砷及铅等，引起慢性中毒后可以导致痴呆。一氧化碳中毒也是常见的导致急性痴呆的原因之一。

（8）艾滋病：艾滋病是导致老年痴呆的原因之一。

（9）梅毒：梅毒螺旋体可以侵犯大脑，引起痴呆。

（10）其他：脑外伤、癫痫的持续发作和正常压力脑积水等原因均可引起老年痴呆。此外，老年人长期情绪抑郁、离群独居、丧偶、文盲、低语言水平、缺乏体力及脑力锻炼等，也可加快脑衰老的进程，诱发老年痴呆。

2. 表现

早期多表现为敏感多疑，狭隘自私，主观固执，不顾他人，注意力不集中，做事草率马虎，墨守成规，难于熟悉新的工作。有时性格暴躁，情绪不稳，也有的行为幼稚，好似顽童。渐渐生活懒散，不爱整洁，不修边幅，食欲减退或饮食无度，白天睡眠，晚上失眠，呈睡眠倒错。由于患者年迈，常不引人注意，以后逐步出现明显的智能减退，记忆障碍，其中最明显的为近事遗忘，后对远事亦遗忘，严重时忘记了自己的姓名、住址，不认自己的子女，常有虚构。逐渐定向力、理解力和判断力均发生障碍。情绪迟钝或易激惹，缺乏羞耻感，或出现幼稚性欣快。少数患者出现兴奋或有片断荒谬的妄想与幻觉。妄想多为被害、自责、疑病、被盗、贫穷或夸大妄想。痴呆进一步发展，幻觉妄想消失，生活不能自理，大小便失去控制，多死于继发性感染（褥疮、肺炎）和衰竭。

3. 调理

老年型6～12粒/日；心脑型4～6/日；IQ型2～4粒/日；酵素钙3片/日。

【贫血】

1. 病因

（1）红细胞生成减少：如铁、叶酸或维生素B_{12}缺乏引起的营养不良性贫血；造血机能不足或异常引起的再生障碍性贫血；MDS、甲状腺功能低下性贫血、肾性贫血、肿瘤侵袭之骨髓病性贫血等。

（2）红细胞破坏过多的溶血性贫血。

（3）红细胞丢失过多的失血性贫血等。

2. 表现

一般表现：皮肤苍白，面色无华，指甲、手掌及唇黏膜和睑结膜色淡，疲倦乏力，头晕耳鸣，记忆力减退，注意力不集中，严重时可有低热。

（1）呼吸系统：稍事活动或情绪激动即发生呼吸急促。

（2）循环系统：轻度贫血时，循环系统变化不大。中度贫血时，表现为心动过速。

（3）消化系统：食欲不振，恶心，呕吐，腹胀，腹泻。部分病人有明显的舌炎。

（4）泌尿生殖系统：多尿，蛋白尿，女性有月经失调甚至闭经现象。

3. 调理

胃肠型6～12粒/日；综合型6～12粒/日。

【痔疮】

1. 病因

（1）与人类肛门的解剖结构有关：人体直立直肠静脉回流不畅。爬行类动物不患痔疮

（2）与排便习惯有关：便无定时、如厕过久均能诱发痔疮。

（3）与饮食起居有关：嗜食辛辣刺激食物，如食胡椒、辣椒、生葱、生蒜，大量饮酒，均可使直肠肛门黏膜受到刺激，局部充血，

诱发痔疮。此外，嗜食肥甘厚味，饮食过细过精，食物中粗纤维含量少，致使大便少或困难，久之均可诱发痔疮。

（4）与感染有关：痢疾、肠道感染、寄生虫、肛瘘及肛门围周炎等，均可引起肛门直肠静脉充血、炎症，使静脉团扩张，形成痔疮。

（5）与工作性质有关：久坐办公室者，妊娠妇女，田径运动员及重体力劳动者，都是痔疮病的高发人群，无论久坐久行，都可致肛门直肠部位静脉淤积、扩张、迂曲，发生痔疮。

2. 表现

（1）便血：无痛性、间歇性和便后有鲜红色血是其特点，也是内痔或混合痔早期常见的症状。便血多因粪便擦破黏膜或排粪用力过猛，引起扩张血管破裂出血，轻者多为大便或便纸上带血，继而滴血；重者为喷射状出血。便血数日后常可自行停止。这对诊断有重要意义。便秘、粪便干硬、饮酒和食刺激性食物等都是出血的诱因，若长期反复出血，可出现贫血。

（2）痔块脱垂：常是晚期症状。多先有便血后有脱垂，因晚期痔体增大，逐渐与肌层分离，排粪时被推出肛门外。轻者只在大便时脱垂，便后可自行回复；重者需用手推回；更严重者是稍加腹压即脱出肛外，如咳嗽、行走等腹压稍增时，痔块就能脱出，回复困难，无法参加劳动。有少数病人诉述脱垂是首发症状。

（3）疼痛：单纯性内痔无疼痛，少数有坠胀感。当内痔或混合痔脱出嵌顿，出现水肿、感染、坏死时，则有不同程度的疼痛。

（4）瘙痒：晚期内痔，痔块脱垂与肛管括约肌松弛，常有分泌物流出。由于分泌物刺激，肛门周围往往有瘙痒不适，甚至出现皮肤湿疹。

3. 调理

胃肠型 6 ~ 9 粒/日；心脑型 4 粒/日。

【肾炎】

1. 病因

（1）原发性：发病原因不明，前驱可有链球菌感染史或胃肠道、呼吸道感染的表现。

（2）继发性：可继发于以下几种情况。

①继发于其他原发性肾小球疾病，如膜增生性肾炎，膜性肾病等；②继发于感染性疾病，如感染性心内膜炎、链球菌感染后肾炎、隐匿性脏器细菌性病灶、乙型肝炎与流行性感冒等；③继发于其他系统疾病，如系统性红斑狼疮、全身性血管炎、肺出血——肾炎综合征、过敏性紫癜、自发性球蛋白败血症和恶性肿瘤以及复发性多发性软骨炎等。

2. 表现

（1）急性肾炎的症状：起病时症状轻重不一，除水肿、血尿之外，成人常伴神疲乏力、食欲减退、腰痛、尿频、头晕和视物模糊等症状，部分病人可存在前驱感染，如咽痛、身热和皮肤溃疡等症状。小儿常见头痛、恶心呕吐、心悸气急，甚至抽搐。轻者可毫无症状，仅尿常规略有改变。

（2）蛋白尿：急性肾炎病人几乎均出现蛋白尿，表现为尿中泡沫增多，通常随病变轻重程度而增减，蛋白尿较其他症状消失慢，水肿消失后，蛋白尿仍可持续 1 ~2 个月，甚至更久才会逐渐消退。

（3）高血压：如持续升高不下，有成为慢性肾炎的可能。慢性肾炎病人的主要临床表现有水肿、高血压和尿异常，三者可以同时并见，也可以单一或相兼出现。

3. 调理

急性期专供粉 4 ~6 袋/日；护肝型 6 ~12 粒/日。慢性肾炎专供粉 2 ~4 袋/日；护肝型 6 ~9 粒/日。

【性功能低下】

1. 病因

长期在适当刺激下不引起性欲者，称为无性欲、性欲低下的原因较多。随着年龄增长，40 岁以后常感性欲、性频度、阴茎勃起坚硬程度与以前相比略减低，到 50 ~60 岁更趋明显。这种随年龄增加而性欲逐步减退的现象，不能认为是病态。身体患有全身性疾病，营养状况不良，体质虚弱，性欲也冷淡；大脑皮层功能紊乱，对性兴奋性的抑制加强，在抑制强烈时对性功能的整个过程都会发生影响；精神心理状态的紊乱，也可导致性欲低下；内分泌功能障碍，如睾丸酮水平低下、甲状腺功能低下、胰腺功能低下，可使原来的有效刺激不能对性器官和性反射产生足够的性兴奋，引起性功能障碍；男性生殖系疾病如包茎、小阴茎、巨大腹股沟疝，常使性交困难或无法性交，日久也引起性欲低下；有些药如乙醇、抗高血压药等也可引起性欲低下。

2. 表现

性欲障碍：性欲低下、无性欲、性厌恶、性欲倒错等。勃起障碍、阳痿射精障碍：早泄（主要指未交即泄）、不射精、逆行射精、射精痛等。

3. 调理

综合型 6 ~ 9 粒/日；心脑型 2 ~ 4 粒/日；酵素钙 3 片/日。

【牙周炎】

1. 病因

由于局部的菌斑、牙垢、牙石、食物嵌塞不良修复体和智齿阻生等所致。部分可由全身系统性疾病所引起，如机体防御机能缺陷、内分泌失调、营养不良（如缺乏维生素）和结核肾病遗传等。

2. 表现

（1）龈炎主要表现为牙龈与龈乳头变圆纯，光亮点消失，龈质粉软脆弱缺乏弹性，龈探诊易出血局部有牙垢或牙结石存在。

（2）牙周炎除龈炎的表现外，还有牙周袋形成，牙周袋内可有脓液溢出，牙齿不同程度松动。

3. 调理

专供粉 2 ~ 4 袋/日，分数次含化。

【股骨头坏死】

1. 病因

①创伤导致股骨头坏死；②药物导致股骨头坏死：长期服用激素类药物；③酒精刺激导致股骨头坏死；④风、寒、湿导致股骨头坏死；⑤肝肾亏虚导致股骨头坏死；⑥骨质疏松导致骨坏死；⑦扁平髋

导致骨坏死；⑧骨髓异常增生导致骨坏死；⑨骨结核合并骨坏死；⑩手术后骨坏死。此外，还有气压性、放射性、血液病性和血管疾病等都可以导致股骨头坏死。

2. 表现

病程缓慢：早期无明显临床症状，而是感到有疼痛症状后拍X射线片才能发现。活动受限即表现为向某一方向活动障碍，特别是内旋，这是一个重要的体征。跛行，导致跛行的原因有三个：一是疼痛跛行，由于早期患者股骨头内压增高，髋关节周围疼痛，有间歇性跛行，即痛性跛行。二是中晚期患者，因股骨头塌陷、股骨颈短缩，患肢变短而跛行，可持续性跛行。三是骨盆倾斜跛行，一侧股骨头坏死时，由于走路时身体重心移向健侧，时间一长逐渐就会导致骨盆倾斜，造成患者侧肢体缩短。倾斜的骨盆是可以通过骨盆操锻炼完全可以纠正。

3. 调理

专供粉2～4袋/日；心脑型2～4粒/日；酵素钙3片/日。

【甲状腺功能亢进】

1. 病因

甲亢有许多类型，其中最为常见的是毒性弥漫性甲状腺肿病。毒性弥漫性甲状腺肿的发病与遗传和自身免疫等因素有关，但是否出现甲亢的症状还和一些诱发因素（环境因素）有关。如果避免这些诱发因素有可能不出现甲亢症状，或延迟出现甲亢症状，或减轻甲亢的症状。

2. 表现

甲亢是全身性疾病，全身各个系统均可有异常。以毒性弥漫性甲状腺肿为例，特征性的临床表现有：①代谢增加和交感神经高度兴奋的表现。病人常有多食、易饿、消瘦、无力、怕热、多汗、皮肤潮湿，也可有发热、腹泻、容易激动、好动、失眠、心跳增快，严重时心律不规则，心脏增大，甚至心功能衰竭。②甲状腺为程度不等的弥漫性对称肿大。肿大程度与病情不一定平行，由于腺体中血管扩张和血流加快，在肿大的甲状腺上可听到杂音，或可以摸到如猫喘一样的颤动。③眼部改变。由于交感神经过度兴奋，可表现眼裂变大、眼睑后缩、眨眼减少，呈现凝视状态或惊吓表情。有的病人由于眼部肌肉受侵犯，眼球活动受限制，产生视物成双的复视现象或眼结膜、角膜水肿，也可破溃。病人常有眼球突出。眼部病变严重的可有视神经乳头和（或）视网膜水肿、出血，视神经受到损害可引起视力减退，甚至失明。

3. 调理

专供粉 2 袋/日；护肝型 6 粒/日；酵素钙 3 片/日。

【面神经炎】

1. 病因

由于受到风寒的刺激，局部营养神经的血管发生痉挛，导致该神经组织缺血、水肿，使神经受到压迫；或是发生感染性炎症肿胀，压迫神经，导致血循环障碍，影响神经功能，而发生面神经麻痹。病理变化早期主要为面神经水肿，髓鞘或轴突有不同程度的变性。

2. 表现

主要表现为一侧面部所有表情肌瘫痪。额纹消失，不能闭眼、皱额、蹙眉，眼闭合不全，眼有露白，患侧鼻唇沟变浅，口角下垂，嘴歪向下侧。耳后可有自发性疼痛与压痛，还可出现舌前 2/3 味觉障碍、听觉过敏、外耳道疼痛或感觉迟钝及疱疹等。

3. 调理

综合型 6 ~ 9 粒/日；酵素钙 3 片/日。

【强直性脊柱炎（AS）】

1. 病因

（1）遗传：遗传因素在强直性脊柱炎的发病中具有重要作用。

（2）感染：近年来研究提示强直性脊柱炎发病率可能与感染相关。

（3）自身免疫：有人发现 60% 强直性脊柱炎病人血清补体增高，大部分病例有 IgA 型类湿因子、血清 C4 和 IgA 水平显著增高，血清中有循环免疫复合物（CIC），但抗原性质未确定。以上现象提示免疫机制参与该病的发病。

（4）其他：创伤，内分泌，代谢障碍和变态反应等亦被疑为发病因素。总之，目前该病病因未明，尚无一种学说能完满解释强直性脊柱炎的全部表现，很可能在遗传因素的基础上，受环境因素（包括感染）等多方面的影响而致病。

2. 表现

（1）背部或腰骶疼痛，下腰痛和脊柱僵硬；有时牵涉至臀部。也可以疼痛很严重，集中在骶髂关节附近，放射至髂嵴、股骨大转子与股后部，一开始疼痛或为双侧或为单侧，但几个月后都变为双侧性并出现下腰部僵硬。

（2）早晨起床腰脊发僵、活动不利，称之晨僵；晨僵是极常见的症状，可以持续时间长达数小时之久。病人由于僵硬与疼痛，起床十分困难，只能向侧方翻身，滚下床沿才能起立。

（3）上升性疼痛，即自骶部向上蔓延疼痛。

（4）游走性胸痛；病变继续发展便会出现胸椎后凸与颈椎发病。此时诊断比较容易。病员靠壁站立，他的枕部无法触及墙壁，严重时可有重度驼背畸形，病员双目无法平视，他只能靠屈曲髋与膝才能得以代偿。至于颈部表现，一般发病较迟；也有只限于发展至胸段便不再向上延伸的。少数病员早期即发生颈部症状并迅速强直于屈颈位。

（5）足跟痛。

（6）非对称性外周（肢体）关节炎。

（7）脊柱活动受限，甚至部分僵直。

（8）疲乏、短气、乏力、有厌食、低热、体重下降和轻度贫血等全身性症状。

（9）视力减退或有虹膜炎。可有急性葡萄膜炎，发生率可高达25%。

3. 调理

专供粉2～4袋/日；护肝型4～6粒/日；酵素钙3片/日。

第四章　微生物酵素的美容功效

第一节　皮肤护理基础知识

皮肤是人体健康的第一道防线，作为人体最大的器官，皮肤覆盖在人体表面，成年人的皮肤表面积达到1.5～2.0m^2，质量大约达到体重的5%。皮肤由表皮、真皮和皮下组织三个部分组成。皮肤厚度依年龄、性别、部位的不同而不同。一般来讲，男人皮肤比女人厚，老年人皮肤比年轻人厚，眼睑处皮肤最薄，手掌与足根等部位皮肤最厚。

皮肤不仅是人体内部器官和组织的保护者，而且它担负着调节体温、吸收、分泌和排泄以及感受、代谢、免疫等生理功能。保护和修饰皮肤是化妆品最主要的功能，尤其是洁肤化妆品，其功效发挥与皮肤的新陈代谢密切相关。因此，在论述洁肤化妆品的内容之前，有必要对皮肤的基本生理功能进行介绍。

一、皮肤的渗透和吸收作用

皮肤是人体的天然屏障和净化器。一方面，皮肤对机体具有各个方面的保护作用；另一方面，皮肤具有一定的渗透能力和吸收作用。有些物质可以通过表皮渗透入真皮，被真皮吸收，影响全身。

外界物质对皮肤的渗透是皮肤吸收小分子物质的主要渠道，主要通过三种途径进行：角质层、毛囊皮脂腺和汗管口。角质层是皮肤吸收的最重要的途径，其物理性质相当稳定，在皮肤表面形成一个完整的半通透膜，在一定条件下水分可以自由通过，通过细胞膜进入细胞内。研究表明，还有少数重金属及其化学物质是通过毛囊皮脂腺和汗腺管侧壁弥散到真皮中去的。一般说来，人体皮肤可以接触到的各类物质，通常是很难直接透过正常表皮被皮肤吸收的。物质进入皮肤的可能途径通常有以下几种：软化角质层，经角质层细胞膜渗透进入角质层细胞，继而可能再透过表皮进入真皮层；少量大分子和不易透过的水溶性物质，可以通过皮肤毛囊，经皮脂腺和毛囊管壁进入皮肤深层真皮内，再由真皮向四处扩散；某些超细的分子物质经过角质层细胞间隙渗透进入真皮。

由此可见，角质层是影响皮肤渗透吸收最重要的部位，角质层的生物学特征直接关系到皮肤的吸收性能。身体不同部位皮肤角质层的厚度不一样，直接影响皮肤的吸收程度。如掌趾部位角质层较厚，吸收作用弱；而黏膜组织无角质层，则吸收作用较强；软化的皮肤可以增加渗透吸收，这是因为角质层可以吸收较多的水分，因此包敷的方法可以增加渗透吸收，减少汗液蒸发，增加皮肤水分，提高皮肤的吸收作用；婴幼儿和儿童皮肤的角质层较薄，吸收作用比成人强。

皮肤的渗透和吸收作用是一个非常复杂的生理过程，受很多因素的影响。动物脂肪，酸类化合物和激素等，比较容易被皮肤吸收；植物油较动物油难被吸收；矿物油、水和固体物质不易被吸收；而气体则可以进入皮肤内部；特别是有些物质浓度高时反而吸收减少，如酸类物质浓度大时，会和皮肤蛋白结合形成薄膜，阻止皮肤吸收。

研究证实皮肤表皮角质层可以吸收较多的水分，特别在皮肤被水浸润后或采用包敷的办法，多会使皮肤的水分增加，提高皮肤的吸收作用；受损伤或有病变的皮肤吸收较多，如皮肤充血损害处吸收较多，湿疹等皮肤病会增多吸收；不同基质影响皮肤吸收如粉剂、水溶液和悬浮体系的吸收一般较差；软膏可以浸软皮肤、组织水分挥发，因而能够增大吸收；有机溶剂由于对皮肤渗透性强，也可以增加吸收。

二、皮肤的主要代谢作用

作为人体整个机体的组成部分，皮肤和其他器官一样，基础代谢活动是必不可少的，如糖、脂肪、水、电解质和蛋白质的代谢。同时，调节人体代谢的方式，如神经调节、内分泌调节和酶系统调节等，同样也在调节皮肤的代谢活动中发挥着积极作用。皮肤的主要代谢包括糖、脂肪、水、电解质和蛋白质的代谢等。

（一）水分的代谢

皮肤的含水量大约占人体含水量的18%～20%左右，其中75%的水分在细胞之外，主要存在于皮肤的真皮中，成为皮肤各种生理作用的主要内环境，同时对整体的水分起到一定的调节作用。当人体急性脱水时，皮肤可以提供其总水分的5%～7%来补充血液循环中的水分需求。当体内水分增多时，皮肤水分也随之增多，表现为皮肤水肿。皮肤、肾、肺和肠是人体排泄水分的主要途径。皮肤自身的排水总量可以达到300～420g/24h，比肺的排水量高出大约50%。在常温情况下，经皮肤通过非可见汗液形态的水分排泄，占皮肤总水分排泄量的5%，其余的水分经表皮角质层排出体外。

（二）电解质的代谢

电解质主要存在于皮肤的皮下组织中，皮肤也是人体电解质的重要贮存部位之一。氯化钠是皮肤中含量最多的无机盐，能维持水的渗透压与酸碱平衡。电解质的代谢主要是经过肾脏和汗液，出汗多时，每24小时可以排出20～40g电解质。钾、镁和磷存在于皮肤细胞中，钾可以调节细胞内渗透压和酸碱平衡，镁可以激活一些酶的活性，同时具有抑制兴奋的作用，而磷则是多种代谢物质和酶的重要成分，可以参与能量的储存和转换。

铜在皮肤中的含量很高，是酪氨酸酶的成分之一，在皮肤黑色素的形成过程中具有很重要的作用，与角质层的形成也存在一定的关系。硫在皮肤中的含量也较多，分布在表皮和指甲角质蛋白中。

（三）糖的代谢

皮肤中糖的代谢是以糖原、葡萄糖和黏多糖三种形式进行的。

糖原分布在皮肤表皮的颗粒层，在皮肤皮脂腺边缘细胞内和汗管的基底细胞中也存在较多的糖原含量。然而，当皮脂腺细胞成熟和汗腺分泌细胞活动增加时，糖原含量减少。

葡萄糖在皮肤中的含量大约为60～80mg/kg（体重），分布在各个皮肤层次中，皮肤中的葡萄糖经过无氧酵解的作用变成乳酸，这种变化多发生在皮肤的表皮层中，为皮肤表面维持一定的酸度。皮肤糖含量增加（如糖尿病患者）会有利于细菌和真菌的繁殖，易于发生皮肤感染。

黏多糖存在于真皮中，是真皮基质的主要部分。黏多糖中的透明质酸多以自由状态存在，是一种不定形的胶体物质，又有很强的黏性，可以黏附在细胞上，保存水分，使皮肤具有一定的弹性与韧性。

（四）脂肪的代谢

存在于皮肤表皮细胞中的脂肪类物质，包括胆固醇和磷脂类化合物。胆固醇多以游离胆固醇的形式存在。皮肤中的磷脂类物质对细胞膜的胶体状态和通透性有着重要意义。胆固醇中的7-去氢胆固醇是维生素 D 的前体，在受到紫外线照射时，会转变为具有活性的维生素 D。在真皮和皮下组织中，存在着中性脂肪。未成熟的皮脂腺细胞中主要含有磷脂成分，当腺体细胞成熟后，其中的脂肪成分转变为不饱和甘油酯。儿童皮肤表面的脂质膜内，含有较高含量来自于表皮细胞的胆固醇。而成人皮肤表面脂质膜中的脂质成分则主要来自皮脂，其次来自表皮细胞。

（五）蛋白质的代谢

皮肤的蛋白质可以分为三个种类：即纤维性蛋白、非纤维性蛋白和球蛋白。纤维性蛋白又可以被分为张力微丝、角蛋白、网状纤维、胶原蛋白和弹性蛋白。球蛋白是细胞核内核蛋白的主要成分，皮肤的角质形成细胞从基底细胞开始，向表皮层分化迁移，随着细胞结构的逐渐崩解和消失，其含有的蛋白质也随之更迭，达到颗粒层时出现透明角质，达透明层时变成为半液体状基质，达到角质层时变为角蛋白。在皮肤中还存在着多种氨基酸类物质，表皮内主要含有酪氨酸、胱氨酸、色氨酸和组氨酸。真皮中则主要含有羟辅氨酸、辅氨酸、丙氨酸和苯丙氨酸等物质。

三、皮肤的分泌和排泄作用

皮肤还具有分泌和排泄功能，主要通过汗腺和皮脂腺进行。汗是汗腺的排泄物，而皮脂则是皮脂腺的分泌物。

（一）汗液的分泌

汗液主要是由小汗腺分泌的，小汗腺分布于全身，近 200 万个。

汗液分泌量的多少会影响汗液的成分。小汗腺的汗液中含有99.0%～99.5%的水，0.5%～1.0%的无机盐与有机物质。无机盐主要为氯化钠，其他还包括氯、钠、钾、钙、磷、镁、铁、碘、铜和锰等元素。汗液中的有机成分包括氮元素，诸如尿素氮、肌酸氮、氨基酸氮、肌酸酐等；还有葡萄糖、乳酸和丙酮酸等。皮肤中的大汗腺分泌物是由细胞破碎物组成，是一种带有荧光的奶状蛋白液体，还含有细胞碎屑。其中由于含有脂褐素，颗粒呈现黄色、褐色和棕色。如果不被细菌感染，汗液应该没有气味，排出皮肤表面即会快速干燥。但由于细菌感染会产生汗臭味。

（二）皮脂的分泌

皮脂主要是通过皮脂腺分泌产生，成为覆盖皮肤和头皮的脂质。人体皮脂的组成（以质量分数计算）包括，角鲨烯（12%～14%）、胆甾醇（2%）、腊脂（26%）、甾醇脂（3%）和甘油三酯（50%～60%）等。不同部位的皮肤其皮脂分泌的量略有差异。其中小部分皮脂是表皮细胞在角化过程中角质层细胞供给的角质脂肪。分泌的皮脂存积在腺体内，增加了排泄管内的压力，最后使其从皮肤的毛囊口排出。皮脂腺细胞由发展、成熟和分裂三个阶段组成。而皮脂腺的活动受到年龄和性别的影响。青春期性腺和肾上腺产生的雄激素会刺激皮脂腺增大，皮脂的形成增多，进入青春期后会趋于稳定。然而到老年时，会有所下降。对于女性来讲，其月经停经后的皮脂分泌显著减少。

四、皮肤护理基础知识

（一）影响皮肤的因素

1. 年龄

皮肤的状态与年龄是紧密相关的，根据皮肤特点，可将人的皮肤分为青春前期、青春期、中年期和老年期4个阶段。

（1）青春前期皮肤的特点：皮肤光洁，含水量大、皮脂分泌适中、毛孔细密、红润而富有弹性。此时的皮肤最为娇嫩，护理不当，常常出现吹风癣、面部干性脂溢性皮炎和颜面再生红斑。

（2）青春期皮肤的特点：皮肤油腻，毛孔粗大，易生暗疮、粉刺，易患脂溢性皮炎。此时期应特别注意面部皮肤清洁防护，出现皮肤病应及时治疗。

（3）中年期皮肤的特点：皮肤含水量相对减少，含油量因人而异，易出现皱纹、蝴蝶斑。此阶段是一生中皮肤保健最关键的时期，如护理不当，则会迅速衰老。

（4）老年期皮肤的特点：皮肤含油、含水量均不足，皮肤失去弹性，干燥瘙痒。

总之，随着年龄的增长，面部皮肤总会出现一系列变化，只要因时制宜，有选择地进行皮肤防护，就能适当延缓皮肤老化。

2. 性别

男人和女人不但在性格、气质上有差异，而且在身体、外貌上也不同。受性别的影响，皮肤也存在着很大差别。这些差异，决定了男子皮肤的粗旷美和女子皮肤的娇艳美。一般讲，男子皮肤厚度大，血管丰富，色素较深，毛孔粗大，毛发致密，皮下脂肪较薄，皮脂腺分泌旺盛；女子皮肤相对厚度小，色素浅，毛发较细，皮下脂肪较厚，皮脂腺分泌较少。这些特点决定了男子面部常显油腻、易脏，女子面部白净、易干燥；男子皮肤衰老缓慢，女子皮肤易于老化；男子易患痤疮、脂溢性皮炎、酒渣鼻等皮肤病，女子易患蝴蝶斑、雀斑、眼睑黄瘤等皮肤病。

3. 季节

春天，万物复苏，百花盛开，和煦的春风，温暖的阳光给大地带来一片生机。皮肤的毛孔开始疏泄，新陈代谢逐渐加快，皮肤显得舒展有生气。但是，春季里空气中漂浮大量的花粉，常会引起接触性皮炎，荨麻疹等过敏性疾病，因而有过敏史的人应特别注意花粉过敏。春季还要避免过度的日光照射，春天日光中的紫外线更容易引起皮肤过敏，发生光照性皮炎。因此，在春季要注意对春风和紫外线的防护。

夏季，烈日炎炎，汗孔开泄，皮肤血流加快，面部皮肤易于充血。由于暑热，汗孔堵塞，常发生痱子、夏季皮炎等皮肤损害。同时夏季由于日光曝晒常可诱发黄褐斑、雀斑、红斑狼疮等皮肤病，故夏季应特别注意皮肤的防护。

秋季，秋风燥烈，毛孔、汗腺收敛，皮肤逐渐显得干燥，甚至出现脱屑、皲裂等损害。在秋季应注意皮肤的营养，以防干燥。

冬季，天寒地冻，毛孔、汗腺闭塞，皮肤血流缓慢，新陈代谢较慢，皮肤常发生冻疮、寒冷性多形红斑等皮肤病，所以在冬季要注意皮肤的保暖。

4. 化学品

家用化学品包括化妆品、洗涤剂和卫生清洁剂等。随着人们物质生活水平的日益提高，家用化学品逐步成为现代家庭中不可缺少的物质，但需注意正确使用。化妆品直接施于人的表皮上，对皮肤的影响最直接，如果使用不当，就会对皮肤产生刺激，造成过敏，引起化妆品皮炎。化妆品引起皮肤病变的主要原因有：

（1）化妆品质量差。所用的劣质油质、染料或香精对皮肤具有直接的刺激作用。

（2）光感作用。某些口红、唇膏中含光敏物质，能提高皮肤对紫外线的敏感性。

（3）金属的作用。粉剂或软膏中含有多种金属，如汞、铅、铁、铬等，它们能引起皮肤色素沉着，汞呈棕色或暗灰色，铁呈棕色，铬呈绿色。

（4）颜料的作用。化妆品中的颜料引起皮肤过敏。

（5）化妆品变质。如油脂酸、细菌污染都可以对皮肤产生刺激作用。

（6）用法不当。化妆品的选型不适合自己的皮肤，涂得太厚会影响汗液、皮脂的分泌与排泄。

因此，化妆品的选择应该非常慎重，除了应选择高品质的外，还必须针对自身皮肤的状况、季节和温度的变化来挑选。对于起美化作用的美容制品，则更应选择高品质、高品位产品。

家用洗涤剂中常用的有肥皂、液体洗涤剂、加酶或不加酶制剂的洗衣粉、柔软剂、卫生间清洗剂等等，长期反复接触这些洗涤剂可引起接触性皮炎，发生红肿、脱皮等症状。特别是婴幼儿接触这些物质，会引起过敏而出疹。这些化学品在使用后不易彻底冲洗干净，残余量会沉积在织物中，长期如此对皮肤会有影响，因此此类产品的正确使用应该引起足够的重视。

（二）皮肤护理的要素

与人体相关的蛋白质、脂肪、糖、维生素、微量元素、纤维素和激素等都是维持皮肤健美的要素，只有了解这些物质在皮肤健美中所起的作用和缺乏时的表现，进行合理摄取与及时补充，才能使皮肤得以滋润与营养。

1. 维生素

维生素是美化皮肤不可缺少的营养物质，经常补充维生素可以改善皮肤营养状况，延缓皮肤衰老。缺乏维生素则可以引起皮肤粗糙，甚至出现皮肤病。

维生素 A 可以促进各种腺体分泌（包括汗腺、皮脂腺）并能加速皮脂表面细胞的正常角化过程。一般蔬菜、水果中富含维生素 A，牛奶、蛋、动物肝脏、鱼肝油等也含有丰富的维生素 A。缺乏维生素 A，皮肤就会出现干燥和粗糙，发生圆锥形毛囊角性丘疹、夜盲、角膜干燥和角膜软化。

缺乏维生素 B，容易患脚气病，下肢浮肿。维生素 B_2 是参与构成各种黄酶的辅酶并能发挥生物氧化过程中的递氢作用，与糖、脂肪和蛋白质的生物氧化有密切关系，是维持健康的必需物质。人体缺乏维生素 B_2，可引起严重的皮肤病，表现为口角炎，舌炎，囊炎，面部中央，鼻，鼻颊沟，咽，耳周和内外眦有淡红斑或糠状鳞屑，类似脂溢性皮炎。

烟酸称类维生素又称维生素 PP，是 B 族维生素的一种。它参与组织氧化还原过程，有促进细胞新陈代谢的机能。烟酸缺乏症可引起皮肤病变，表现为曝晒后裸露部位出现鲜红或紫红色斑。其界限清晰，略高起，伴有瘙痒或灼热感，酷似晒斑，以后皮肤逐渐变粗糙，有脱屑并形成皲裂和毛囊角化，双颊色素沉着，呈蝴蝶样分布。

维生素 C 与皮肤健美关系十分密切，它能调节皮肤血管通透性，加强皮肤营养，可以使皮肤色素沉淀减轻，消除皮肤的斑点，使肤色洁白，还能使齿龈强健。如果人体长期缺乏维生素 C，可引起坏血病，表现为倦怠，食欲不振，烦燥或精神抑郁，皮肤上出现毛囊角化，齿龈炎和广泛性出血等症状。

维生素 E 又称生育酚，它最大的功能是促进人体的荷尔蒙分泌，增强肌肉的细胞活力并能促进维生素 A、C 的吸收。如果维生素 E 摄入量不足，会使人早衰，容艳憔悴，失去青春活力。

2. 纤维素

植物中的纤维物质是新近被认识的皮肤保健所必需的物质，它不但参与消化运动，而且与美容有密切关系。

纤维素和果胶可以使胃肠蠕动加快，使废弃物质与胃肠道大量饱和脂肪酸很快地排出体外，减少肠壁对毒性物质的吸收。由于纤维素的解毒作用，使皮肤获得了纯粹的营养，减少了暗疮、粉刺和黑斑的发病机会。

近年来，有人把纤维素称为新的维生素，由于人们饮食越来越讲究精美，喜食肥、甘、厚味者多，缺乏粗茶淡饭中含有的大量纤维素，胃肠功能阻滞，肠内废物积聚，自然会出现高血脂、高胆固醇等情况，反映到皮肤上，就会出现脂溢性皮炎、眼睑黄瘤和脂质沉着症等皮肤病。

由此可见，不要忽视纤维素在皮肤保健中的作用，大便秘结常是皮肤瘙痒症的诱发原因之一，通便有利于防止皮肤瘙痒症的发生。

3. 微量元素

人体各种组织、器官是由各种不同的细胞构成，而构成细胞的基本物质是各种元素。生物体中元素含量超过 0.005% 的称为常量元素（包括碳、氧、氢、氮、钙、磷、镁、硫、钾、钠、氯等）占人体重的 99.9% 以上；含量不足 0.005% 的称微量元素，它们对人体都有十分重要的作用，如果缺乏，正常的生命活动将无法维持。各种微量元素中与皮肤关系最密切的是锌和铜。

（1）锌与皮肤：正常人体中锌含量约为体重的 0.004%，主要存在于皮肤中，占总量的 20%；其次是在骨骼、精液、毛发及其他器官和血液中含量较高。锌在体内参与 20 种以上的酶活动，是酶的组成成分或活化剂，如碱性磷酸酶、碳酸酐酶、乳酸脱氢酶、谷氨酸脱氢酶、核糖核酸聚合酶和脱氧核糖核酸聚合酶等。锌还参与糖和脂肪的代谢。锌的缺乏可以产生严重的皮肤病，青年最常见的痤疮与锌有关。青春期机体对锌的需要量增加，如果缺乏锌，可以导致维生素 A 运转蛋白的合成或释放障碍，致使血液中维生素 A 水平降低，从而影响皮肤表皮的正常分化，使毛囊化过度，皮脂排泄不畅，产生痤疮。

（2）铜与皮肤：人体内大约含铜 75 ~ 150mg，主要集中在脑、心、肾、肝、骨骼和肌肉等器官及组织内。皮肤中的含铜量因部位不同而异，每克表皮组织含铜 1.55 ~ 7.30μg，真皮组织每克含铜 1.89 ~ 2.75μg。铜为人体内 30 余种酶的组成成分，对人体新陈代谢起着重要的调节作用。铜与皮肤健康的关系相当密切，这是因为铜和结缔组织代谢有关，铜还和皮肤表层角化有关。目前已有报道，白癜风、卷毛综合症和寻常型天疱疮等皮肤病均与血清铜元素含量减少有关。妊娠和服用避孕药的妇女面部色素沉着、着色干皮病和湿疹等皮肤病与血清铜元素升高有关。

4. 激素

激素是由内分泌腺直接分泌到血液中去的对身体有特殊效应的物质。类固醇类激素也称甾体激素，对皮肤有较大影响。大脑垂体蛋白质或多肽激素对皮肤也有影响，它们直接增加对类固醇类激素的响应。

（1）性激素与皮肤：性激素是由性腺（男子睾丸、女子卵巢）分泌的激素，包括雄性激素和雌（甾）激素。雄性激素在身体外露部分和面部产生毛囊，生出粗的恒久毛。雄性激素明显地刺激皮脂腺的分泌，增加脂质合成。雄性激素分泌过盛也是导致粉刺产生的可能原因。雌性激素分泌旺盛，则皮肤白晰，皮下组织丰满。相反雌激素分泌不足，皮下脂肪少，皮肤显得干瘪没有生气。

（2）肾上腺皮质类固醇激素与皮肤：肾上腺皮质类固醇激素对皮肤的影响非常大，它的正常分泌，不但能维持皮肤的正常色素代谢，维持皮肤皮下组织的正常营养，而且能维持性激素及其他内分泌腺的正常功能。肾上腺皮质功能减退，皮肤和粘膜有弥慢性色素沉淀，皮肤变成青黑色或棕红色，尤其在前额、眼周、四肢屈侧、肩、腰、掌趾等暴露、压迫、摩擦部位处更明显。如果肾上腺皮脂类固醇激素分泌过多，表现为躯干的向心性肥胖，特别是面、颈及躯干部位。面部呈多血色的满月脸。此外，激素分泌旺盛，女性可长出胡须，面部、后背、前胸出现严重的痤疮。皮肤还可出现斑点，紫癜等。

肾上腺皮质类甾醇激素，如可的松已是广泛用于皮肤的药物，治疗炎症、皮肤过敏、湿疹和牛皮癣等。然而长期使用这类化合物对皮肤有害，可引起表皮与真皮萎缩性变化如硬皮症等。

各种激素无论是口服还是经皮吸收都对皮肤的结构、新陈代谢和皮肤衰老有很大影响，在皮肤护理和治疗中都要适度，化妆品中很少用激素。

（三）有关皮肤护理的阐释

1. 养成良好的卫生习惯

洁面或沐浴时应选用温水，因为温水的脱脂力较为适中，不会导致皮肤的过度干燥。

2. 适量运动

适量的有氧运动，可以调节机体的有氧代谢，促进营养成分与氧气的供应，肌肤得到足够的营养，才会显得更健康。

3. 增强皮肤保护意识

日间外出坚持使用防晒霜，皮肤护理专家一致认为，光致皮肤衰老是最重要的外因性皮肤衰老。

特别注意对眼睛周围皮肤的防护，如戴太阳镜等，因为眼睛周围的皮肤最薄弱，也最早显示出衰老症状。

养成正确的化妆习惯，眼部卸妆时，动作要轻柔，因为眼睛周围的肌肤最薄弱，最容易衰老。

定期光顾美容院，请具有专业知识的美容师对肌肤进行必要的调理，可以延缓皮肤的衰老。

4. 正确对待颈部皮肤的清洁与护理

社会上曾经有这样的说法：现代女性化妆比较普遍，单纯地从面部无法判断一个人的年龄，要想正确地判断一个人的年龄可以看两个部位，即颈部与唇部。

从理论上说，颈部是面部的延伸，以前的消费者往往忽视对颈部皮肤的护理，所以一般从颈部皮肤的状况可以较为准确地判断一个人的年龄。

对颈部皮肤的护理也应包括面部皮肤护理所应具有的内容，如日常清洁、深层清洁、保养和防晒等。

5. 养成良好的生活习惯

（1）多喝水。水是一切生命活动的基础，也是保持皮肤年轻的最简单的秘诀。

（2）睡眠充足。睡眠是人体不可缺少的休整时期，人体许多机能的恢复都是在睡眠的过程中进行的。

（3）不挑食。以便从食物中获得均衡充足的营养。

（4）不要吸烟。实验证明，香烟的烟雾中含有大量的有害物质，会加速肌肤的老化进程并有可能造成色素沉着。

（5）不要饮用过多的含酒精饮料，酒精也会加速皮肤衰老。

（6）尽量避免情绪紧张，紧张会促使身体提前老化。

（四）一般皮肤护理常识

1. 清洁是一切美容和皮肤护理操作的基础

这一点是所有美容工作者都承认的事实。实际上，许多令人苦恼的皮肤问题，都与不注意保持皮肤清洁有关，其中最为突出的是粉刺的产生。粉刺属于继发性细菌感染，其形成机理为：毛囊壁角质细胞增生，堵塞毛孔，而皮脂腺大多开口于毛孔内，毛孔堵塞的结果是皮脂排泄受阻，内含多种营养物质的皮脂为细菌繁殖创造了良好的条件，细菌大量繁殖造成毛囊局部发炎，便形成了粉刺。

虽然皮脂的分泌与内分泌有关，而粉刺形成的直接原因是因为毛孔堵塞，但细菌的来源却是外界。所以一般说来，注意皮肤清洁的人，发生粉刺的机会也会少一些。

用过洗面奶的人有这样的经验，使用洗面奶初期，粉刺会有明显的减少，其原因也在于此。这只是不注意清洁所造成的来自微生物方面的危害。

细心的人也许注意到，有一些长期化浓妆的人，不化妆时皮肤显得很不好。真的是因为化妆对人的皮肤没有好处吗？不！答案正好相反，这是因为长期不注意清洁，不注意及时且彻底地卸妆对人体皮肤的危害。另外，皮脂本是用以保护皮肤角质层的，但皮脂长期暴露在空气中，也会慢慢酸败变质，变质的不饱和油脂容易刺激皮肤，促使皮肤过早老化。

由以上理由可见，肌肤健康首先要从切实注意皮肤清洁开始。

2. 较长时间接触水或水溶液时，尤其是手部皮肤，应涂敷具有防水效果的护手霜

水虽然是人体不可缺少的，但水也会将皮肤角质层中宝贵的天然保湿因子溶解，天然保湿因子的减少，会导致皮肤角质层保水能力变差，其结果是出现皮肤干燥。

3. 长时间暴露在阳光下时，应涂敷有较好防晒能力的日霜

在现代皮肤学中，人的皮肤衰老分为内因性衰老和光致皮肤衰老两种。由此可以清楚地看到光线照射对人体皮肤的影响。

临床医学表明，阳光中的紫外线对人体皮肤有晒伤、晒黑和导致皮肤癌发病率上升等作用。这也是医生、教师等较少户外活动的人员皮肤相对白皙、细嫩的重要原因。

4. 在严寒或空气湿度特别低的环境中，应使用具有封闭效果的油性护肤霜

在严寒的环境中，皮肤表面温度比较高，造成皮肤表面局部空气湿度很低，而空气湿度很低的场合，皮肤中所含的水分极容易挥发散失，造成皮肤干燥脱水。使用具有油封效果的油性护肤霜，能在皮肤表面形成封闭性的油膜，有效地防止皮肤水分的挥发散失。

（五）皮肤的老化与皮肤护理

1. 皮肤老化外观表现

（1）在额部、眼睛的周边、眉间、唇的周边等面部及身体的各

个部位有皱纹发生。皱纹多在30岁前后开始明显，随着年龄的增加，皱纹数增加，皱纹深度加深，皱纹区范围也逐渐扩大。

（2）皮肤松弛。

（3）皮肤的色素沉着增加，皮肤的透明度下降，色调由红向黄转变，结果引起皮肤发暗。老化的同时，黑色素也不断沉着，皮脂的分泌量下降、角质层肥厚和水分减少等也使皮肤的透明感下降。

（4）出现皮沟和皮丘的凹凸变浅、皮沟失去均质性、皮沟的密度减少、毛穴增大。

2. 皮肤老化的生理功能表现

（1）角质层：作为角质层功能的重要指标之一的水分量，一般认为会随着自然老化而下降。

（2）表皮：在表皮上最明显的自然老化是表皮细胞的增殖活性下降，也就是表皮的更新速度，即新陈代谢功能低下。

（3）真皮：与表皮一样，真皮中主要细胞的纤维原细胞的增殖活性随年龄增加而低下。纤维原细胞担负着合成分解胶原蛋白、弹性蛋白和氨基多糖的功能，随着老化这些代谢功能低下，导致胶原蛋白等构造的更新速度比原来延长很多，在架桥形成中受到各种各样的修饰和变性影响，使弹性低下，这些变化都和皱纹的产生有关。

（4）皮下脂肪组织：随着年龄增长，皮下脂肪逐渐减少，胆固醇增加，从而加深皮肤的黄色调。皮下组织的减少使皮肤对物理刺激的抵抗力低下，这也是产生皱纹和松弛的原因之一。

（5）皮脂量：一般情况下，随着年龄增长而使皮肤表面的脂肪量减少，特别是女性比男性更明显。

（6）皮肤血流量：皮肤血流量随年龄增长而减少，也因部位不同而有所差别，由此对寒冷刺激和紫外线照射的反应性也低下。

3. 皮肤老化与护理

（1）科学的护理皮肤，要从以下几方面作起：

注意营养和睡眠。皮肤是机体整体的一部分，与整体有不可分割的关系。要保护皮肤、延缓皮肤的衰老，首先要注重整个机体的保养和营养，特别要注重饮食的营养。这样可使得皮肤也有充足的营养，主要是蛋白质，能增强皮肤的弹性，延续皮肤出现皱纹。一般营养充足的人，皮肤较不易衰老。相反，若营养不良，则皮肤就显得干燥、粗糙和龟裂等。

人体有充足的睡眠，才可使机体精力充沛，不易疲劳，对机体的新陈代谢等生理机能都有促进作用；再加上保持心情舒畅，从而显得精神焕发，显得年轻。这都有助于防止皮肤的衰老。

(2) 注意皮肤本身的保健。首先是要保持皮肤（还有头发）的清洁卫生。经常清洗肤发，不仅可以清除肤发上的污垢，还可以预防疾病，因为皮肤是细菌的温床；同时也可促进肤发的新陈代谢。在清洗肤发时，要注意方法的科学性，如尽可能不用过热的水清洗，也不要使用碱性过强的肥皂，这样就可避免对皮肤的刺激。清洗后使用适合自己的润肤与美容化妆品，使皮肤保持青春活力。

为了预防皮肤的老化，特别是对面部皮肤，可以经常采用按摩皮肤的方法（多在使用化妆品后进行）。按摩具有轻微的刺激，可改善血液和淋巴液的循环；同时也加速了皮肤的新陈代谢，补足皮肤的营养，减轻皮肤的疲劳，提高皮肤肌肉的力量，有助于保持皮肤的弹性，延缓皮肤的衰老。

(3) 防止外界刺激。致使皮肤衰老的一个重要原因是受外界的许多不良因素的刺激，主要是受一些物理的、化学的和自然环境不利条件的刺激，如寒冷、炎热、风沙和日光等，其中尤以长时间日光、紫外线的照射，对皮肤的影响最为严重。虽然日光与紫外线有强化皮肤的作用，但一定波长范围的紫外线照射，可杀伤皮肤，致使皮肤产生红斑、皮肤炎和色素沉着等症状，甚至还可引起皮肤癌。所以说，长时间的紫外线照射是使皮肤衰老的一个最重要外部因素。因此，预防日光和紫外线照射是防止皮肤衰老的一个重要手段。对于防晒现已普遍受到重视，近年来防晒化妆品已愈来愈多。

（六）问题肌肤和皮肤护理

1. 粉刺

(1) 粉刺形成原因：粉刺又称“痤疮”是一种毛囊、皮脂腺组织的慢性炎症性皮肤病。它形成的主要原因有以下 3 种：

①皮脂腺肥大：皮脂腺产生的皮脂，通过排出管、毛漏斗部分泌到皮肤表面。由于脂质合成和分泌旺盛，皮脂产生量和皮脂分泌能力的平衡被破坏，分泌不能顺利进行，皮脂滞留在毛囊内，从而成为产生粉刺的原因。

②毛囊孔的角质化亢进：毛囊的毛漏斗容易发生角质化亢进，肥厚的角质层向毛囊内剥落也会阻塞毛漏斗，这也和粉刺的发生有关。毛囊孔和皮脂腺的开口部被角质阻塞变窄后，正常的皮脂排出受到抑制，皮脂就会滞留在毛漏斗部，其结果是粉刺杆菌增加，细菌的分解产物就会刺激毛漏斗的上皮细胞，使角质化更加亢进。皮脂腺和毛囊填满皮脂后很容易引起粉刺。由于角质层在物理刺激和紫外线的照射下角质化速度增快，变得肥厚，所以在强烈日照下，粉刺就会加重。

③细菌的影响：一旦由于皮脂腺的肥大增生和毛囊孔的角质化亢进等原因使皮脂滞留，存在于毛囊的毛漏斗部的粉刺杆菌、皮肤葡萄球菌和痤疮丙酸菌就会繁殖。这些细胞的脂酶会将构成皮脂成分的甘油三酯分解成游离脂肪酸，使粉刺皮肤的皮脂含游离脂肪酸多，甘油三酯少。游离脂肪酸作用于毛囊上皮，产生各种酶将毛囊壁破坏，皮脂、角质化物质等毛囊内容物流入真皮，形成肿包。进一步细菌侵入真皮，白细胞增多，引起毛囊周围结缔组织的炎症。同时，白细胞死骸留在真皮中，形成脓肿，留下疤痕。所以说细菌类不是产生粉刺的直接原因，而是促使小粉刺恶化，并使粉刺伴有炎症。

（2）粉刺的护理方法：粉刺这种皮肤疾病，目前尚无非常有效的治疗方法。通常采用的治疗方法主要有：内服药（维生素类、抗菌类、抗雄性激素药）；外用药（四环素、红霉素、氯霉素、维生素软膏等）；理疗（紫外线照射、冷冻等）；中医疗法（内服防风通圣丸或连翘败毒丸等）。另外，护肤方法对于粉刺的防治也很重要。

（3）经常保持皮肤清洁

①坚持用含杀菌剂的洁面产品洗脸。

②将头发梳成不直接接触前额和脸面的形式。

③保持与颜面和头发接触机会多的物品的清洁，如枕巾。

④不要用手触摸患部。

（4）化妆上的注意点

①适度控制使用油性强的化妆品，使用配有杀菌剂的化妆品。

②如果涂抹厚的油性基础化妆品的话，因为微细粉末会进入毛囊孔，不要采用堵塞毛囊孔的化妆品。

③不要过食含脂肪多的食物如糖分、淀粉。

④不要经常处于紧张状态，避免过度运动和劳累。

2. 色斑

色斑是一种因皮肤内色素增多而在皮肤上出现的黑色、黄褐色等小斑点。

黑色素细胞产生的黑色素在酪氨酸酶的作用下，由酪氨酸转变为多巴，再经一系列的生化过程而造成皮肤颜色的加深。如果这个过程发生障碍，即可引发色素增多的皮肤病。

（1）雀斑：雀斑是一种多发于面部的单纯性黑褐色斑点。黑褐色小斑以细小深褐色颗粒形式出现，而且是由黑色素细胞合成的。雀斑主要生在面部、双侧面颊、两眼下方更加明显。通常是对称的，双侧面颊的中央较为细密，而周围的斑点分布稀疏。雀斑常在青春期出现，皮肤细白者易患此症，妇女较男子为多。

雀斑多发生在身体的暴露部位，另外高温、妇女经期等原因，雀斑都容易加深或增加。春夏季节强烈的日光会使雀斑的色泽更加明显；秋冬日光照射刺激减弱时，其色素可以自行减退。

雀斑不痛不痒，不影响健康，但影响面部美容。雀斑的防治，首先是避免日光的过度强烈照射，其次可以内服维生素 C、维生素 B 和维生素 E，它们可在一定程度上抑制黑色素的形成。需要指出的是雀斑一般来自遗传，所以无论何种方法都无法根除。

（2）黄褐斑：黄褐斑俗称肝斑，是一种深棕色的色素斑，对称地出现在脸上，大部分都在面颊上，典型的肝斑通常是长在双颊上，横跨过口鼻之间就会更像长了两撇胡须。

虽然肝斑真正的原因还不完全清楚，但不一定和肝病扯上关系。至今医学上所了解的，大部分是内分泌的影响，有人认为女性荷尔蒙可刺激黑色素细胞的活性，而黄体酮可促其分布。对于肝斑，一般当除去引起的病因后，其色斑是可以逐渐消失的。

（3）黑皮病：可能不是一个病因独立性的疾病，其发病原因可能使用了含有焦油及其衍生物的劣质化妆品，其化妆品中含有的焦油色素等，在光的作用下诱发接触性皮炎，所以又称焦油黑变病或光接触性皮炎。其表现为皮肤里褐色或蓝灰色，边缘有毛囊，周围的小色素斑点很像小黑网。常发生于面颊、额部、耳后及颈部等处。对于黑皮病尚无特效治疗方法，首先是停止使用化妆品；其次是服用维生素 C 或外用涂擦祛斑液和使用面膜，可以淡化、增白，但难以短时间彻底治愈。

（4）老年斑：是常见于老年人的一种皮肤问题。其色斑症状是淡褐色或褐黑色隆起性斑块，色斑大小不等，表面粗糙，呈乳头状，多发于面部、手背等处。其原因虽不明确，但普遍认为与皮肤衰老有关，即随着年龄增长，体内自由基不断增加，而可俘获自由基的超氧化物歧化酶（SOD）随年龄增长而减少，过量的自由基对皮肤的正常生理功能造成破坏，加速皮肤的老化，使色素沉着形成老年斑。

经常服用维生素 C 和维生素 E，坚持皮肤护理，延缓皮肤衰老，对减轻或淡化老年斑是有利的。

第二节　微生物酵素的美白功效

皮肤是人体健康的第一道防线，也是容颜靓丽的第一体现者，拥有健康、白皙、富有弹性的的皮肤是所有人追求的目标。东方女性对白皙美丽的皮肤尊爱有加，中国女性历来崇尚“肤如雪、凝如脂”，白净细嫩的肌肤一直是东方人来衡量女性的重要标准，在中国民间就有“一白遮九丑”的说法。近 20 年来，随着中国经济的迅猛发展，中国的化妆品行业也发生了巨大的变化，化妆品销售额平均每年以 20% 左右的速度飞速增长，其中美白类化妆品占了一半以上，这充分说明了美白是中国化妆品永恒的主题。有关美白、美白剂、美白祛斑效果评价和美白机理等方面的研究正在不断深入并已引起国际上众多科研机构与生产商的广泛关注。

一、皮肤的颜色

人类的皮肤有六种不同的颜色，即红、黄、棕、蓝、黑和白色，皮肤的颜色主要取决于3个因素：黑色素与皮肤血管、血管里的血液和胡萝卜素。其中，黑色素是决定皮肤颜色最主要的因素。黑色素包含在皮肤上层即表皮的皮质层里的黑色素细胞中。这是一种非常细小的棕褐色或黑褐色颗粒，它是皮肤“发黑”的原因。黑色素是一种黑色或深棕色的生物色素，在受到阳光或紫外线的长期照射以后，有向表层细胞转移和增多的趋势，因而使皮肤变黑。黑色素的多少、分布和疏密决定皮肤的“黑度”。由于黑色素的数量、大小、类型和分布情况不同，从而决定了不同的肤色。黄种人皮肤内的黑色素主要分布在表皮基底层，棘层内较少；黑种人则在基底层、棘层和颗粒层都有大量黑色素存在；白种人皮肤内黑色素分布情况与黄种人相同，只是黑色素的数量比黄种人少。

此外，皮肤内其他色素如胡萝卜素及其转变而成的维生素A，存在于表皮角化层和皮下组织中，使正常皮肤呈天然的黄色；真皮血管床内血液的氧合血红蛋白使皮肤呈现红色；棕、黄、红三色相互配合，使皮肤呈现各种颜色。

皮肤血管和其中的血液，使皮肤“黑里透红”或“白里透红”。血管较少、较深或血管收缩、供血减少之处皮肤会发白；反之则发红。红脸的原因一是因为面部血管丰富，二是由于这些血管对各种刺激，特别是对精神和心理刺激很敏感而易扩张。如果扩张血管里的血液运行不畅或淤滞以及含氧量低的血液会使该处皮肤呈蓝红色甚至青紫色，医学上称为“发绀”。胡萝卜素主要存在于皮肤较厚的部位，如掌、跖，它使皮肤呈黄色。

以上3种因素混在一起，使正常皮肤的颜色介于黑、红、黄、白之间。对黄种人来说呈棕黄色、黄褐色而又带红、带白或带黑。其他颜色基本上都不是正常的，如坏死引起的漆黑色、坏疽引起的绿色、黄疸引起的黄绿色等。

二、皮肤颜色的形成

（一）黑色素细胞

黑色素细胞是皮肤的重要组成细胞之一。人类黑色素细胞起源于胚胎神经，在胚胎发育第七周进入表皮。在胚胎移行中，有少数黑色素细胞中途停滞或转化为无黑色素的静止的黑色素细胞，胚胎时期的黑色素细胞不合成黑色素。黑色素细胞具有形成、分泌黑素色的功能。黑色素细胞属腺细胞，呈树状突起并通过树状突起以1：36的比例与角质形成细胞构成一个表皮黑色素单位。

在表皮黑色素单位中，黑色素细胞与角质形成细胞之间互相影响。尤其是角质形成细胞可通过接触和分泌碱性，形成纤维生长因子（bfgf）、内皮素（rt－1）、神经细胞生长因子（ngf）、白介素1（F－1）、白介素（1L－6）、肿瘤坏死因子（TNF）等，对黑色素细胞的形态、结构和功能产生明显的影响。

黑色素细胞的树状突起实际为一管道。黑色素细胞所产生的黑色素由此枝状管运输到角质形成细胞内，在角质形成细胞溶酶体内降解，随表皮细胞的脱落而排出。表皮角质形成细胞中的黑色素以胶体（无定形）和细胞器（黑色素颗粒）两种形式存在。两者都起着吸收紫外线的滤光片和自由基清除剂的作用并为角蛋白细胞核DNA、真皮蛋白，胶原蛋白、弹性蛋白提供保护。防止弹力纤维变性所致的皮肤老化，保护DNA不受有害因素引起的致突变效应，从而降低皮肤癌的发生率。

（二）黑色素及黑色素的合成途径

黑色素为高分子生物色素，主要由两种醌型的聚合物即优黑素和黑素组成。Muller及Brown等分别于1992年和1994年报道了优黑素和黑素的结构单元。

优黑素（真黑素）主要是由5，6二羟基吲哚和少量5，6二羟基吲哚－2－羧酸通过不同类型的C－C键连接构成的聚合物。此外，该聚合物中还存在少量5，6二羟吲哚半醌和羧酸化吡咯。这些少量的组成可能是在黑素形成过程中过氧化裂解的产物。优黑素呈棕色或黑色，可溶于稀碱中。

褐黑素是由不同结构和组成的色素构成的聚合物，其结构还未完全研究清楚，呈黄色、红色或胡萝卜色。有研究表明，黑素是含硫高（硫质量分数为10% ~12%）的聚合物构成的复合物，主要由1，4苯并噻嗪基丙氨酸通过不同类型的键任意连接而成。

黑色素细胞在人体表皮的基底层内，黑色素在黑色素细胞的黑素体中形成。近年来的结果表明，黑色素的生物合成过程如图4-1所示，其中酪氨酸酶是黑色素生物合成过程中最主要的限速酶，同时在黑色素的生物合成中，多巴色素互变酶（Dopachrome tautomerase）和（DHICA）氧化酶也参与了反应。

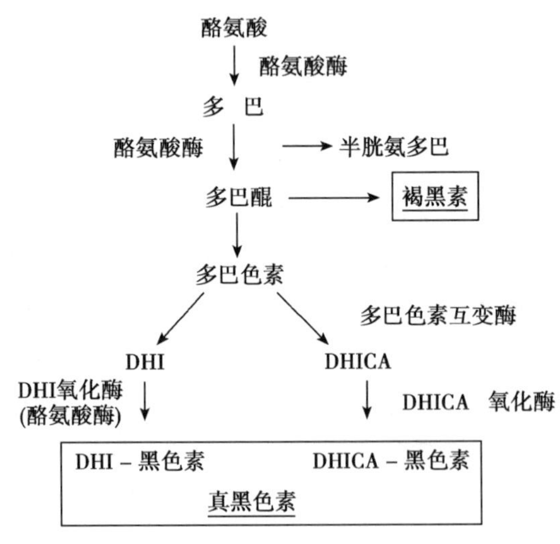

图4－1　黑色素的生物合成过程

（三）影响黑色素形成的因素

1. 多种酶的作用

黑色素细胞中决定黑色素合成速率的是胞内的多种酶。多年来，人们一直认为酪氨酸酶是黑色素生物合成过程中所需惟一的酶。随着黑色素合成研究的不断进展，人们发现黑色素细胞中还存在其他与黑色素合成相前的物质，两种酶TPR1（DHICA氧化酶）和TPR2（多色素互变酶）在黑色素的合成过程中发挥着重要的作用。多巴色素互变酶和DHOCA氧化酶的具体作用通过大量研究得以证实，它们除了对酪氨酸酶在合成黑色素的过程中具有协助作用以外，还具有合成其他不同类型色素的重要作用。

2. 黑色素细胞外的刺激剂——内皮素的作用

20 世纪 90 年代初，日本的 Imokawa 等人发现，在紫外线照射下，角质细胞释放一种细胞分裂素，当它被黑色素细胞的受体接受后，会刺激黑色素细胞增殖、分化并且激活酪氨酸酶的活性，提高了黑色素的合成量。这种细胞分裂素称作内皮素（Endothelin），它首先是在血管的内皮细胞中发现的。从 B16 黑色素瘤细胞培养试验观察到，内皮素加速了黑色素瘤细胞的增殖、分化。这种细胞外信息素的影响，可能是造成皮肤色斑的一个重要原因。因为色斑可以看作是局部的过度黑色素化（或者说是黑色素分布不均匀）引起的。已经发现，在不同的角质细胞周围，内皮素的浓度是不同的，也就是说各个角质细胞受到外界不同的影响或刺激，分泌出不同浓度的内皮素，而黑色素细胞受到其周围不同浓度的内皮素的刺激，表现出不同的黑色素合成的程度，结果黑色素在皮肤上的反映就不是均匀一致的，产生了皮肤上的色斑。

3. 外源性因素的影响

紫外线是人体长期接触的一个外界刺激因素，是人类黑色素细胞增殖和皮肤色素沉着增多的主要的和理性的刺激，皮肤变黑主要是由中长波紫外线（UVA/UVB）引起，紫外线能引起黑色素细胞的增殖和促进黑色素产生，出现皮肤色素沉着。有人发现紫外线照射后，花生四烯酸，前列腺素 D_2，前列腺素 E_2 等都明显增加，从而表现为黑色素细胞增多，细胞合成黑色素的能力与酪氨酸酶活性增加。另外有研究表明，紫外线是一种外源性的促细胞分裂剂，能引起黑色素细胞的增殖与黑色素的产生，出现皮肤相关细胞分泌因子来影响黑色素细胞的增殖、分化和黑色素的合成。

（四）黑色素与黑色素细胞的代谢

皮肤黑色素的形成过程包括黑色素细胞的迁移、黑色素细胞的分裂成熟、黑色素小体的形成和黑色素颗粒的转运以及黑色素的排泄一系列复杂的生理生化过程。Fitzpatrick 等将黑色素小体的形成过程分为五期，简要描述如下：第一期，酪氨酸酶在胞浆的内质网中合成，同时高尔基体空泡增大，合成蛋白质；第二期，称为前黑色素颗粒期；第三期，称黑色素颗粒成熟期，黑色素主要在这一期合成；第四期，成熟的黑色素颗粒堆积在胞浆内，通过细胞的树枝状突起向角质形成细胞转运；第五期，黑色素颗粒的释放，转移到角质形成细胞的黑色素颗粒随着表皮细胞上行至角质层并随角质层脱落而排泄。

三、皮肤的美白机理

要实现皮肤美白，主要是抑制黑色素的生成。东方人希望通过使用美白护扶品达到白皙，光洁的皮肤效果；而欧美人主要利用功能性美白化妆品来减轻和消除老年斑、黄斑等色素沉积现象。不管出于什么样的目的，中心任务就是抑制黑色素的产生。关于黑色素生成的抑制机理，许多文献都从不同的角度和广度作了概述。归纳起来主要有细胞内抑制、细胞外抑制和外源性因素控制等几个方面。

（一）黑色素细胞的胞内抑制

从前面关于“影响黑色素生成的因素”可以看出，在黑色素细胞内抑制黑色素生成可以通过以下途径。

1. 直接控制、抑制黑色素生成过程中所需的各种酶

由于黑色素的形成主要发生在黑色素细胞内，对黑色素细胞内的黑色素形成机理的研究表明，黑色素的形成主要是由黑色素细胞内的各种酶，如酪氨酸酶、多巴色素互变酶、过氧化物酶和氧化酶单独或协同作用的结果，而要实现皮肤的真正美白对多种黑色素形成酶的抑制就显得至关重要。

酪氨酸酶是一种多酚化酶，属氧化还原酶类。该酶主要催化两类不同的反应，一元酚羟基化，生成邻二羟基化合物；邻苯二酚氧化，生成邻二苯醌。这两类反应中有氧自由基参与反应。在黑色素形成过程中酪氨酶是一主要限速酶，该酶活性大小决定着黑色素形成的数量。当前化妆品市场上的美白产品几乎绝大多数以酪氨酸酶抑制剂为主并且每年以较快的速度发现新的该类化合物。依据抑制机理的不同，可将该类化合物分为以下两类：

第一类，酪氨酸酶的破坏型抑制（即破坏酪氨酸酶的活性部

位）。所谓酪氨酸酶的破坏型抑制，也就是某种可以直接对酪氨酸酶进行修饰、改性的物质，使酪氨酶失去对黑色素前体——酪氨酸的作用，因此寻找安全、高效的络合剂是该领域的一个研究热点。

第二类，酪氨酸酶的非破坏型抑制。所谓酪氨酸酶的非破坏型抑制，即不对酪氨酸酶本身进行修饰、改性，而通过抑制酪氨酶的生物合成或取代酪氨酸酶的作用底物，从而达到抑制黑色素形成的目的。

依据作用机理的不同，可分为三种：酪氨酸酶的合成抑制剂，酪氨酸酶糖化作用抑制剂和酪氨酶作用底物替代剂。由于在黑色素的生物合成中，酪氨酸是酪氨酸酶的作用底物，因此寻求与酪氨酸竞争的酪氨酸底物也可有效地抑制黑色素的生成。

2. 选择性破坏黑色素细胞、抑制黑色素颗粒的形成和改变其结构

黑色素细胞的功能状态可以影响皮肤色的深浅，通过引起黑色素细胞中毒，导致黑色素细胞功能遭到破坏是抑制黑色素生成的又一途径。不同作用物质破坏黑色素细胞的机理各有不同。氢醌用为一种皮肤脱色剂在临床使用已久，但其确切的脱色机制至今仍不十分清楚。一种观点认为氢醌作为酪氨酸酶的底物较酪氨酸本身更为合适，其脱色机制可能与竞争抑制酪氨酸酶活性有关；另一观点认为氢醌脱色实质上是一种酪氨酸酶介导的细胞毒性作用。氢醌分子小，易扩散进入色素细胞的黑色素小体，阻断黑色素生成途径的一个或多个步骤，同时氢醌在酪氨酸酶作用下被氧化成有毒性的半醌基物质，会导致细胞膜脂质发生过氧化，细胞膜性结构破坏，以致细胞死亡。Maeda 等认为不同浓度的氢醌其脱色作用的机制可能不同，低浓度时以抑制酪氨酸酶活性为主，高浓度时主要是细胞毒。用 5% 的氢醌制剂每日外涂棕色背侧皮肤，8 ~ 10d 出现肉眼可见的皮肤色素减退，多数细胞器膜被破坏、空泡化。

壬二酸是一种天然存在的二羧酸，它能选择性地作用于异常活跃的黑色素细胞，阻滞酪氨酸酶蛋白的合成。但对功能正常的黑色素细胞作用较小，20% 壬二酸的皮肤脱色作用优于 2% 增殖作用。

推测这种抗增殖作用与二酸抑制了线粒体质子传递链和 DNA 合成中的限速酶有关。

3. 还原多巴醌

还原剂可以参与黑色素细胞内酪氨酸的代谢，从而减少酪氨酸转化成黑色素，达到抑制黑色素生成的目的。将 0.05 ~ 0.5mmol/L 的抗坏血酸加入到体外培养的人黑色素细胞，作用 72h 并未发现酪氨酸酶活性剂量依时减低，但黑色素生成量被明显抑制，推测可能是抗坏血酸抑制多巴和多巴醌的自动氧化。这类还原剂对黑色素中间体起还原作用，因此阻碍了从酪氨酸多巴至黑色素过程中各点上的氧化链反应，从而抑制黑色素的生成。

（二）黑色素细胞的胞外抑制

Giuseppe Prota 等认为黑色素的形成不仅是黑色素细胞的胞内行为，同时也是胞外物质作用的结果。内皮素是一类由 21 个氨基酸组成的多肽物质，已知人体血管内皮素浓度的增加易产生各种与血液有关的疾病，如高血压，糖尿病等。同时近来研究发现，内皮素-1 和内皮素-2 也是黑色素的形成过程中两种不可缺少的两种胞外物质。对此两种物质的抑制是现在美白型化妆品领域的又一研究方向之一。一方面偏重于其形成及抑制机理的研究；另一方面偏重于此基础上的抑制剂的开发与应用。

（三）外源性影响因素的控制

由于黑色素形成的外源性因素主要是紫外线，因此要控制外源性因素，对紫外线的防护是重点。此外，如何对付由于各种原因不产生的自由基，也是该研究方向的研究热点之一。

通过以上对黑色素抑制机理研究进展的论述，不难发现，目前有关黑色素抑制的细胞内抑制尚主要集中在酪氨酶的抑制方面。由于当前市场上应用较为成熟的酪氨酸酶抑制剂存在诸如毒性、不稳定性等不足之处，因此在对酪氨酶抑制机理研究较为成熟的基础上，通过对酪氨酸酶进行化学或生物修饰，使酪氨酸酶失去对酪氨酸的活性作用，从而有效抑制黑色素的形成并且稳定、不产生毒副作用。研究高效，快速，安全的黑色素胞外抑制剂也正日益受到相关科技工作者的关注。随着这一领域科学研究的不断进展，对多巴色素互变酶，dhica 氧化酶和过氧化物酶等 3 种酶的抑制机理也将会有更深入和更全面的研究，有效、安全的抑制剂的研究及其在产品中的应用，相信也会得到更进一步发展。

四、微生物酵素的美白功效

1. 微生物酵素对酪氨酸酶的抑制

酪氨酸酶是皮肤黑色素细胞中控制黑色素形成的关键酶。抑制酪氨酸酶的活性可以减少黑色素的形成。对酪氨酸酶抑制作用越好，美白效果越明显。在黑色素形成的代谢途径中，酪氨酸酶催化酪氨酸生成多巴，然后又生成多巴醌，多巴醌呈红褐色，在 475nm 处有最大吸收值，利用紫外分光光度计测定加入美白剂和未加美白剂反应中生成多巴醌量的变化，来检测美白剂对酪氨酸酶的抑制率。北京工商大学植物资源研究开发重点实验室以中加保罗集团公司生产的微生物酵素为原料，采用分光光度法测定微生物酵素对酪氨酸酶的抑制率（表 4－1）。实验结果表明，微生物酵素对酪氨酸酶的抑制率很高，功效与目前化妆品常用的美白添加剂——熊果苷相当，5% 酵素对酪氨酸酶的抑制率接近 100%。说明微生物酵素可以抑制黑色素的形成，具有良好的美白功效。

表 4－1　微生物酵素对酪氨酸酶抑制率测定

项目 \ 样品	熊果苷（1%）	微生物酵素（1%）	微生物酵素（2%）	微生物酵素（5%）
抑制率（%）	99.75	88.41	96.35	99.87

2. 人体皮肤美白实验

人体皮肤美白实验是测试美白效果最直接的方法。北京工商大学植物资源研究开发重点实验室以微生物酵素为原料，进行了系统慎密的微生物酵素美白功效实验。

在技术人员的指导下，由受试人群使用化妆品，然后，利用皮肤黑色素和血红素测试仪测定实验部位涂抹化妆品前后的黑色素含量变化，从而确定化妆品的美白功效受试群体：平均年龄为23岁的在校大学生36名，其中，男性20名，女性16名，皮肤健康无损伤。

测试方法：

（1）配制微生物酵素化妆品，化妆品除酵素外没有任何其他美白成分。

（2）选择受试者左、右手臂内侧距手掌基部10cm处为实验部位。

（3）首先由技术人员使用皮肤黑色素和血红素测试仪（Mexameter MX18，德国CK电子公司生产）测定实验部位涂抹化妆品前的黑色素含量。每点测5次，取平均值。

（4）受试者在左手臂实验部位涂抹样品，右手臂实验部位为对照，不涂抹试样，每天早晚涂抹两次。实验期间，受试者在实验部位不能涂抹任何其他化妆品。

（5）受试者在连续使用化妆品1周、2周、3周、4周、5周、6周、7周和8周后，使用皮肤黑色素和血红素测试仪测试皮肤颜色的变化。

（6）受试者将涂抹部位洗净，由测试者使用皮肤黑色素和血红素测试仪测定涂抹部位的黑色素含量。每点测5次，取平均值。

（7）统计受试者实验部位每次测得的数值，分析其皮肤颜色变化规律。

表4－2 黑色素变化总体趋势

样品 项目	0周	1周	2周	3周	4周	5周	6周	7周	8周
空白	199.24	186.1	183.88	184.84	186.6	186.32	191.31	194.98	193.77
膏状酵素	192.02	179.64	179.48	175.5	172.56	180.6	183.06	178.16	178.05

表4－3 典型受试者黑色素变化趋势

样品 项目	0周	1周	2周	3周	4周	5周	6周	7周	8周
空白	156.3	148.4	143.3	141.1	153.6	134.5	151.9	143	145.6
膏状酵素	154.7	150.2	129.6	123.8	141.5	124.7	132.6	127	129.9

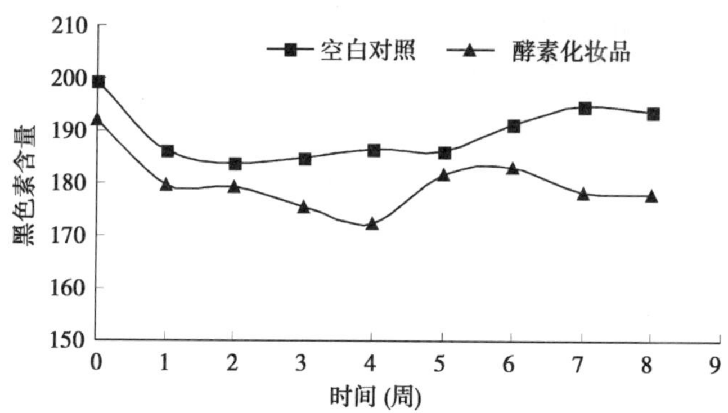

图 4－2　黑色素变化总体趋势

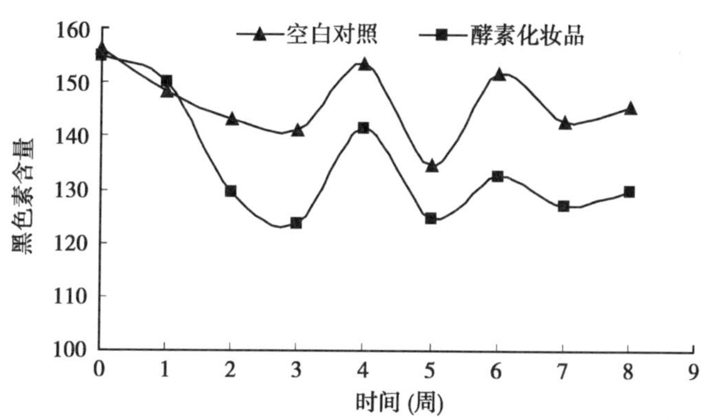

图 4－3　典型受试者黑色素变化趋势

由表 4－2、表 4－3、图 4－2 和图 4－3 可以看出，在受试人群中，使用酵素化妆品 8 周后，皮肤黑色素含量明显下降，说明使用微生物酵素化妆品有很好的美白作用。

综合上述实验结果，无论是抑制酪氨酸酶的作用，还是直接人体实验，微生物酵素都表现出了很好的美白效果，而且性质温和、无刺激、无副作用，应用到化妆品中是良好的美白功效添加剂。

第三节　微生物酵素的抗衰老功效

衰老是生物体自成熟期开始，随着年龄增加而发生的、渐进的、受遗传因素影响的、全身复杂的形态结构与生理功能不可逆的退行性变化。衰老分生理性衰老与病理性衰老两类。这里所指的是生理性衰老。而老化是指随着年龄增长而出现的机体内部细胞、组织等不断的退化。人体一离开母胎，乃至婴儿、幼年、少年、青年的各个阶段，机体内部细胞都在不断地进行老化。因此，衰老和老化是两个不尽相同的概念。老化是衰老的前奏，是指衰老的动态过程；而衰老是老化进程发展的结果，是持续的和不可逆转的。

皮肤老化是一种多环节的生物学过程，是人体在成熟期以后发生在皮肤上的综合表现，也是随着年龄增长而产生的一系列皮肤生理学功能、组织学结构和临床体征等方面的变化。这些变化也是判断皮肤衰老的重要标志。皮肤衰老过程不仅仅只是肌肤和容貌的渐进性苍老，而且代表了皮肤组织最大储备功能的丧失，表现为基础功能的降低和对环境影响反应能力的削弱，导致皮肤细胞和组织修复损伤的能力降低和永久性功能的丧失。

一、衰老的机理

现代医学关于衰老的起因学说已达300多种，其倾向性较多者有自由基说、交联学说、体细胞突变学说、环境因素、体液失衡、死亡激素、人体衰老骨先衰、遗传决定、微量元素说、生物钟学说、蓄积中毒说、湿热学说、磨损学说、代谢速变学说、性腺功能衰退和氧化还原论等30余种假说。其中，自由基学说、基因调控学说、内分泌衰老学说、免疫衰老学说和交联学说等五种“衰老学说”普遍得到认可和接受，被称之为“五大主流学说”。当今世界几乎所有的抗衰老产品均是基于这五种理论研制生产出来的。

（一）自由基学说

1956年，英国的D. Harman提出的自由基学说是目前国际上公认的一种衰老理论。该学说认为：在人体的新陈代谢过程中会不断产生带有不对称电子的原子或分子。这种带有不对称电子的原子或分子被称为自由基（化学粒子）。自由基急需从其他原子或分子中抢夺配对的电子，因而它的化学反应能力极强。在正常情况下，人体内的自由基是处于不断产生与消除的动态平衡之中。如果自由基产生过多或清除过慢，它就会攻击细胞膜、线粒体膜并与膜中的不饱和脂肪酸反应，形成过氧化脂质，造成脂质过氧化增强。脂质过氧化产物可分解为更多的自由基，引起自由基的连锁反应。这样膜结构的完整性受到破坏，引起脑细胞、肌肉细胞、肝细胞及其亚细胞结构、线粒体、DNA 和 RNA 等的广泛损伤，加速机体的衰老进程并诱发各种疾病。

1. 自由基的产生与清除

自由基是指能够独立存在的，含有一个或多个未成对电子的分子或分子的一部分。由于自由基中含有未成对电子，具有配对的倾向。因此大多数自由基都很活泼，具有高度的化学活性。自由基的配对反应过程，又会形成新的自由基。

自由基的产生主要有两种途径：其一是来自环境，如环境污染、紫外线照射、室内外废气、吸烟和药物中毒等，都会直接导致人体内产生自由基（活性氧）；其二是来自体内，人体内也会自然产生自由基。这是人体代谢过程中的正常产物，十分活跃又极不稳定，它们会附着于健康细胞之上，再慢慢瓦解健康细胞，而被破坏的细胞则又转而侵害更多健康细胞，如此恶性循环从而导致皮肤老化现象提前到来。

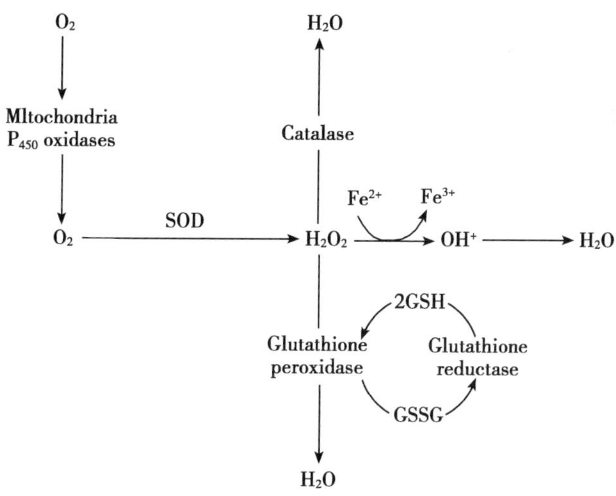

图 4－4　生物体内活性氧的清除机制

在正常的生理条件下，机体内虽然产生自由基，但能迅速被体内的酶系统所破坏，不会造成损害（图4－4）。自由基主要是由自由基清除剂加以清除。自由基清除剂的主要作用机制是直接提供电子使自由基还原，增强抗氧化酶活性，从而迅速消灭自由基。细胞内自由基的清除主要是通过抗氧化作用，如超氧化物歧化酶（SOD）清除超氧阴离子，谷胱甘肽过氧化物酶（GSH-Px）清除过氧化氢，GSH-Px还可消除过氧化脂质。细胞膜上的自由基主要通过α-生育酚来消除。细胞外的自由基主要通过维生素C、维生素E、维生素A和谷胱甘肽等消除。总之，凡是抗氧化物均为自由基清除剂。

2. 自由基对生物大分子的危害

由于自由基高度的活泼性与极强的氧化反应能力，能通过氧化作用来攻击其所遇到的任何分子，使机体内大分子物质产生过氧化变性、交联或断裂，从而引起细胞结构和功能的破坏，导致机体组织损害和器官退行性变化。自由基对生命大分子的损害主要有以下4种：

（1）脂质过氧化：脂质中的多不饱和脂肪酸由于含有多个双键而化学性质活泼，最易受自由基的破坏发生氧化反应。磷脂是构成生物膜的重要部分，因富含多种不饱和脂肪酸故极易受自由基破坏，形成过氧化脂质并进一步分解产生醛，而醛能交联蛋白质、脂类和核酸，这将严重影响膜的各种生理功能。自由基对生物膜组织的破坏很严重，会引起细胞功能的极大紊乱。

（2）核酸变性：自由基作用于核酸类物质会引起一系列的化学变化，诸如氨基或羟基的脱除、碱基与核糖连接键的断裂、核糖的氧化和磷酸酯键的断裂等。影响它们传递信息的功能如转录与复制的特性，导致蛋白质合成能力下降并产生合成差错。在体内以水分为介质的环境中通过电离辐射诱导自由基的研究表明，大剂量辐射可直接使DNA断裂，小剂量辐射可使DNA主链断裂。

（3）蛋白质羰基化：自由基可直接作用于蛋白质，也可通过脂类过氧化产物间接对蛋白质产生破坏作用，还可引起蛋白质的变性，导致某些特异性蛋白的出现，从而引起自身免疫反应。

（4）多糖氧化性降解：自由基通过氧化性降解使多糖断裂，如影响脑脊液中的多糖，从而影响大脑的正常功能。自由基使核糖、脱氧核糖形成脱氢自由基，导致 DNA 主链断裂或碱基破坏，还可使细胞膜寡糖链中糖分子羟基氧化生成不饱和的羰基或聚合成双聚物，从而破坏细胞膜上的多糖结构，影响细胞免疫功能的发挥。

3. 自由基与衰老

自由基衰老理论的中心内容认为，衰老来自机体正常代谢过程中产生的自由基随机而破坏性的作用结果，由自由基引起机体衰老的主要机制可以概括为以下三个方面：

（1）生命大分子的交联聚合和脂褐素的累积：自由基作用于脂质过氧化反应，氧化终端产物丙二醛等会引起蛋白质、核酸等生命大分子的交联聚合。该现象是衰老的一个基本因素。脂褐素（Lipofuscin）不溶于水故不易被排除，这样就在细胞内大量堆积，在皮肤细胞的堆积，即形成老年斑，这是老年衰老的一种外表象征。脂褐素在皮肤细胞的堆积，则会出现记忆减退或智力障碍甚至出现老年痴呆症。胶原蛋白的交联聚合，会使胶原蛋白溶解性下降、弹性降低和水合能力减退，导致老年皮肤失去张力、皱纹增多和老年骨质再生能力减弱等。脂质的过氧化导致眼球晶状体出现视网膜模糊等病变，诱发出现老年性视力障碍（如眼花、白内障等）。

由于自由基的破坏而引起皮肤衰老、出现皱纹和脂褐素的堆积使皮肤细胞免疫力的下降，导致皮肤肿瘤易感性增强。这些都是自由基破坏的结果。

（2）器官组织细胞的破坏与减少：器官组织细胞的破坏与减少，是机体衰老的症状之一。例如神经元细胞数量的明显减少，是引起老年人感觉与记忆力下降、动作迟钝和智力障碍的又一重要原因。器官组织细胞破坏或减少主要是由于基因突变改变了遗传信息的传递，导致蛋白质与酶的合成错误和酶活性的降低。这些损伤积累，造成了器官组织细胞的老化与死亡。生物膜上的不饱和脂肪酸极易受自由基的侵袭发生过氧化反应，氧化作用对衰老有重要的影响，自由基通过对脂质的侵袭加速了细胞的衰老进程。

（3）免疫功能的降低：自由基作用于免疫系统或作用于淋巴细胞使其受损，引起老年人细胞免疫与体液免疫功能减弱并使免疫识别力下降而出现自身免疫性疾病。

所谓自身免疫性疾病，就是免疫系统不仅攻击病原体和异常细胞，同时也侵犯了自身正常的健康组织，将自身组织当作外来异物来攻击。如弥散性硬皮病、系统性硬结、溃疡性结肠炎、成胶质病变和 Crohnn 氏病（局部性回肠炎）之类的自身免疫性疾病，往往伴有较多的染色体断裂。研究表明，自身免疫性疾病的病变过程与自由基有很大的关系。现代医学已经证实：氧自由基引起的疾病，已超过一百多种，严重地威胁着人们的健康与长寿。

（二）衰老的遗传学说

该学说认为某种生物寿命的长短或衰老是由遗传因子（即基因）决定的。人和不同种属动物寿命有很大差别，而每种生物都有其相对稳定的寿命。这种差别完全取决于各种生物各自的遗传特性，是生物进化的结果。1974 年艾博特等人对九千多人进行了研究，结果证实了“父母长寿的，子女也长寿”。大量事实证明，人类及动物的衰老和遗传有密切关系。即使同是人类，因遗传特性不同，衰老速度也不一样。比如从世界各国平均寿命可以看出，女性的寿命一般比男性长 5～10 岁。这是男女在遗传上有所不同的缘故——男女染色体成分有区别。男和女的差别发生在第 23 对染色体上，其中女性的第 23 对染色体都是 X 染色体，而男性的第 23 对染色体中一个大的是 X 染色体，另一个小的是 Y 染色体。Y 染色体中所含遗传成分很小。因此女性的遗传物质是十分完整的两套，两套染色体可以相互弥补。就是说一套染色体受到某种影响发生了损伤，可以由另一套提供相同的遗传信息加以修复，而男性却只有一套是完整的，另一套是不完整的，若损伤发生在第 23 对染色体中的 X 染色体上，那就无法修复了。据认为这便是男性寿命较短的根本原因，也是女性的免疫系统衰退较慢的原因。而皮肤衰老是人体整体衰老的一个组成部分。

（三）内分泌功能减退学说

该学说认为是丘脑垂体轴的功能和形态逐渐退化导致性腺激素、肾上腺皮质激素等多种腺体激素分泌减少，继而出现腺体萎缩、性功能减退、生殖能力下降等内分泌衰退体征的发生。内分泌腺包括甲状腺、甲状旁腺、胰岛、肾上腺、性腺和脑垂体等。它们在人体内部有各自的据点，小的不到1g，大的也不过30g，其所分泌的物质——激素也微乎其微，然而它们的作用却大得惊人。激素的分泌失常，均可造成机体内稳定状态严重破坏，导致衰老。如性腺功能的减退是衰老的早期信号之一，长寿人在高龄时还有生殖能力就是最好的说明。美国哈佛大学老年学家登克拉提出，人脑子里的脑垂体会定期释放一种能够抑制或干扰人体利用甲状腺素的激素，从而使细胞利用甲状腺素的能力降低。而一旦细胞不能利用甲状腺素，细胞就会逐渐衰老或死亡。

（四）免疫功能下降学说

该学说认为，作为免疫系统中心器官的胸腺，在性成熟后便开始退化，体内抗体水平也不断下降，诱发衰老和多种皮肤病。这种学说是从细胞间、脏器、个体水平解释衰老原因的学说。沃尔弗德等人于1962年根据衰老过程中发生变异细胞能激发免疫反应、又能使机体的实质细胞发生损害的情况，提出了自身免疫学说并以此解释衰老。老年人多有的神经痛、关节炎被认为是免疫系统自身攻击的结果。

在正常情况下，机体的免疫系统不会与自身的组织成分发生免疫反应。但机体在许多因素影响下，免疫系统把某些自身组织当作抗原而发生免疫反应。这种现象对正常机体内的细胞、组织和器官产生许多有害的影响，使机体产生自身免疫性疾病，从而加速机体的衰老与死亡。

（五）交联学说

交联系指两个以上反应基因与蛋白分子作用时，一个反应基因与一个蛋白分子结合，其他反应基因与别的蛋白分子结合，从而形成新的大分子。交联学说认为，人体的细胞与组织中存在着大量的发生交联反应的成分，因而往往容易发生多种交联反应。交联反应是所有化学反应中的一种。在体内的生物化学反应过程中，只要发生了极小量的交联干扰，就可以对机体产生严重的损伤作用。生物体内大分子中发生异常的或过多的交联，可以引起生物体的衰老和死亡，这就是衰老机制的交联学说的基本要点。

二、皮肤衰老的特征

一般说来，皮肤衰老具有普遍性、多因性、进行性、退化性和内因性等特征，主要表现为：①从皮肤的外表来观察，皮肤明显出现皱纹，尤其是在人体的面部；②皮肤的颜色随着年龄的增加而逐渐加深，即色素沉着。到了老年之后，就开始出现“老年斑”；③随着年龄的增加，皮肤的表皮逐渐变薄，皮肤中水分和脂肪含量减少，使皮肤变得粗糙、失去光泽；④皮肤的附属器官毛发、指甲等，发生明显的变化，如毛发变白、脱落、指（趾）甲变得干燥、肥厚。

研究表明，皮肤衰老是内源性因素和外源性因素共同作用的结果。内源性衰老（intrinsic ageing）又称为自然衰老或固有性衰老，是指由遗传因素或不可抗拒的因素引起的衰老，为不可避免的渐进过程；外源性衰老（extrinsic ageing）主要指由紫外线辐射、吸烟、风吹、日晒和接触有害化学物质等环境因素导致的，其中日光中紫外线辐射是环境因素中导致皮肤衰老的主要因素，所以外源性衰老又称为光致老化（Photoageing）（图 4－5）。

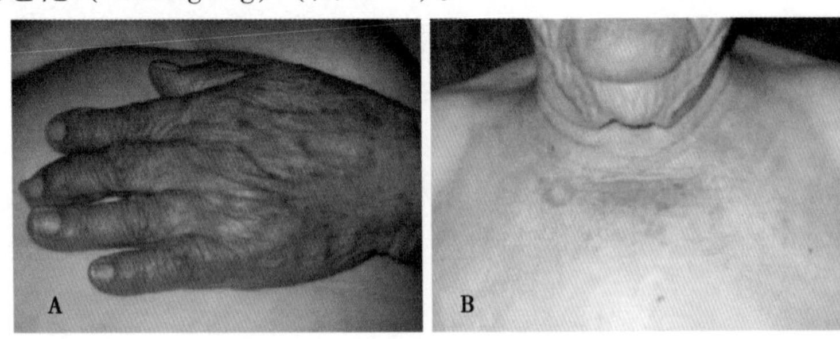

图 4－5 皮肤的自然衰老与光致老化

A：一位 91 岁妇女手部（光致老化）和腹部（自然衰老）；
B：同一位妇女的衣领上部（光致老化）皮肤和下部（自然老化）皮肤。

（一）皮肤自然衰老的表观特征

皮肤自然衰老主要是指发生于老年人非暴光部位皮肤的临床、组织学、生理功能的退行性改变，它是随着时间推移和年龄增长而自然发生于皮肤组织结构和生理功能的变化。这些变化在外观上主要表现为：皮肤萎缩、干燥、粗糙、苍白或灰暗、无光泽、皱纹增多、沟纹加深、皮肤下垂、松弛、弹性降低、韧性下降而脆性增加，特别在口周围、外眼角处出现放射状皱纹并导致皮肤原有功能的减退；皮肤出现老年白斑、褐色斑或其他老年性皮肤色素沉着增加，且日趋加重或明显，呈广泛性全身性分布；同时出现老年性疣和皮肤脉管系统突出，皮肤表层血管明显暴露、扩张，毛细血管扩张时呈细红丝或片状红斑，小静脉扩张时稍粗且呈蓝色或紫黑色；出现眼睑下垂和黑眼袋。

在组织结构上主要表现为各层细胞数量减少、全层皮肤厚度减少、表皮层轻度变薄、细胞水分丢失、形态大小不一、分裂速度与次数减少、基底细胞增殖减慢、角质层通透性增加，表皮与真皮的交界处变平、真皮层结缔组织减少，真皮变薄、胶原性物质浓缩变硬且弹性减弱、弹力纤维变性或断裂、胶原纤维变性、缩短或增厚成团、皮肤血管减少、毛细血管壁变薄与脆性增加、皮下脂肪减少、皮下组织逐渐发生退行性变性、汗腺萎缩、皮脂腺功能减退、毛发再生能力下降、表皮黑色素细胞内多巴过氧化酶与酪氨酸酶活性和含量降低、黑色素合成障碍和毛发呈灰白或白色等皮肤组织学改变等。

在皮肤生理学上的改变主要表现在皮肤屏障、保护、呼吸、代谢、分泌、排泄、透皮、渗透、吸收、温觉、痛觉和免疫等方面的功能全方位降低。

（二）皮肤光致老化的表观特征

皮肤光致老化是指皮肤衰老过程紫外线损伤的积累，是自然衰老和紫外线辐射共同作用的结果，在外观上主要表现为皮肤暴露部位粗糙、皱纹加深加粗、结构异常、不规则性色素沉着、血管扩张、表皮角化不良、出现异常增殖和真皮弹性纤维变性及其降解产物积蓄等。

在皮肤结构和生理功能上主要表现为表皮厚度增加，在不同部位可出现严重的萎缩或增生。角质形成细胞和黑色素细胞发生一定程度的核异型。角质形成细胞缺乏分化成熟的有序性，黑色素细胞不规则地分布在基底膜上方，郎格汉斯细胞数量明显减少。真皮细胞外基质，如胶原、弹性纤维、氨基聚糖、蛋白聚糖等不同程度变形、变性。真皮内出现大量粗大、杂乱无章和异常增生的弹力纤维，严重者出现弹力纤维无定形团块。这种变性的弹力纤维不再具有弹性特征，且成熟胶原纤维数量减少，皮肤小静脉由于血管壁明显增厚而出现血管屈曲、扩张。由于血管周围支撑结缔组织的减少和血管内皮细胞的损伤而出现表浅小血管扩张。结缔性弹性纤维病变可出现囊肿和黑头，组织学上表现为毛囊扩张，萎缩的皮脂腺存在于弹性纤维变性的真皮中。

Glogau 等根据皮肤皱纹、年龄、有无色素异常、角化和毛细血管情况将皮肤光致老化分为四种类型（表4－4）。

表4－4　皮肤光致老化的 Glogau 分型

分型	皮肤皱纹	色素沉着	皮肤角化	毛细血管改变	老化阶段	年龄（岁）	化妆要求
Ⅰ	无或少	轻微	无	无	早期	20～30	无或少用
Ⅱ	运动中有	有	轻微	有	早、中期	30～34	基础化妆
Ⅲ	静止中有	明显	明显	明显	晚期	50～60	厚重化妆
Ⅳ	密集分布	明显	明显	明显	晚期	60～70	化妆无效

皮肤自然衰老与光致老化在发生年龄、原因、临床特征等方面均有明显的差别（表4－5）。

表4－5　皮肤自然衰老与光致老化的区别

区别点	皮肤自然衰老	皮肤光致老化
发生年龄	成年以后开始，逐渐发展	儿童时期开始，逐渐发展
发生原因	固有性，机体衰老的一部分	光照，主要为紫外线辐照
影响因素	机体健康水平，营养状况	职业因素、户外活动
影响范围	全身性，普遍性	局限于光照部位
临床特征	皮肤皱纹细而密集、松弛下垂，有点状色素减退，无毛细血管扩张、角化过度	皮肤皱纹粗，呈橘皮、皮革状，出现不规则色素斑如老年斑，皮肤毛细血管扩张、角化过度
组织学特征	表皮均一性萎缩变薄，血管网减少，胶原含量减少，真皮萎缩，弹力纤维降解、含量减少，所有皮肤附属器均减少、萎缩	表皮不规则增厚或萎缩，血管网排列紊乱、弯曲扩张、Ⅰ型胶原减少，网状纤维增多、弹力纤维变性、团状堆积，皮脂腺不规则增生
并发肿瘤	无此改变	可出现多种良性、恶性肿瘤
药物治疗	无效	维 A 酸类，抗氧化类有效
预防措施	无效	防晒化妆品和遮阳用具有效

三、影响皮肤衰老的因素

一般人体的皮肤从25～30岁以后即随着年龄的增长而逐渐衰老。人体各部分受遗传基因所控制而出现的一系列衰老现象是不可避免的。但是，由于人们的生活环境、生活方式、皮肤护理方法和遗传等诸多因素的不同，使得每个人衰老的程度、速度具有很大的差异。它不仅与年龄有关，还受一些其他因素的影响。

（一）内在因素

（1）皮肤附属器官功能的自然减退。由于皮肤的汗腺、皮脂腺功能降低，分泌物减少，使皮肤由于缺乏滋润而干燥，造成皱纹增多。

（2）皮肤的新陈代谢减慢。这使得真皮内弹力纤维颌胶原纤维功能减退，造成皮肤张力与弹力的调节作用减弱，使皮肤皱纹增多。

（3）皮肤的营养障碍。面部的皮肤较身体其他部位的皮肤薄，由于皮肤的营养障碍，使得皮下脂肪储存逐渐减少，细胞颌纤维组织营养不良，性能下降，从而使皮肤出现皱纹。导致营养不良的原因有饮食结构不合理，营养摄入量不足；消化、吸收功能障碍；疲劳过度，消耗过量等。这些因素都会加速皱纹的增加，导致皮肤的衰老。

（二）外在因素

一般来讲皮肤衰老除自然的生理因素以外，还与下列因素有关。

（1）紫外线

研究表明，长期受紫外线照射是导致皮肤衰老的最常见、作用最强的外在因素。紫外线刺激和损伤皮肤，使其过度增殖，色素沉着，最终导致皮肤老化。

（2）过多及过于丰富的面部表情

表情肌位于面部皮肤的深部，如果面部的表情变化过多，平时多愁善感、急躁易怒、郁闷不乐等，经常在脸上出现愁苦、紧张、拘谨的表情。面部表情肌会不断地收缩、舒张并牵动面部皮肤一起活动。在皮肤的弹性和张力不佳的状态下，会加速皱纹的增多。

（3）长期睡眠不足

皮肤细胞有分裂增殖、更新代谢的能力。皮肤的新陈代谢功能在晚上十点钟至凌晨两点钟之间最为活跃、最旺盛。如睡眠不足可使皮肤调节功能降低，出现皱纹，加速衰老。

（4）长期在光线暗的环境下工作

在光线暗的环境下看书、写字和工作时，面部肌肉常呈紧张的收缩状态，久而久之，会由于皱眉而在眉间及眼尾出现皱纹。

（5）不当的迅速减肥或缺乏体育锻炼

由于平时的体育锻炼少或因体重的迅速减轻，都易使皮肤松弛而形成皱纹。

（6）皮肤水分补充不足

皮肤角质层含水量约为10%～20%之间，它具有较强的吸水性，可柔软皮肤，皮肤水分补充不足，会使皮肤缺乏滋润，失去弹性而出现皱纹加速衰老。

（7）环境突然改变或环境恶劣

一个美好的环境可以使人心旷神怡，精神抖擞，皮肤放松；环境突然改变，如气候冷、热骤变或长时间地使皮肤暴露在烈日下、寒风中，皮肤难以适应，会变得粗糙，加速衰老，出现皱纹。

（8）化妆品使用不当

劣质化妆品对皮肤的刺激或过多的扑粉吸去了皮肤表层的水分，都极易使皮肤粗糙、老化并出现皱纹。

（9）烟、酒等的刺激

吸烟会加速皮肤老化并增加皮肤皱纹。烟气中含有的一些有害物质，会使胶原蛋白水解酶的合成增加。烟雾促使机体产生超氧化物阴离子等自由基增多，自由基通过直接或间接作用引起组织损伤。除此之外，过度饮酒、喝太浓的茶、咖啡和含酒精的饮品等，都易对皮肤产生刺激而促使其衰老并产生皱纹。

四、皮肤皱纹形成的机理

皱纹是皮肤衰老的最初征兆。皱纹进一步发展，会形成皱襞，即皮肤上较深的褶子。25岁以后，皮肤的衰老过程开始，皱纹渐渐出现。出现的顺序一般是前额、上下眼睑、眼外眦、耳前区、颊、颈部、下颏和口周。

如图 4 -6 所示，衰老皮肤与年轻皮肤之间主要存在着三个明显差别。

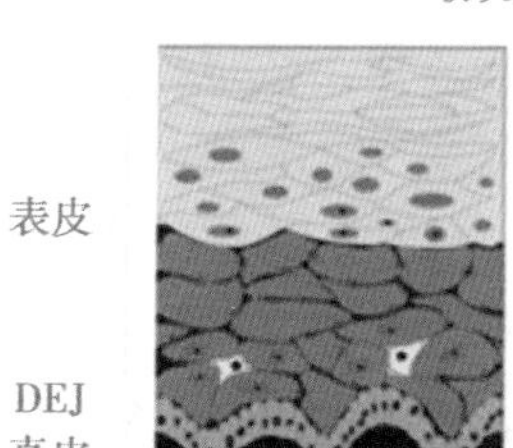

图 4 -6　皮肤皱纹形成的机理

（1）表皮最外层角质细胞形成的纹理明显不同。年轻皮肤呈现细、密、网状纹路，而衰老皮肤则发生严重缺失，呈现疏、少，具有定向走势的特征。

（2）在表皮与真皮结合处（DEJ），年轻皮肤表现为多褶皱，而衰老皮肤在 DEJ 处变平坦。

（3）真皮结构中胶原弹力纤维网络发生很大变化。衰老皮肤排列松散，网内间隙加大，真皮密度降低，胶原蛋白和蛋白聚糖等分子合成的 ECM 大分子过度降解，表现为手触弹力大幅下降，表皮松懈，皱纹大面积出现。

导致皱纹产生的原因很多。从中医理论的角度来看，皱纹与人体内在脏腑的功能活动密切相关。机体衰老：皮肤是机体的一部分，当机体衰老时，皮肤也不可避免地老化，从而出现皱纹；内脏功能失调：人体面部与人体其他部位一样，需要营养，而人体内的营养物质是通过内脏的功能活动产生的。所以，内脏功能失调必然导致营养物质的缺乏，使面部肌肤失去气血滋养而导致早衰，出现皱纹；饮食不当：人体饮食过饥使摄食量不足，使体内营养物质匮乏，使面部肌肉失去营养，产生皱纹，而长期饮食不平衡，也可导致皱纹的产生；情志不调：导致人体气血运行不畅，面部肌肤失去血液的滋养，导致皱纹出现。

从现代医学的角度来看，认为皱纹的出现与年龄、表情肌和重力有关。当表情肌收缩时，皮肤会收缩而出现皱纹。正常的、年轻的皮肤具有一定的弹性和张力，当表情肌松弛后，皮肤会很快复原，使皱纹消失。人进入中年后，皮肤开始明显老化，皮肤变薄、变硬、干燥、张力降低。真皮弹力纤维变性、断裂，使皮肤的张力和弹性降低，这样，当表情肌松弛后，皮肤不能很快复原，久之则使皱纹“凝固”下来，表情肌不收缩皱纹依然存在。随着年龄增大，皮肤和皮下组织更加松弛，加上面部支持组织的萎缩或缺失，以及肌肉的松软，皮肤将会在重力的作用下发生滑坠，形成更深的皱纹。

五、常见的抗皱功效物质

抗氧化剂可以来源于生物体，包括动物、植物和微生物等。通常分为天然抗氧化剂或生物抗氧化剂；有些抗氧化剂也可以通过化学合成的方法得到，将其称为化学合成抗氧化剂。这类抗衰老活性物质开发的依据是目前受到广泛重视的自由基衰老学说，而几乎所有具有抗氧化作用的活性物质都具有抗衰老作用。

1. 超氧化物歧化酶

超氧化物歧化酶（Superoxide dismutase，SOD），是一类广泛存在于生物体内的金属酶，自 1969 年 McCord 和 Fridovich 从牛红血细胞中发现 SOD 以来，SOD 就成为了衰老生物学的研究热点。根据活性中心结合的金属离子不同，SOD 主要分为：①Cu/Zn-SOD，主要存在于真核细胞的细胞质、线粒体和原核细胞中；②Mn -SOD，主要存在于真核细胞的线粒体基质中；③Fe-SOD，主要存在于原核细胞和少数植物细胞中，动物组织中不含 Fe-SOD。此外，在一些低等生物中还存在 Ni-SOD。

SOD 能够清除生物氧化过程中产生的超氧阴离子自由基，是生物体有效清除活性氧的重要酶类之一，被称为生物体抗氧化系统的第一道防线，在防辐射、抗衰老、消炎和抑制肿瘤与癌症以及自身免疫治疗等方面显示出独特的功能。作为化妆品的添加剂，SOD 的作用主要是：①有明显的防晒效果，SOD 可有效防止皮肤受电离辐射的损伤；②有效防治皮肤衰老，祛斑、抗皱，起抗氧化酶的作用；③有明显的抗炎作用，对防治皮肤病有一定疗效；④有一定的防治瘢痕形成的作用。但由于SOD具有分子量大，不易被皮肤吸收和不稳定性等缺点；而且由于SOD具有生物活性，贮存或工艺条件不当，均会导致SOD失活。目前正采用酶生物技术可SOD在分子水平上进行化学修饰。利用月桂酸等作为修饰剂，对SOD的酶分子表面赖氨酸进行共价修饰，经修饰过的SOD克服了SOD易失活的不足，使SOD在人体内的半衰期、稳定性、透皮吸收、抗衰老和消除免疫原等方面都高于未修饰的SOD，从而提高了SOD的效果。

2. 谷胱甘肽（还原型）

还原型谷胱甘肽是一种具有重要生理功能的活性三肽。它是由谷氨酸、半胱氨酸和甘氨酸组成的，其化学名为γ-/谷氨酰-L-半胱氨酰-甘氨酸。还原型谷胱甘肽的主要生物学功能是保护生物体内蛋白质的巯基，从而维护蛋白质的正常生物活性，同时它又是多种酶的辅酶与辅基。谷胱甘肽分子结构中的活性巯基具有重要的细胞生化作用，有很强的亲和力，能够与多种化学物质和人体代谢产物结合，清除体内的许多自由基（如烷自由基、过氧自由基、半醌自由基等），保护细胞膜的完整性，具有抗脂质氧化作用，使细胞免受其害，从而维持细胞的正常代谢。此外还原型谷胱甘肽还能抑制黑色素合成酶的活性，具有防止皮肤色素沉着、减少黑色素的形成和改善皮肤色泽的功效。

此外，大量的研究表明，一些大豆蛋白、乳蛋白、胶原蛋白、玉米醇溶蛋白等的酶解产物，由于构成蛋白质的多肽和氨基酸能捕捉活性氧，随之发生自由基连锁反应的终止，因而具有一定的抗氧化作用。

3. 维生素及其衍生物

（1）维生素E：又称生育酚，是一种脂溶性维生素，也是迄今为止发现的无毒的天然抗氧化剂之一，由包括α-生育酚、β-生育酚、γ-生育酚、δ-生育酚和相应的生育三烯酚等八种物质组成。对热稳定，在碱性条件下特别容易氧化，而酸性条件下较稳定，紫外线可促进氧化分解。四种生育酚的生理活性顺序为$\alpha > \beta > \gamma > \delta$，而抗氧化性正好相反。

研究证实维生素 E 能促进皮肤新陈代谢、防止色素沉淀和改善皮肤弹性，对皮肤免受自由基损害有决定性作用。同时维生素 E 作抗氧化剂可以延长化妆品使用时间。这主要源于维生素 E 的生物学功能主要是抗氧化作用，保护不饱和脂肪酸尤其是亚油酸免受自动氧化，UFA 是一种能保护细胞膜的完整性并产生前列腺素的前提体。维生素 E 和硒具有协同抗氧化作用，但与硒不同的是维生素 E 是在自由基引起脂质过氧化之前将其清除，防止脂质过氧化形成的自由基及其连锁反应，减少自由基的产生。而脂褐素是细胞中脂类的多种不饱和脂肪酸在自由基的作用下生成的脂质过氧化物。

羟自由基是细胞内破坏性最强的活性氧，当机体受电离辐射时可以产生羟自由基，当金属离子与过氧化氢共同作用时也可以产生羟自由基。羟自由基可以结合在鸟嘌呤的 C4，C5，C8 位置形成 8-羟基-7，8-二羟基鸟嘌呤并且进一步氧化为 8-羟基鸟嘌呤。研究表明，维生素 E 可以降低过氧化氢诱发的羟自由基的产生如 DNA 碱基对的改变，抑制氧化应激诱发的染色体畸变。

（2）维生素 C：又称抗坏血酸，是一种水溶性维生素，它通过逐级供给电子而转变成半脱氢维生素 C，以达到清除 O_2^-，OH，R 和 ROO 等自由基。具有较强的抗氧化作用。但是，它不太容易进入细胞内，且大剂量服用会导致细胞内 DNA 的损伤。最近，研究人员将磷酸基引入到维生素 C 分子中并改变其部分结构，形成“维生素 C 前体”，后者容易进入细胞内并释放出维生素 C；用人体细胞进行的实验表明，它可以使端粒缩短的速度降低 27% 并增强端粒酶的活性，可使细胞的寿命延长 50%，这也同衰老发生的端粒学说相符。维生素 C 与维生素 E 有协同清除自由基的作用。

（3）β-胡萝卜素：β-胡萝卜素的抗衰老作用，主要是其分子结构中含有较多的双键，容易被氧化；研究证明，服用胡萝卜素的动物体内 SOD 活性高，细胞中脂褐素含量低等。β-胡萝卜素对预防心血管疾病、癌症和老年白内障等疾病以及提高免疫功能，都有一定作用，从这个意义上说，也可能有抗衰老作用。

（4）维甲酸类：外用的0.05%全反式维甲酸润肤霜是目前惟一被美国食品和药品管理局批准的可用于光老化治疗的产品，它对局部的皱纹、点状色斑和皮肤的粗糙程度均有显著的改善。全反式维甲酸能刺激角朊细胞和成纤维细胞增生，使表皮恢复正常，在真皮上部产生新的胶原并抑制由紫外线引起的胶原裂解，还能形成新的血管、新的弹力纤维并使表皮色素重新分布。光老化多由基质金属蛋白酶的诱导引起，它使胶原降解。维甲酸可以抑制金属蛋白酶诱导，防止胶原变形，从而预防光老化。

4. 黄酮类（酚类）化合物

黄酮类化合物是具有C（6）-C（3）-C（6）构成的2-苯基色源烷衍生物基本骨架的酚类化合物，具有抗菌消炎、清除自由基、吸收紫外线和促进皮肤细胞生长等多种抗衰老生理功能。研究表明，银杏、黄芩、橙皮、陈皮、竹叶、甘草、槐花、葛根、芦丁、枳实、银杏叶和沙棘等植物中含有丰富的黄酮类物质，其中银杏黄酮、大豆异黄酮、竹叶黄酮和甘草提取物已经在化妆品中得到应用。

茶多酚又称茶叶提取物，是含有儿茶酚类、黄酮与黄酮醇、花色素和酚酸与缩酚酸类等四大类多酚化合物的复合物，是一类氧化还原电位很低的还原剂，具有较多活泼的羟基氢，能提供氢质子与体内过量自由基结合并能中断或终止自由基的反应。研究表明，茶多酚能提高和诱导生物体内抗氧化酶类如SOD、GSH-Px等的活性来消除体内过量自由基，抑制自由基异常反应所致的过氧化脂质生成，降低脂褐素含量。研究表明，茶多酚与柠檬酸、苹果酸和酒石酸等有较好的协同作用。

5. 胶原蛋白、弹性蛋白

胶原蛋白是构成动物肌肉的基本蛋白质，它是由成纤维细胞合成的。可溶性胶原蛋白中含有丰富的脯氨酸、甘氨酸、谷氨酸、丙氨酸、苏氨酸和蛋氨酸等15种氨基酸营养物，将其应用于化妆品中易被皮肤吸收，能促进表皮细胞的活力，增加营养，有效消除皮肤细小皱纹。另外，在化妆品中通过加入从动植物提取物得到的衍生物，如胶原蛋白氨基酸、水解（溶）胶原蛋白、水解乳蛋白、水解麦蛋白和水解大豆蛋白等，可起增加和改变皮肤内结缔组织的结构和生理功能的作用，用以改变皮肤的外观，达到防止皮肤衰老的目的。

六、微生物酵素的抗衰老功效

皮肤的衰老是指生物体自成熟期开始，随年龄增长而发生的、渐进的、受遗传因素影响的、全身复杂的形态结构与生理功能不可逆的退行性变化，表现为皱纹的产生、皮肤松弛、色素沉着增加等。北京工商大学植物资源研究开发重点实验室以中加保罗集团公司生产的微生物酵素为原料，测定其抗氧化能力，即抗衰老功效，同时，利用人体实验检测微生物酵素对人体皮肤纹理度的影响，即抗皱功效。

（一）微生物酵素的抗氧化性

皮肤衰老机理中，有一个重要的理论是"自由基学说"。自由基极其活泼，单独存在的时间很短，正常情况下其产生和消亡是处于动态平衡中。随着年龄的增大、疾病的影响以及日光的照射都可以增加体内的自由基；多余的自由基会引发多种不良化学反应，使机体处于不正常状态，表现在皮肤上则是皮肤干燥，出现皱纹、老年色斑，皮肤无弹性、无光泽等。抗氧化剂等可以清除衰老过程中产生的自由基，在一定程度上达到抗衰老的目的。因此，检测酵素的抗氧化能力可以初步确定酵素的抗衰老功效，北京工商大学植物资源研究开发重点实验室采用 DPPH 法，检测微生物酵素的总抗氧化能力，结果表明，2% 微生物酵素的抗氧化性达 89.41%。这说明微生物酵素具有很强的抗氧化性，具有非常好的抗衰老功效，因而可以作为抗皱功效成分应用到化妆品中去。

（二）微生物酵素对人体皮肤纹理度的影响

皮肤衰老的一个重要表现是皮肤纹理的变化，即皮肤皱纹是皮肤衰老最直接的标志，因此，检测微生物酵素对人体皮肤纹理度的影响可以直接反映微生物酵素的抗皱抗衰老功效。北京工商大学植物资源研究开发重点实验室采用人体实验，对微生物酵素的抗皱抗衰老功效进行了直接检测分析，首先，在技术人员的指导下，由受试人群使用微生物酵素后，然后，利用皮肤图像分析系统（Skin Visiometer SV600）测定实验部位涂抹化妆品前后的皮肤纹理变化，从而确定化妆品的抗皱功效。

受试群体：平均年龄为23岁的在校大学生36名，其中，男性20名，女性16名，皮肤健康无损伤。

测试方法：

（1）配制5%的微生物酵素作为待测样品，蒸馏水为对照。

（2）选择受试者左手臂内侧距手掌基部10cm处为实验部位，选择受试者右手臂内侧距手掌基部10cm处为对照空白部位。

（3）首先由技术人员使用肤图像分析系统（Skin Visiometer SV600）测拍实验部位涂抹化妆品前的皮肤纹理，记录拍照。

（4）受试者在左手臂实验部位涂抹5%的微生物酵素溶液，右手臂实验部位涂抹蒸馏水，每天早晚涂抹两次。实验期间，受试者在实验部位不能涂抹任何化妆品。

（5）受试者在连续使用微生物酵素溶液1周、2周、3周、4周、5周、6周、7周和8周后，使用肤图像分析系统（Skin Visiometer SV600）测拍实验部位涂抹化妆品前后的皮肤纹理的变化，记录拍照。每次测试时受试者将涂抹部位洗净。

（6）观察受试者实验部位每次的测试照片，分析其皮肤纹理的变化规律。

8周后，在36名受试者中，有22名涂抹5%的微生物酵素后，皮肤纹理度发生了明显变化，以下为其中一名受试者的皮肤纹理变化照片：

由图4－7和图4－8照片可以看出，实验空白部位，没有使用微生物酵素，皮肤纹理度略显粗糙。通过图4－9和图4－10可以看出，涂抹微生物酵素的部位皮沟变浅，皮肤纹理细致平滑，皮肤较涂抹前变得细腻。试验表明微生物酵素有一定的改善皮肤纹理的能力，即抗皱能力。

综合上述实验结果，微生物酵素具有非常强的抗氧化能力，可以有效清除自由基，保护皮肤，预防衰老。作为功效添加剂应用到护肤产品中，可以有效减缓皮肤松弛、色素沉着等症状的出现，淡化皱纹，消除细纹，使皮肤富有弹性和光泽。

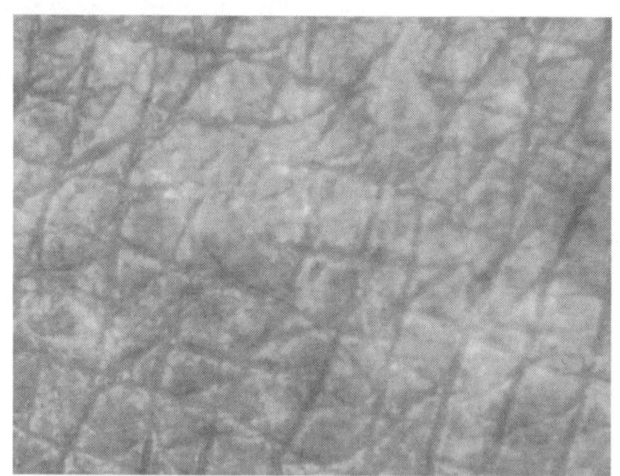

图4-7　对照部位皮肤表皮

图4-8　8周后对照部位皮肤表皮

图4-9　涂抹微生物酵素前皮肤表皮

图 4－10　涂抹微生物酵素 8 周后皮肤表皮

第四节　微生物酵素的去痘功效

痤疮（Acne）即寻常性痤疮，俗称“粉刺”、“青春痘”、“酒刺”或者“酒疙瘩”，是一种多种因素综合作用所致的常见毛囊、皮脂腺慢性炎症疾病，是大多数青年男女在青春发育期存在的较普遍的皮肤疾病。中国最近所做的流行病学调查显示 44.5% 的青少年患有痤疮。临床以颜面与胸背部散在发生针尖米粒大小的皮症为特点，或见黑头，能挤出粉渣样物，初见如细小的丘疹和脓包；严重时伴有结节、囊肿、疤痕、色素沉着。它不仅是一种躯体疾病，也是一种不容忽视的心身疾病，在社交、心理、情绪等方面对患者都有影响。

一、痤疮的临床特征

痤疮发生在面部，也可发生在胸背上部与肩部，偶尔也有发生于其他部位的红色丘疹。皮脂腺旺盛部位重，皮脂分泌少的部位轻（眶周皮肤从不累及）。大多患者是油性皮肤，开始大多为寻常型，以后可出现结节、脓疱、脓肿、窦道或瘢痕。病程长，易反复，多无自觉症状。炎症明显时，则可引起疼痛和触疼。青春期后大多数病人均能自然痊愈或症状减轻。目前，西医临床根据皮肤损害的主要表现把痤疮分为以下 8 种类型：

（1）点状样痤疮：面部呈现的小点状散在小白点接近于皮肤色，如用手挤压，可挤出条状或米粒大的黄白色、半透明的脂肪栓。这是毛囊皮脂腺口被角质细胞堵塞，角化物和皮脂充塞其中，与外界不相通，形成闭合性粉刺，看起来为稍稍突起的白头；毛囊皮脂腺口被角化物和皮脂堵塞，而开口处与外界相通，形成开放性粉刺，表面看起来是或大或小的黑点。

（2）丘疹性痤疮：最常见的皮肤损害，以发炎的小丘疹为主，高出皮肤，大小有如米粒到豌豆大，较密集，有的也较坚硬，颜色是淡红色或深红色，有时在丘疹中央可以看到黑头或顶端发黑的皮脂栓，时有痒或疼痛感。主要由于在毛囊皮脂腺口堵塞的情况下，形成毛囊皮脂腺内缺氧的环境，厌氧性的痤疮丙酸杆菌大量繁殖，分解皮脂，产生化学趋化因子，白细胞聚集而发生炎症性丘疹，所以这类丘疹属于炎性损害。

（3）脓疱性痤疮：以脓疮表现为主，高出皮肤，有绿豆大小，顶部形成白头脓疱，底部色浅红或深红，触之有痛感，脓液较为黏稠，治愈后常遗留或浅或深的瘢痕。这是炎性丘疹的进一步发展与加重。毛囊皮脂腺内大量中性粒细胞聚集，吞噬痤疮丙酸杆菌，发生炎症反应，大量脓细胞堆积形成脓疱。

（4）结节性痤疮：当发炎部位较深时，脓疱性痤疮可发展成壁厚的结节，大小不等，颜色呈浅红色或深红色，表现不一，有的显著隆起，而成为半球形或圆锥形，可长期存在或逐渐吸收；若脓液破溃后可形成明显的瘢痕和色素沉着。这是在脓疱的基础上，毛囊皮脂腺内大量的角质物、皮脂和脓细胞存贮，使毛囊皮脂腺结构破坏而形成高出于皮肤表面的红色结节，基底有明显的浸润、潮红并且触之有压痛。

（5）萎缩性痤疮：痤疮的丘疹或脓疱损害破坏皮脂腺腺体，脓疱溃破或丘疹自然吸收引起纤维性病变与萎缩，愈后引起凹坑状萎缩性瘢痕，多见于患病时间较长，反复发作，而没有加以重视的患者。

（6）囊肿性痤疮：形成大小不等的皮脂腺囊肿，常继发化脓感染，破溃后常流出由于带血的胶冻状脓液，而炎症往往不重，以后逐渐形成窦道或瘢痕。这是毛囊皮脂腺结构内大量脓细胞的聚集，既有脓液、细菌残体、皮脂和角化物，又有炎症浸润。把毛囊皮脂腺结构完全破坏，触摸起来有囊肿样感觉，挤压之可有脓、血溢出。

（7）聚合性痤疮：是皮肤损害最严重的一种，皮肤的损害呈现多种形态，有很多的粉刺、丘疹、脓疱、囊肿、结节和窦道，瘢痕、硬结聚合在一起集簇发生。

（8）恶病性痤疮：损害为小米至蚕豆大小的青红色或紫红色丘疹、脓疱或结节，质地较软并且含有脓液与血液，它们长久不愈；以后痊愈遗留微小的瘢痕，也不感疼痛，浸润也很少，可转变为疽疖痈。此型多见于体质虚弱者。

对痤疮严重程度的分级，目前国际上流行最为广泛的为 pillsp-bury 分类方法，将痤疮分为 4 种类型，如表 4－6 和图 4－11 所示：

表 4－6　痤疮的严重程度类型

痤疮类型	痤疮严重程度
Ⅰ（轻度）	粉刺为主要的损害，可有少量的丘疹和脓疱，总病灶少于 30 个
Ⅱ（中度）	有粉刺并有中等数量的丘疹和脓疱，总病灶数在 31～50 个
Ⅲ（中度）	有大量的丘疹和脓包，总病灶数在 51～100 个之间，偶尔有大的炎性损坏，结节小于 3 个
Ⅳ（重度）	主要为结节、囊肿或聚合性痤疮。总病灶数在 100 个以上，病损数在 100 个以上，结节或囊肿在 3 个以上

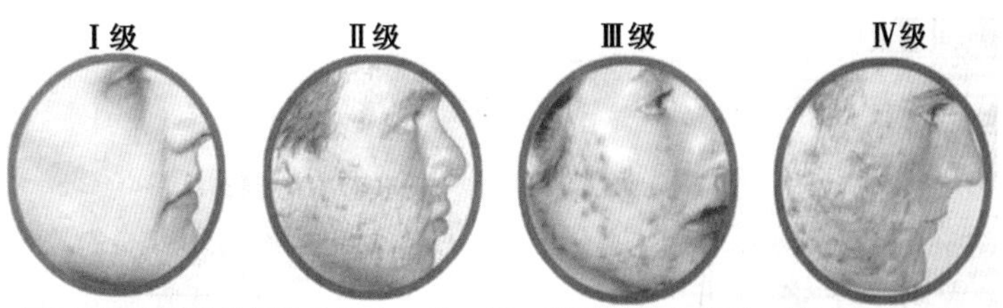

图 4－11　痤疮按最新国际分级法分为四级

二、痤疮的发病机理

现代医学认为，痤疮为多因素综合作用的结果。首先，体内内分泌：主要是雄激素分泌水平增高，促使皮脂分泌活跃、增多。毛囊皮脂腺开口被阻塞是发病机制中的重要因素。在毛囊闭塞的情况下，痤疮丙酸杆菌大量繁殖，导致炎症，形成痤疮（青春痘）最基本的损害炎性丘疹。在闭塞的毛囊皮脂腺内部，大量皮脂、大量脓细胞把毛囊皮脂腺结构破坏，形成结节、囊肿和粉瘤，最后破坏皮肤甚至形成疤痕。可以看出，现代皮肤病学论痤疮，是以雄激素增多——皮脂增多——排脂受阻——细菌感染为轴心的发病机制。目前公认的发病机制包含有以下四个发病环节：

1. 雄性激素与皮脂腺功能亢进

青春期第二性征发育，内分泌发生变化，主要是性激素的变化。性激素包括雄性激素和雌性激素，不论男女都有雄激素和雌激素，比率不同，不同时期含量和比率也不同。青春期前，男孩女孩区别不大，进入青春期，雄性激素增加，使男孩富有阳刚之气；雌性激素增加使女孩靓丽。雄性激素可刺激皮脂腺细胞分泌皮脂增多——分泌增多的皮脂——刺激毛囊导管过度角化——使毛囊壁肥厚——阻止皮脂排泄，这是痤疮的始发因素。雌激素可抑制皮脂腺功能，减少痤疮发生。男性分泌雄性激素的器官为睾丸与肾上腺；在女性的卵巢、胎盘与肾上腺也分泌雄性激素，如果与雌性激素比例失调也构成痤疮始发因素。这里说女性痤疮与雄性激素有关，并不是说女性雄性激素和男性一样增多，而是她自身相对较高。

皮脂腺的发育和皮脂的分泌直接受雄激素的支配，雄激素作用于皮脂腺导致皮脂溢出增加是痤疮发生的基础。这与个人体内雄性激素总体水平相关，处于青春期男女，内分泌不稳定，雄性激素（睾丸酮）总体水平相对较高，常有这样的情况出现，如女性在月经前，雌性激素水平下降，雄性激素水平相对提高，这时有痤疮的患者往往伴随其症状加剧，月经后随着雄性激素水平回升，其症状又会有减轻的趋势。

循环中的较弱的雄性激素在皮肤中能转换为高活性的睾酮和双氢睾酮，这一过程依赖于毛囊和皮脂腺中的特异性酶物质，如5α-还原酶。雄性激素作用于皮脂腺的第一步就是与雄性激素受体结合，这一结合便产生一系列的程序化的变化，如 DNA 复制和蛋白质的合成，最终是皮脂腺功能得以调整。

雄性激素是痤疮发病必不可少的基础，但是痤疮的发生并不是由于雄性激素的简单增多引起的，事实上大多数患者血清内的各种雄性激素水平和雄性激素结合蛋白水平均是正常的并不高于一般人群。因此，痤疮的发生有可能是由于皮脂腺中 5α-还原酶的活性增高和/或雄性激素受体的亲和力增高的缘故。

2. 皮脂分泌受阻

皮脂分泌受阻主要源于以下三个方面：

毛囊漏斗部角化过度。正常情况下，首先在毛囊漏斗部仅出现非黏着性的角化细胞和单层细胞脱落入腔内。而在粉刺形成开始时，细胞角化的终末阶段发生障碍，角质形成细胞间的黏着性增加，漏斗部的角化细胞不崩解脱落，而且细胞更迭速度加快，结果导致毛囊漏斗部导管角化速度加快，形成微粉刺。其次分泌过多的皮脂和未及时清除的汗液、灰尘、病菌和螨虫等阻塞皮脂腺口。

局部炎症，轻度痤疮（微粉刺）使表皮出现局部红肿热痛，使皮脂腺导管、毛囊颈部细胞炎性水肿，皮脂腺口闭塞，皮脂腺分泌皮脂受阻，从而使痤疮加重。

3. 毛囊皮脂单位中微生物的作用

在毛囊皮脂单位中最少有三类微生物寄生，即葡萄球菌、酵母菌和丙酸杆菌。与痤疮发病关系较密切的是丙酸杆菌。一般毛囊中的丙酸杆菌有三种，即痤疮丙酸杆菌（*Propionibacterium acne*）、卵白丙酸杆菌（*Propionibacterium avidum*）、颗粒丙酸杆菌（*Propionibacterium granulosum*）。正常时它们不会造成大的损害，当皮脂腺阻塞时，它们参与痤疮局部炎性和非特异性炎性反应。其中痤疮棒状杆菌含有使皮脂分解的酯酶，酯酶能分解毛囊内的皮脂，产生较多的游离脂肪酸，这些游离脂肪酸使毛囊及其周围发生局部炎性和非特异性炎性反应。炎性反应是指特定菌造成的局部发炎，如红肿痛与出脓头。非特异性的炎性反应是指不特定菌造成的具有共同特征的炎性反应，如痤疮深部硬结，不爱出头。

所有的炎症性痤疮几乎都是从细小的粉刺发展而来的，然而，即便是临床上看上去没有炎症的粉刺，在病理层面来看也能找到炎症的迹象。痤疮的炎症与普通的感染性炎症，至少在以下临床方面有着明显的差别：①炎症更趋向于慢性迁延；②炎症常常以瘢痕结束；③不同个体间炎症的差别非常巨大，即便同一个体，不同毛囊间炎症程度也相差明显。痤疮炎症的这些特点，使得痤疮本身在治疗的反应性方面存在着较大的差异。

4. 痤疮的免疫机制

痤疮患者的体液免疫和细胞免疫均参与了反应。此外，皮肤的免疫功能在痤疮的发病机制中的作用也逐渐被人发现。已知的有两种机制在痤疮皮损的发展中起到了重要的作用，分别为 Toll-like receptor（TL Rs）识别和 CD1d 分子的异常表达。

青春期到来，机体对痤疮很陌生，痤疮棒状杆菌在参与痤疮发生、发展的同时，作为抗原刺激机体内产生抗体，抗体循环到达局部参与痤疮的免疫反应，加重了痤疮早期炎症的致病过程。现在已在患者的体液免疫中，查到血清 IgG 水平增高并随病情加重而增高。青春期过后皮脂分泌仍然多，但机体已能适应，所以不发生痤疮。如果仍有发生，这是属于续发性的。

以上 4 个发病环节虽然得到广泛的公认，但是需要指出的是，以上 4 个环节中的任何一个环节都不足以致病。事实上，所有处在青春期的人均具备有痤疮发病的基础（较多的皮脂溢出，一定程度的毛囊阻塞和高的痤疮丙酸杆菌 *P. acne*），但大多数人不发生痤疮；而且与正常人群比较，痤疮病人皮脂中的脂肪浓度、*P. acne* 数量等尽管比无痤疮者要高一些，但其数据有很大重叠，这表明这些因素都各自参加了发病，但并不是根本因素。因此，总是把痤疮的发病机制简单化，有时甚至归结于一种单一原因，以此来治疗痤疮，是不合理的，也无法取得良好的效果。

三、影响痤疮形成的因素

近年的研究不断在证实痤疮（青春痘）的发病机理和使病情加重的诱发机制，主要与性激素、皮脂分泌、脂质成份、免疫功能、毛囊角化、微生物、炎症因子、维生素和微量元素等有关。

(1) 遗传因素。父母在年轻时发生痤疮，子女在同年龄段发生痤疮几率很大。一是遗传皮肤机能状态，如皮脂腺分泌情况，二是遗传面部对痤疮的反应状态。但是，这只是一种遗传因素，决不是遗传病并且通过积极预防和恰当治疗完全可以彻底治愈，不受遗传因素影响并且愈后无任何后遗症。

(2) 与免疫机制和微量元素摄入不足有关。有研究表明，痤疮患者锌低，它可能影响机体维生素 A 的利用，促使毛囊皮脂腺的角化。有人铜低，它可能影响机体对细菌感染的抵抗力。有人锰升高，可能影响体内脂肪代谢与性激素分泌。

(3) 与饮食习惯有关。如喜食动物脂肪、糖类食物。这些食物进入体内转化为脂肪，皮脂分泌旺盛，堵塞毛囊孔或偏嗜辛辣、油腻、刺激性食物，可引起大便干燥，营养结构不平衡，损害胃肠功能，使痤疮发生。

(4) 与精神因素和消化功能有关。心理状态不平和，精神紧张、焦虑、抑郁、烦躁和精神创伤以及消化不良、长期便秘、腹泻等胃肠功能紊乱也是产生痤疮的一种诱因，并能使其加重。

(5) 环境污染。污染的空气中重金属离子增多，堵塞毛孔，损伤皮肤。阳光照射使皮肤受过量紫外线照射。另外，环境噪声可使皮肤处于紧张的防御状态，影响皮肤代谢。

(6) 外用劣质化妆品。这些劣质化妆品长期刺激皮肤并使毛囊孔堵塞，容易诱发痤疮的形成。化妆品使用不当造成毛囊口的堵塞而引发的粉刺及其一系列症状，近年来比较多见。例如头发刘海过长、常用太油的发胶，会引起额头局部痤疮；如果使用的乳液、粉底不合适或上妆太厚，也常会因堵塞毛孔而使双颊出现痤疮；此外，刷牙时残留在嘴唇周围的含氟牙膏也可刺激皮肤引起局部痤疮。

(7) 与某些化学物质接触有关。与矿物油类的接触，碘化物、溴化物和某些其他药物应用，也是一部分人的发病因素。

(8) 长期处在冷热温差较大的空调环境中。这也是痤疮诱发因素。

以上因素，可能对一些人有所侧重，也可能是综合作用的结果。

从中医理论来看，不同部位的痤疮，是人体不同脏腑功能失调的外在表现。人体是一个有机整体，人体内部脏腑的各种病理变化会以不同的方式表现于外。面部的不同部位与不同的脏腑有着密切的关系，人体脏腑功能失调时就会引起面部相应部位的痤疮。

如果长期思虑过度、劳心伤神，常可引起心火旺盛、心火上炎。这时额头上常常会长出痤疮来，提醒人们该注意劳逸结合，适当休息，应养成早睡早起的习惯，睡眠充足并多喝水。如果长期嗜食辛辣、油腻，嗜酒，就会脾胃蕴热，不仅消化不良、口干、口臭，便秘等问题也会找上门来。鼻子上也常常会冒出一些“粉刺”来提醒您，需要改变一下饮食习惯了；如果长在鼻梁上，代表脊椎骨可能出现问题；如果是长在鼻头处，可能是胃火大、消化系统异常；若在鼻头两侧，就可能跟卵巢机能或生殖系统有关。如果平时压力过大，又没有学会适当调节，给自己“解压”，肝郁气滞的各种症状便会随着压力增大而日益明显，人常常会感到莫名其妙地心烦意乱，甚至为一点点小事而暴跳如雷，双颊容易长出“青春痘”。其中左边脸颊可能是肝功能不顺畅，如肝脏的分泌、解毒或造血等功能出了状况。右边脸颊则可能是肺部功能失常。这就提醒您，该注意调节、放松一下心情了。粉刺长在下巴表示肾功能受损或内分泌系统失调。有些女性下巴上的痤疮此起彼伏，每次月经来潮前几天尤为明显，这通常与月经失调和经前期综合征有着密切联系。

除了位置外，痤疮的颜色也会透露出疾病信息，如果痤疮的颜色鲜红，说明体内有热；如果痤疮的颜色较暗，则提示有肝郁、肾虚或血淤的存在。

四、痤疮的治疗方法

针对痤疮的特点、致病因素和机理，人们分别从中医、西医和中西医结合的角度对痤疮进行研究与治疗。以下将分别综述它们各自的治疗措施：

（一）内用药

1. 维A酸类药物

维生素A是维持人体上皮组织正常功能的必需物质，人体缺乏它时，可引起皮肤干燥、毛周角化和眼结膜角化等问题。维A酸类药物是一组化合物的总称，包括与维生素A作用相似的所有天然和人工合成的化合物。内服多用于较严重的痤疮，与口服抗生素联合治疗。异维A酸是维生素A的衍生物，主要适用于重度痤疮，如聚合性痤疮、结节性囊肿性痤疮和瘢痕性痤疮等。异维A酸的最严重副作用是致畸，服用该药的患者怀孕后，有1/3出现自然流产，1/3需要引产，另1/3中有20%的胎儿出现严重先天畸形，因此生育期妇女需用异维A酸治疗时，首先应排除怀孕。异维A酸的其他副作用还有唇干、唇炎、口干、皮肤干燥和脱屑等，所以服用该药请在医生指导下使用并注意防晒。停药后需外用维A酸维持治疗，以防复发。

2. 抗微生物治疗

主要通过抗菌、抗炎和免疫调节来实现其治疗作用。用于痤疮的外用抗生素主要有过氧苯甲酰、红霉素、克林霉素、四环素。这些药应与维A酸类药物合用，不应单独使用。不应与口服抗生素合用。皮损改善后应停药，或2~3个月后无效也应换用其他抗生素，以防耐药。口服抗微生物治疗主要用于中、重度炎症性痤疮。

（1）罗红霉素：罗红霉素系大环内酯类抗生素，其口服生物利用度可达72%~85%。以罗红霉素治疗痤疮优于四环素且罗红霉素治疗2~3周时患者炎性丘疹、脓疱改善明显。

（2）红霉素：红霉素是一种从链霉菌培养液中分离而得的碱性大环内酯类广谱抗生素，抗菌谱与青霉素相似。其作用机制是抑制细菌蛋白质的合成，阻碍长肽链形成。红霉素在临床常作为复方制剂外用，3%红霉素凝胶和5%过氧化苯甲酰能有效抑制丙酸杆菌，进而减少游离脂肪酸的产生，从而提高疗效。红霉素可减轻过氧化苯甲酰的局部皮肤刺激作用，对成人、婴儿寻常型痤疮的各型皮损均有良效，对脓疱与炎性丘疹等炎性损害效果尤佳。虽然该药所致不良反应症状大多轻微，但仍建议患者最好在医师密切观察下使用。

（3）甲硝唑与替硝唑：甲硝唑为硝基咪唑衍生物，对厌氧微生物有杀灭作用，且其在人体中还原时生成的代谢物也具有抗厌氧菌作用，可抑制细菌的脱氧核糖核酸合成，从而干扰细菌的生长、繁殖，导致细菌死亡。甲硝唑常与其他抗痤疮药联合应用。

（4）过氧化苯甲酰：过氧化苯甲酰系有机氧化物，具有很强的杀菌、角质剥脱、溶解粉刺和抑制皮脂分泌的作用。其可用于治疗痤疮，尤其适用于丘疹性、脓疮性痤疮。

3. 内分泌制剂

严重病例或对其他治疗效果不好时可在医生指导下服用乙烯雌酚（每日 1 次，服用 2 周）、安体舒通（10 ~ 200mg/d）、甲氰咪呱（0.2g，每日 3 次，饭后服，4 周为一疗程）。但这些制剂副作用较多，不应列为常规用药。

4. 锌制剂

有抑制毛囊角化或炎症的作用，如甘草锌（0.25g，每日 3 次）、硫酸锌（0.2g，每日 3 次）口服，连服 1 ~ 3 月。

（二）外用药

外用维 A 酸是痤疮的一线治疗药物，阿达帕林是轻、中度粉刺性痤疮和炎症性痤疮的首选治疗药物，具有疗效更强、起效更快、耐受性更好的优势。但注意应当早期应用，除单独使用外，对于Ⅱ、Ⅲ级痤疮，常与外用抗生素，如过氧苯甲或口服抗生素联合治疗。其中，阿达帕林在联合治疗中具有良好的耐受性和稳定性。在皮损有效控制后要坚持维持治疗，预防复发。

此外，常用 0.5% 水杨酸、氯霉素酪、氯霉素酒精，3% ~ 8% 硫黄，1% ~ 2% 水杨酸洗剂或霜剂，0.25% ~ 1.0% 过氧化苯甲酸洗剂、凝胶和霜剂，均视皮损情况选用，每日外搽数次。

（三）联合治疗

联合治疗可针对痤疮发病的不同环节，因此起效更快，疗效更强，适用于粉刺性痤疮和炎症性痤疮。轻中度患者一般为外用维 A 酸与外用克林霉素或过氧苯甲酰等抗生素药物联合应用，中重度患者为外用维 A 酸与口服抗生素联合应用。试验证明，阿达帕林可增加抗生素等外用药物的穿透性，提高疗效；甚至在与过氧苯甲酰联合治疗中，阿达帕林能减少过氧苯甲酰对皮肤刺激，耐受性明显优于传统维 A 酸类药物。

（四）中药内服

中医称痤疮为“肺风粉刺”，多为肺热，或肺胃积热上壅于胸面所致，病变主要在肺与脾胃。

（1）肺经风热型：临床表现面部丘疹色红细小，鼻翼发红、油腻、脱屑，炎症较明显。相当于西医分型丘疹性痤疮。治疗以清肺降火、泻胃除热为主。枇杷清肺饮加减：枇杷叶、侧柏叶、桑白皮、金银花各12g，黄芩、菊花、桑叶各9g，甘草6g。丘疹质硬难消，加天冬、浙贝、玄参，面部痒甚加白蘚皮、白蒺藜和生甘草。七叶汤加减：枇杷叶、桑叶、侧柏叶、荷叶、竹叶、大青叶、金银花、连翘、重楼、大黄、白花蛇舌草。

（2）湿热型：多见于30岁左右者，丘疹色红较大，或结节、脓疱，伴胃肠功能紊乱。消痤汤1号。黄连解毒汤加减：全栝楼18g，土茯苓、白花蛇舌草、鹿含草各15g，大黄、黄芩、苦参、栀子各9g，黄连、甘草各6g。脓疱较多加蒲公英、银花、野菊花。

（3）痰瘀互结型：多见于青年期发病者，分布在颜面、胸背，以脓疮、炎型丘疹为主者局部有疼痛，多伴有口干渴、口臭、心烦、大便干、小便黄、舌红、苔黄燥、脉滑、痤疮经久不愈，相当于西医分型脓疙型。此型患者热毒较重，已入里，奎遏气血形成察症，故治疗须重用清热解毒药物，佐以活血化癖。五味消毒饮：金银花，野菊花，蒲公英，紫花地丁，紫背天葵，连翘。败毒丸：连翘，天花粉，牛蒡子，柴胡，荆芥，防风，桔梗，羌活，独活，红花，苏木，川芎，当归粉，甘草。六君子汤加减：黄芪、太子参各30g，生地18g，丹参、夏枯草15g，白术、茯苓、半夏、陈皮、川芎、当归、莪术各9g，甘草6g。结节明显者加三棱、海藻、浙贝、山慈菇，丘疹色红加菊花、金银花、黄芩。

（4）肝肾阴虚、冲任失调型：多为中年女性，丘疹每随月经周期变化，伴月经不调或痛经，以二至丸加减：生地18g，丹参15g，女贞子、旱莲草、玄参、仙茅、仙灵脾、当归各12g，甘草6g。胸胁胀满加柴胡、郁金、香附，痛经明显加元胡、木香。

（五）中医外治

（1）姜黄消痘搽剂：姜黄、重楼；杠板归；一枝黄花；土荆芥；绞股兰；珊瑚姜。该方具有清热解毒，散风祛湿，活血消痤的功能。主要用于湿热郁肤所致的痤疮。

（2）颠倒散：大黄、硫磺、芦荟等量，轻粉1/10。大黄、硫磺、轻粉研末，过120目筛备用。用时清水洁面后，以适量芦荟水调糊状外敷皮损处，1～2h后洗去，每日1～2次。感染者外涂金黄膏。

（六）中西医结合防治

（1）肺胃蕴热证的轻型（pillsbury Ⅰ级）：以清肺泄胃，化痰行滞为治则，方选枇杷清肺饮加减。药用枇杷叶、山豆根、苍术、陈皮、丹参、香附、补骨脂、覆盆子、甘草等。甘草抗炎抑制性腺产生睾酮，陈皮减少皮脂分泌，苍术含较多维生素A，丹参抑制上皮细胞增殖，对改善毛囊皮脂腺导管角化过度有所帮助。桑白皮、白蔹、丹参、香附皆抑制酪氨酸酶活性，可减轻色素沉着。黑色粉刺是轻型的皮损，可配合阿达帕林等维甲酸制剂外搽。

（2）肺胃蕴热证的中型（pillsbury Ⅱ级）：以清泄肺胃，凉血活血为治则，方仍用枇杷清肺饮加减。药用枇杷叶、黄芩、黄连、黄柏、重楼、丹皮、丹参、陈皮、甘草等。其中枇杷叶、黄芩清肺，黄连、黄柏泄胃，重楼解毒，丹皮凉血，丹参活血，陈皮、甘草健脾和胃。若兼夹湿热加茵陈、龙胆草、紫花地丁。若每于月经前皮损加重，或为女性持久性、迟发性痤疮，为冲任不调表现，可在经前1周方中加补骨脂温肾阳，经期1周方中加益母草调畅经血，经后2周方中加香附、当归理气养血补肝肾。现代医学研究表明，黄芩、黄连、黄柏、茵陈及杷叶、重楼、紫花地丁、龙胆草、丹皮、丹参皆有拮抗痤疮丙酸杆菌、葡萄球菌等痤疮主要致病菌功效及抗炎作用；当归、丹参、益母草活血改善微循环，并偕同补骨脂、香附、陈皮、甘草等拮抗过盛的雄性激素，减少皮脂分泌，通畅皮脂排泄导管。本型单用中药即可取得好疗效。

（3）肺胃蕴热的重型（pillsbury Ⅲ级）：以清泄肺胃，解毒活血为治则。方亦选枇杷清肺饮加减。药用枇杷叶、石膏、银花、连翘、大青叶、紫花地丁、丹皮、丹参、川芎与陈皮、甘草等。其中石膏能提高巨噬细胞对葡萄球菌等的吞噬作用，其余各药均有抗菌消炎作用，兼能调节内分泌。该型感染重、炎症明显，单用中药取效较慢，配合二甲胺四环素、阿奇霉素等，能缩短疗程。

（4）痰瘀互结证（pillsbury Ⅳ级）：以化痰散结，活血解毒，补气养血为治则。方选海藻玉壶汤加减，药用海藻、陈皮、川芎、丹参、当归、连翘、百部等。现代研究，陈皮、党参、白术、茯苓能调整胃肠功能，调节免疫功能，增强机体抗病能力；海藻、川芎、丹参、当归抗凝扩张血管改善微循环，抑制胶原纤维增殖软化瘢痕；连翘、百部、川芎、丹参、当归和银花、紫花地丁、黄芩皆抑制痤疮丙酸杆菌，部分还能抗炎和抑制葡萄球菌并杀毛囊虫。海藻含碘可加重皮损，用量宜小。该型结节囊肿中药一时难以见效，可配合维甲酸与皮质激素的应用。

综上所述，痤疮治疗方法众多，内服药物调整内分泌变化可减轻痤疮，中医养血解毒中药可辨证治疗痤疮，外用通过消炎、杀菌、去脂、清除皮面过多的油腻，去除毛孔堵塞物使皮脂外流通畅，保持皮肤清洁、控制感染而治疗。人们认为痤疮应以外用治疗为好，不要影响内分泌，只是祛除“青春痘”。

五、微生物酵素去痘功效

北京工商大学植物资源研究开发重点实验室以中加保罗集团公司生产的微生物酵素为原料，从痤疮病原微生物着手，首先从患者脸上痤疮中分离出 3 种病原菌，然后，采用液体培养法，测定 2% 的微生物酵素对 3 种痤疮相关病原菌的抑制率，实验结果表明，2% 微生物酵素溶液对 3 种痤疮相关病原菌具有非常强的抑制效果，抑制率分别为 50. 07% 、97. 35% 和 98. 46% 。这说明微生物酵素能够有效抑制痤疮相关病原菌的生长发育，可以治疗或者减缓痤疮的发生，起到预防和治疗痘痘的良好效果。此外，微生物酵素含有大量的蛋白酶和脂肪酶，作为化妆品添加成分，能够有效清洗和分解皮脂腺过度分泌的皮脂，分解毛囊部位的角化细胞，使皮脂腺不被阻塞，清除痤疮相关病原菌滋生的环境，可以有效地预防痘痘的发生。

第五节　微生物酵素的护发功效

人体不同部位的毛发分布形式完全不同，这是人类进化的结果。目前人类保留的主要是头发，另外还有眉毛、睫毛、汗毛和腋毛等毛发。头发有一定的防御和保持体温的功能，但对于人类来说，更重要的是毛发可以作为人的第二性征并且有很强的修饰功能，还具有可塑性、选择性和装饰性等特点。这些特点对人类头面部、肩颈部以至整个体态具有协调作用。人的头发多少受遗传因素的支配，但日常护理不当和头发的各种疾病，会造成头发伤害或头发脱落，不同程度地影响人的容貌和人的精神。

一、头发的结构

头发由复杂的角质纤维构成，角质蛋白分子组成的角质纤维通过螺旋式的组合相互缠绕。人们把发丝切成无数个相连的横截面，在显微镜下观察头发的横切面，可以看到每个横截面都是由角质层、皮质层和毛髓构成。头发的横切面从外到里可分为毛表皮、毛皮质、毛髓质三个部分。

（一）毛表皮

毛发的最外层结构，由扁平细胞交错重叠成鱼鳞片状，从毛根排列到毛梢，包裹着内部的皮质。主要构成物质是一种叫“角蛋白”的蛋白质，由鳞片状或瓦状的角质细胞构成。这一层护膜虽然很薄，只占整个头发的10%～15%，但却具有重要的性能，它可以保护头发不受外界环境的影响，抵御外来的刺激，保护皮脂并抑制水分的蒸发，保持头发乌黑、亮泽和柔韧。

毛表皮膨胀力强，可有效地吸收化学成份，遇碱时关闭毛孔。表皮层有凝聚力并延续了皮质的角蛋白纤维质，可以抵抗外界的一些物理作用与化学作用。角质层变薄的话，头发会失去凝聚力和抵抗力，发质变得脆弱，当阳光从表皮层的半透明细胞膜进入细胞内时，如果发质损伤或分叉，阳光射入时会发生不规则反射，给人一种发质粗糙的感觉。

毛表皮由硬质角蛋白组成，有一定硬度，但很脆，对摩擦的抵抗力差，在过分梳理和使用不好的洗发香波时很容易受伤脱落，使头发变得干枯无光泽。一般所说的头发损伤，即毛表皮损伤。

毛表皮细胞的构造可分为以下三层：

（1）Epicutcile：最外面一层，厚度为10μm的膜，水蒸气可以通过，但水不能渗入。Epicutcile是由多糖类、蛋白质坚固结合而成的，有抗氧化、抗化学药品、抗碱性和亲油性等特点。

（2）Exocutcile：柔软的角质层，包含了许多疏基因氨酸，易吸收，可切断与疏基因氨酸结合的药物。

（3）Endoicutcile：最内侧的一层，这一层的内侧有类似双面胶的细胞膜，可以紧紧黏附在毛表皮上。有亲水性，但耐碱性较弱。

（二）毛皮质

占毛发成分的75%～90%，由柔软的角蛋白构成，是决定着头发性能的重要组成部分。毛皮质位于毛表皮的内侧，由含有许多具有凝结力和决定头发颜色的麦拉宁黑色素的细小纤维质细胞组成。纤维质细胞的主要成份是角质蛋白，角质蛋白由氨基酸组成。蛋白质链互相缠绕，形成原纤维，这些螺旋状微小的原纤维进一步聚集组成小纤维，再由多根螺旋状的小纤维组成大纤维，然后数根螺旋状的大纤维最后结合成肉眼可以看到的纤维体。角质蛋白的链状结构，使头发具有可伸缩的特性，不易被拉断。但头发湿的时候较为脆弱，不当牵拉，容易造成损伤。

毛皮质是头发的主要组成部分，细胞中含有的麦拉宁黑色素是决定头发颜色的关键，中国人的头发是黑色的，这就是因为麦拉宁黑色素较多的缘故，相反欧美人拥有棕色等颜色的头发，是因为头发上的麦拉宁黑色素较少。皮质纤维的多少也决定了头发的粗细。

（三）毛髓质

位于头发的中心，是含有些许麦拉宁黑色素粒子的空洞性的细胞集合体，这些细胞集合体以一至二列并排且呈立方体的蜂窝状排列着。它内部是空心的孔状结构，里面含有空气。这些饱含空气的洞孔具有隔热的作用，而且可以提高头发的强度和刚性，又几乎不增加头发的重量。它担负的任务就是保护头部，防止日光直接照射进来。较硬的头发含有的髓质也多，毛髓体积占毛发的2/3。

二、头发的基本成分和性质

（一）头发的基本成分

头发的基本成分是角质蛋白，角质蛋白由氨基酸组成，它们提供头发生长所需的营养与成份，各种氨基酸原纤维通过螺旋式、弹簧式的结构相互缠绕交联，形成角质蛋白的强度和柔韧，从而赋予了头发所独有的刚韧性能。构成头发的氨基酸中，以胱氨酸的含量最高，可达15.5%，蛋氨酸和胱氨酸的比例为1：15。自然头发中，胱氨酸含量约为15%～16%，烫发后，胱氨酸含量降低为2%～3%，同时出现以前没有的半胱氨酸，这说明烫发有损发质。

毛皮质是毛发的主要成分，由与毛发长轴平行的细长细胞所组成。在这些细胞中有10mm的张力细丝及纤维间基质，这些成分决定了毛发的主要理化性状。细丝由纤维蛋白所组成，其中50%的蛋白质呈螺旋状结构，基质由含有丰富胱氨酸的非螺旋体蛋白组成。这些蛋白质在毛囊下端合成，合成的最后阶段半胱氨酸转变为胱氨酸。

（二）毛发的物理性质与其化学组成有关

将毛发浸泡在水中，很快就会膨胀，膨胀后的重量比未浸泡前的干重高40%左右，这种遇水膨胀现象说明毛发中几乎纯粹是蛋白质成分，而脂质含量很少。

1. 物理性质

头发根部较粗，越往发梢处就越细，所以发径也有所不同，可分一般发、粗发、细发。

（1）头发的形状：可分为直发、波浪卷曲发、天然卷曲发三种。直发的横切面是圆型，波浪卷曲发横切面是椭圆型，天然卷曲发横切面是扁形，头发的粗细与头发属于直发或卷发无关。

（2）头发的颜色：头发的颜色是由发干细胞中颜料的质粒产生的。在皮质中大量颜料质粒产生毛发颜色，在髓质中也有质粒存在。在黑色素细胞内产生的颜料质粒位于真皮树突尖端部位，然后，由像手指状的树突尖转移到新生成的毛发细胞中。这些质粒本身是黑色素颗粒的最终产物，原来是无色的，随着外移，所含色素会逐渐变深。这些质粒是卵圆型或棒状（长0.4～1.0μm，宽0.1～0.5μm）。毛发越黑，质粒越大。黑色人种的质粒比白色人种大而少。头发的色调主要由两种色素构成：真黑色素和类黑色素。真黑色素是黑色或棕色；类黑色素是黄色或红色。两者都是在酪氨酸酶的作用下，经一系列反应由酪氨酸生成的。

（3）头发的吸水性：一般正常头发中含水量约占10%。

（4）头发的弹性与张力：头发的弹性是指头发能拉到最长程度，仍然能恢复其原状的能力。一根头发约可拉长40%～60%，此伸缩率决定于皮质层。头发的张力是指头发拉到极限而不致断裂的力量。一根健康的头发大约可支撑100～150g的重量。

（5）头发的多孔性：头发的多孔性是指头发吸收水分多少，染发、烫发均与头发的多孔性有关。

（6）头发的热度：头发的热度与头发的性质有密切的关系，一般加热到100℃，头发开始有极端变化，最后碳化溶解。

2. 化学性质

（1）头发的主要成分是角质蛋白，约占97%。而角质蛋白是由氨基酸所组成。

（2）东方人发质特性是粗黑硬重，因含碳、氢粒子较大较多，所以颜色深。西方人发质的特性是轻柔细软，因含碳、氢粒子较少，所以颜色较淡。

（3）构成毛表皮的角蛋白质，是由20多种氨基酸成纵向排列。

（4）头发与pH值的关系。头发本身是没有酸碱度的，人们所说的酸碱度是指头发周围分泌物的酸碱度。头发遇碱，表皮层会张开、分裂，头发变成粗糙呈多孔性，不能达到烫整染的效果；遇酸表皮层合拢。头发的自然pH值为4.5～5.5，头发质感佳、有光泽，容易达到烫整染的效果，是最佳健康状态。

三、头发的三个不同生长阶段

头发从毛囊深部的毛球不断向外生长，每根头发可生长若干年，在此期间一般的因素如香波清洗、日晒等，只要不影响毛囊，只是影响毛干的生长，不会影响毛球继续生长头发，直到最后其自然脱落。毛囊休止一段时间后又长出新的头发，这个过程成为发生长周期，头部的每个毛囊从婴儿出生到以后的几十年中，大约可发生 20 多个周期。整个生长周期可分为三个阶段：生长期（anagen phase）、退化期（catagen phase）和休止期（telogen phase），如图 4－12 所示。

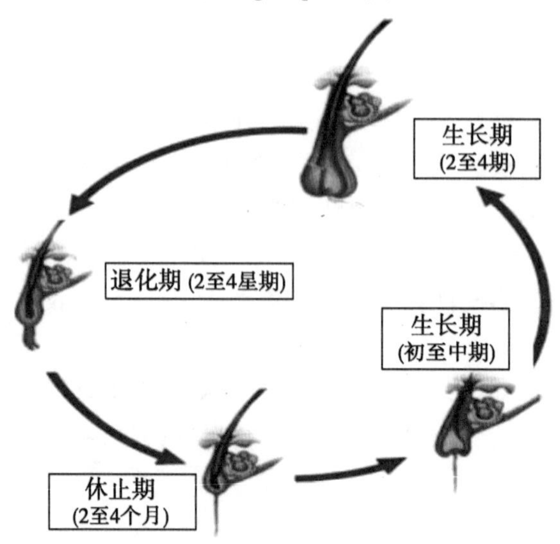

图 4－12　头发的生长周期

（一）生长期（ANAGEN）

也称成长型活动期，生长期可持续 4～6 年，甚至更长，毛发呈活跃增生状态，毛球下部细胞分裂加快，毛球上部细胞分化出皮质，毛小皮；毛乳头增大，细胞分裂加快，数目增多。原不活络的黑色素长出树枝状突，开始形成黑色素。

（二）退化期（CATAGEN）

也称萎缩期或退化期，为期 2～3 周。毛发积极增生停止，形成杵状毛，其下端为嗜酸性均质性物质，周围绕呈竹木棒状。内毛根鞘消失，外毛根鞘逐渐角化，毛球变平，不成凹陷，毛乳头逐渐缩小，细胞数目减少。黑色细胞椎失去树枝状突，又呈圆形，而无活性。

（三）休止期（TELOGEN）

又称静止期或休息期，为期约 3 个月。在此阶段，毛囊渐渐萎缩，在已经衰老的毛囊附近重新形成 1 个生长期毛球，最后旧发脱落，但同时会有新发长出再进入生长期及重复周期。在头皮部 9% ~ 14% 的头发处于休止期，仅 1% 处于退行期，而眉毛则 90% 处于休止期。

四、头发的功能

头发是皮肤的附属器官，具有十分重要的生理功能。

①保护头部。

②缓冲对头部的伤害。

③阻止或减轻紫外线对头皮和头皮内组织器官的损伤。

④对头部起着保湿和防冻作用。

⑤美容作用。

⑥排泄作用，人体内的有害重金属元素如汞，非金属元素如砷等，都可从头发中排泄到体外。

⑦判断疾病，可通过测定头发中锌、铜等微量元素含量的多少，为诊断某些疾病提供依据。

五、头发的损伤

头发的损伤是常见的现象，在头发生长过程中就会发生。一般头发的经时损伤是一种常见的现象，譬如正常生长的头发，在发梢部分毛小皮散失殆尽，表面粗糙丧失光泽，头发受到严重损伤；而在中部头发毛小皮开始局部散失，头发慢慢失去光泽，说明头发开始受到损伤；在根部头发基本没有受到损伤。头发损伤后不及时护理，会导致头发加速损伤，破坏严重，影响生理健康和外在美观。

（一）头发损伤的原因

（1）物理损伤：主要包括梳理、牵拉和刮发等。

（2）化学损伤：主要包括染发和漂白等。烫染造成毛发受损，最主要来自于药水中所含的碱性成分，会破坏蛋白质纤维，导致毛发的蛋白质流失，蛋白质纤维流失后，毛发将出现多孔而无弹性的症状，造型不易维持。

（3）热损伤：热吹风和电烫等。

（4）日光损伤与气候变化：紫外线辐射、潮湿、海水中的盐类、游泳池中的化学物质和空气污染等。

（二）头发损伤的表现

头发受到损伤后，主要会出现以下情况：毛小皮起翘、毛小皮脱落、毛皮质裸露和毛梢分叉等。毛小皮轻度破坏，开始粗糙、失去光泽、不易打理；头发严重破坏，部分毛小皮损失，皮层暴露，头发粗糙呆板。

六、洗发用品及其功效成分

洗发用品是人们日常生活中不可缺少的必需品。洗发用品的英文名称为 Shampoo，译为香波，而今香波已成为人们对洗发用品的习惯称呼了。

洗发的目的在于清除附着在头皮上的汗垢、灰尘、微生物、头屑和臭味等杂物，以便保持头皮和头发的清洁和美观。而今，人们对香波的要求越来越高，从原来单纯期望将头发洗干净，发展到希望香波具有多种功能，如泡沫细而丰富，即使在头皮和污物存在下也能产生致密、丰富的泡沫；去污力好又不使头发过分脱脂，造成头发干涩；易于冲洗，洗后头发爽洁、柔软而有光泽，不带静电，湿梳阻力小，干梳性好，性能温和，对皮肤与眼睛无刺激等。许多香波选用有疗效的中草药或水果与植物的提取液作为添加剂，或采用天然油脂加工而成的表面活性剂，作为洗涤发泡剂等，以提高产品的性能，顺应“回归大自然”的世界潮流。

各种香波在其品质上皆应具有以下性质：

适度洗净力，既能洗去灰尘、污秽、多余的油腻和脱离的头皮屑，又不会脱尽油脂而使头发干燥。

泡沫丰富，稳泡性好，即使在头皮和污物存在下，也能产生致密和丰富的泡沫。

具有良好的干发和湿发的梳理性，洗发后，头发不发粘，能使头发光亮、柔软。

对眼睛、头皮和头发无刺激、无毒性，安全性好，pH 值保持在

6～8.5。

容易从头发上清洗干净。

具有芬芳之香气和悦人的色泽。

单纯的一种香波想要完全达到人们的要求是很困难的，因为有些因素是相互冲突的。只能根据不同类型的头发，在一种产品的配方中进行综合平衡，才能满足各种不同消费者的需求。

（一）洗涤剂（主要表面活性剂）

香波中的洗涤剂利用其渗透、乳化和分散作用，将污垢从头发、头皮中除去。在选择香波用洗涤剂时，主要应考虑以下各方面的因素：

产品的档次和销售对象，以确定最高允许的原料成本；泡沫的高度和泡沫的组织结构；去污能力；对皮肤和眼睛的刺激作用；处理和混合工艺方便可行；与其他原料的配伍性；颜色；气味；纯度；生物可降解性。

在香波的原料中作为洗涤成分的有阴离子、非离子和两性离子表面活性剂，一些阳离子表面活性剂也可作为洗涤的原料，但去污发泡仍以阴离子型为主。

1. 阴离子表面活性剂

（1）脂肪醇硫酸盐（$ROSO_3M$）：这种盐的缩写为 AS。这是香波中最常用的阴离子表面活性剂之一，有钠盐、钾盐、铵盐、一乙醇胺盐、二乙醇胺盐和三乙醇胺盐。AS 有很好的发泡性和去污力以及良好的水溶性，其水溶液呈中性并且有抗硬水性，不足之处是在水中的溶解度不够高，对皮肤、眼睛具有轻微的刺激性。其中以月桂醇硫酸钠（K_{12}）的发泡力最强，去油污性能良好，但低温溶解性较差，由于脱脂力强而有一定的刺激性，适宜于配制粉状、膏状和乳浊状香波。乙醇胺盐具有良好的溶解性能，低温下仍能保持透明，是配制香波的重要原料。就黏度而言，相同浓度下，单乙醇胺盐 > 二乙醇胺盐 > 三乙醇胺盐。常使用的十二烷基硫酸三乙醇胺，缩写为 LST，为浅黄色透明黏稠液体，其性质温和，脱脂力和刺激性都较 K_{12} 低，与其他阴离子和非离子表面活性剂的配伍性好，具有增稠作用，浊点较低，在气候寒冷时保持透明，是制造透明液体香波的主要原料。LST的活性物质含量一般为40% ±2%，pH 值为6 ~7。

（2）脂肪醇聚氧乙烯醚硫酸盐［$RO(CH_2CH_2O)_nSO_3M$］：这种盐的缩写为AES，一般烷基R多为十二烷基，摩尔数 n 为2 ~4，其可溶性以 $n=4$ 时最佳。AES多为钠盐、胺盐，是香波中应用最广泛的阴离子表面活性剂之一。由于AES是脂肪醇加成环氧乙烷（EO），增加亲水基，故AES性能较AS优越，还具有非离子表面活性剂特性，在硬水中仍有较好的去污力。它的刺激性远低于AS，它的溶解性比脂肪醇硫酸钠好，低温下仍能保持透明，适宜于配制液体香波。它具有优良的去污力，起泡迅速，但泡沫稳定性稍差。它的另一个特点是易被无机盐增稠，如15%浓度的脂肪醇聚氧乙烯醚硫酸钠溶液，当NaCl加入量为6.5%时，其黏度可达16Pa·s以上。

（3）脂肪酸单甘油酯硫酸盐［$RCOOCH_2CH(OH)CH_2OSO_3M$］：脂肪酸单甘油酯硫酸盐作为香波的原料已有较长的历史，一般采用月桂酸单甘油酯硫酸铵。其洗涤性能和感觉类似月桂醇硫酸盐，但比月桂醇硫酸盐更易溶解，在硬水中性能稳定，有良好的泡沫，洗后使头发柔软而富有光泽。其缺点是易水解，适合于配制弱酸性或中性香波。

（4）醇醚磺基琥珀酸单酯二钠盐：全称是脂肪醇聚氧乙烯醚磺基琥珀酸单酯二钠盐，简写为MES或AESM或AESS。它是一种磺基琥珀酸盐类阴离子表面活性剂。MES具有良好的洗涤和发泡能力，尤其是对人体皮肤与眼睛的刺激作用极低，比AS、AES等所有阴离子表面活性剂都要温和，是目前肤发清洁用品中极温和的表面活性剂之一，甚至比两性表面活性剂还温和。MES与其他阴离子表面活性剂复配时，可以显著地降低后者的刺激性，特别是与AES复配的效果极好。另外，MES还可以与阳离子表面活性剂（1631、1831等）复配，这是AS、AES所不可能的。MES无毒，生物降解性好、安全性高。MES的不足之处是黏度特性较差，其配制出的化妆品的黏度较难调节。MES为淡黄色透明黏稠液体，其活性物含量多为30% ±2%，pH 值为5 ~6.5。

（5）琥珀酸酯磺酸盐类：琥珀酸酯磺酸盐类是近几年来新开发的新型阴离子表面活性剂，主要有脂肪醇琥珀酸酯磺酸盐［$RCOOCCH_2CH(SO_3M)COOM$］、脂肪醇聚氧乙烯醚琥珀酸酯磺酸盐［$RO(CH_2CH_2O)_nOCCH_2CH(SO_3M)COOM$］和脂肪酸单乙醇酰胺琥珀酸酯磺酸盐［$RCONHCH_2CH_2OOCCH_2CH(SO_3M)COOM$］等。此类表面活性剂普遍具有良好的洗涤性和发泡性，对皮肤和眼睛刺激性小，属温和型表面活性剂；与醇醚硫酸盐、脂肪醇硫酸盐等混合使用，具有极好的发泡性，并可降低醇醚硫酸盐和脂肪醇硫酸盐等对皮肤的刺激性。与其他温和型产品如咪唑啉、甜菜碱等相比，具有成本低、价格便宜等特点。其中特别是油酸单乙醇酰胺琥珀酸酯碳酸盐，具有优良的低刺激性、调理性和增稠性。由于分子中酰胺键的存在，易于在皮肤和头发上吸附而广泛地用于配制个人保护用品。此类表面活性剂在酸或碱性条件下易发生水解，故适宜于配制微酸性或中性香波。

（6）脂肪酰谷氨酸钠［$RCONHCH(COOH)CH_2CH_2COONa$］：脂肪酰谷氨酸钠是氨基酸系列表面活性剂，其母体有两个羧基，通常只有一个羧基成盐。脂肪酰基可以是月桂酰基、硬脂酰基等。由于分子中具有酰胺键，易在皮肤和头发上吸附；又由于带有游离羧酸，可以调节 HLB 值；它在硬水中使用具有良好的起泡能力。这种表面活性剂对皮肤温和、安全性高，可用于配制低刺激性香波。

（7）椰子油单乙醇酰胺磺基琥珀酸单脂二钠盐：该种盐的刺激性比 AES、MES 更低，有良好的配伍性、起泡性和稳定性。有优良的钙皂分散力和去污力，还具有一定的调理性和增稠性，特别适合用于婴儿洗浴液。

（8）烯基磺酸盐：该种盐缩写为 AOS，烯基磺酸盐在硬水中的去污力和起泡性能良好，对皮肤的刺激小，与其他表面活性剂有良好的配伍性，但其产品质量难以控制。现由于技术进步，AOS 的生产有了很大的发展，在国际上（如日本、韩国）已广泛应用于洗衣粉（代替 LAS）和香波（代替 AS、AES），AOS 是有着良好应用前景的一种表面活性剂。AOS 为淡黄色黏稠液体，其活性物含量多为

40%±2%。

（9）N-酰基谷氨酸盐：该种盐缩写为AGA，AGA是氨基酸类表面活性剂中产量最大的，它具有良好的助洗涤去污力，耐硬水，对毛发有亲和性，对皮肤刺激性小，作用温和，毒性低，能与各种阴离子、非离子和两性表面活性剂配伍。AGA的活性物含量一般为30%~40%，其pH值为6~8。

（10）烷基磷酸酯（盐）类：该种盐是由脂肪醇与磷酸反应生成磷酸单酯和磷酸双酯，再与适当的碱中和而得到的一类磷酸酯类表面活性剂。它的性质温和，毒性小，刺激性低，还具有抗静电作用。其乳化性能优良，虽其去污力和润湿性较差，但在香波中可作为温和的洗涤助剂及调理剂。由于这类表面活性剂具有许多优良的性质，在化妆品中愈来愈受到重视，其应用前景将会十分广阔。

除上述阴离子表面活性剂外，还有其他烷基苯磺酸盐、烷基磺酸盐等，但由于其脱脂力强、刺激性大，现代香波已不常利用。

2. 两性离子型表面活性剂

（1）十二烷基二甲基甜菜碱：该种碱简称BS-12，BS-12在任何pH值时都能溶于水，其水溶液的去污力、起泡性和渗透性都很好，抗硬水，生物降解性好。它的刺激性小，性能温和，与阴离子、阳离子和非离子表面活性剂的配伍性良好，还具有调理、抗静电、柔软、杀菌等能力。该种碱为无色或微黄色黏稠液体，其活性物含量多为30%±2%，pH值为6~8。

类似产品还有椰油酰胺丙基甜菜碱（CAB）、羟磺基甜菜碱（CDS），它们均可代替BS-12。

（2）咪唑啉型甜菜碱：该种碱简记为DCM。这是一类性能温和的两性表面活性剂。它具有良好的洗涤力，起泡性强，对皮肤、眼睛的刺激性很小，无毒，生物降解性与配伍性好，耐硬水；还具有抗静电、柔软、分散等性能。它为琥珀色黏稠液体，其活性物含量为40%或50%，pH值为8.54~9.5。

近年来，新型的各种经过改性的两性咪唑啉型表面活性剂不断出现于市场，为化妆品提供了性能温和的优质原料。

（3）氧化胺：氧化胺全称为 $C_{12\sim18}$烷基二甲基氧化胺，缩写为OA。氧化胺性质温和，对皮肤刺激性小，无毒，还有杀菌作用，可与各类型表面活性剂配伍，易生物降解，有良好的稳泡性能和增稠作用，是很有效的增稠剂。氧化胺具有良好的调理作用，在 pH 值小于 8.5 时有良好的抗静电和柔软作用。早在 20 世纪 70 年代，P&G 公司就应用氧化胺配制成了调理香波。目前应用于香波的除 OA-12、OA-18 外，还有月桂酰胺丙基氧化胺。

（4）N-烷基氨基丙酸盐：该种盐为氨基丙酸两性离子表面活性剂。目前国外已广泛应用于香波配方，其性质温和，可与多种表面活性剂配伍，且泡沫性能优于甜菜碱和咪唑啉，如 N-月桂基/豆蔻基-β-氨基丙酸三乙醇胺盐为优选品。

3. 非离子型表面活性剂

（1）烷基醇酰胺：这种表面活性剂是由脂肪酸与烷基酰胺（单乙醇胺、二乙醇胺、三乙醇胺等）经缩合而产生的脂肪醇酰胺。其中一个著名的产品是脂肪醇酰胺，称为尼纳尔（Ninvl）。尼纳尔为淡黄色或琥珀色粘稠液体，具有良好的洗涤性能，特别是能产生稳定的泡沫，故广泛用作稳泡剂。它还具有使水溶液变稠的特性，故也可作为增稠剂。脂肪醇酰胺对电解质、盐、酸很敏感，在 pH 值 8 以下，溶液变混浊成凝胶。另外，它有较强的脱脂性，故其用量应适当，在香波中的用量一般为 1% ~5%。

（2）环氧乙烷缩合物，通式为 $R \cdot O(CH_2CH_2)_nH$：这类产品品种很多，其中包括脂肪醇聚氧乙烯醚、烷基酚聚氧乙烯醚等。这类产品的产量是非离子型表面活性剂中最大的，应用最广，也是非离子表面活性剂应用于香波中最大的一类。它们的去污力好，耐硬水，对皮肤刺激性小，但泡沫力较差，不能单独使用，一般是作为洗涤助剂及香料的增溶剂。用在香波中的这类产品有脂肪醇聚氧乙烯醚，简写为AEO；烷基酚聚氧乙烯醚，简写为 APE。

聚氧乙烯山梨糖醇酐月桂酸单酯是一种优良的非离子型乳化剂和增溶剂，对皮肤、眼睛的刺激性非常小，还可减少其他洗涤剂的刺激性，故可用在温和透明香波和儿童香波中。

4. 调理剂

主要作用是改善洗后头发的手感，使头发光滑、柔软、易于梳理并且梳理后有成型作用。其调理作用是基于这些调理剂在头发表面易被吸附。毛发是氨基酸多肽角蛋白质构成的网状高分子聚合物，从化学结构与性质来说，同系物及其衍生物之间有着较强的亲和性。因此，各种氨基酸、水解胶蛋白和卵磷脂等，都对头发有一定的调理作用。

阳离子表面活性剂，如十八烷基三甲基氯化铵［$C_{18}H_{37}N^{+}(CH_3)_3Cl^{-}$］、十二烷基氧化胺（$C_{12}H_{25}NH_2\rightarrow O$）、十二烷基甜菜碱［$C_{12}H_{25}N^{+}(CH_3)_2CH_2COO^{-}$］等是较早应用于香波中作为调理剂的。

现代洗发香波则多应用阳离子高分子化合物作为调理剂，如阳离子纤维素聚合物（JR-400）、阳离子瓜尔胶（AuAR）、阳离子高分子迪恩普（DNP）、阳离子高分子蛋白肽等。其次是有机硅表面活性剂、羊毛脂类及其衍生物等，都是目前多功能香波的理想调理剂。代表性调理剂有以下几种：

（1）阳离子纤维素聚合物（JR-400），在头发表面具有较强的吸附力，对头发的调理作用非常明显，与阴离子、两性离子和非离子表面活性剂有很好的配伍性。可用在透明的多功能洗发香波中。同时还有一定的增稠作用，一般用量为0.2%～0.5%。

（2）阳离子瓜尔胶（GuAR），有较耐久的柔软性和抗静电性，可赋予头发光泽、蓬松感，与其他的表面活性剂有很好的配伍性。同时还是一种好的增稠剂、悬浮剂和稳定剂，一般用量为0.5%～1.0%。

（3）阳离子高分子迪恩普（DNP），具有抗静电、杀菌和柔软等功能，能赋予头发良好的梳理性和蓬松感，与其他表面活性剂有很好的配伍性，可用于透明香波中。在pH值小于6的弱酸性环境时，它具有明显的吸附性和增稠性，一般用量为0.5%～2.0%。

（4）阳离子高分子蛋白肽，是由天然蛋白质改性制得，对头发有很好的附着性，能赋予头发良好的柔软性和梳理性，保持头发光泽、改善发型并对受损头发有修复功能，一般用量为2.0%左右。有机硅表面活性剂能显著改善头发的湿梳理性和干梳理性，赋予头发抗静电性、润滑性、柔软性和光泽性，对受损头发有修复作用并能降低阴离子表面活性剂的刺激性，一般用量为2.0%～5.0%。羊毛脂及其衍生物能有效地吸附在头发上，形成油脂性膜而起到补充油脂、抑制头发水分散失、使头发有湿润感和润滑作用。洗涤过程中起到加脂作用，能抑制脱脂，洗后头发有光泽、易梳理。

5. 稳泡剂

指具有延长和稳定泡沫性能的表面活性剂，主要有以下几种：

（1）烷基醇酰胺：可算是目前最有效的稳泡剂；

（2）氧化胺：除了具有良好的调理性能之外，还可作为稳泡剂。

6. 增稠剂

增稠剂的作用是用来提高香波的黏稠度，获得理想的使用性能，提高香波的稳定性。常用的增稠剂有以下几种：

（1）无机盐类：在香波的配制中氯化钠、氯化铵等常用盐作增稠剂，尤其脂肪醇聚氧乙烯醚硫酸盐为香波的主要原料时，用盐作增稠剂效果更佳，但其产品的黏度受环境温度影响较大，过分增加盐，会影响产品在低温下的稳定性，即盐的加入不利于产品的耐寒性能，因此盐的加入量要适当。

（2）聚乙二醇脂肪酸酯：聚乙二醇脂肪酸酯也称为脂肪酸聚氧乙烯酯。这是一类非离子型表面活性剂，它与脂肪醇醚或烷基酚醚相比，其渗透力和去污力一般都较差，在化妆品中它常作为乳化剂、增稠剂和珠光剂等。在香波中作增稠剂的有聚乙二醇二硬脂酸酯、聚乙二醇单硬脂酸酯和聚乙二醇二月桂酸酯，其增稠效果较好，但价格较贵。

（3）氧化胺

（4）水溶性胶质原料：黄原胶、角叉胶、羧甲基纤维素钠、羟乙基纤维素和聚乙二醇以及聚乙烯吡咯烷酮等都可作为香波的增稠剂，近年来开发的阴离子增稠剂丙烯酸/聚氧乙烯（20）十八醇醚甲基丙烯酸共聚物（Aculyn22）、丙烯酸共聚物（Aculyn 33）和非离子

增稠剂 C_{10} 聚氨基甲酰聚乙二醇酯（Aculyn44）为多用途增稠剂，特别适合于含有 APG 或去屑剂的特殊香波。

7. 去屑止痒剂

头皮屑是新陈代谢的产物，头皮表层细胞的不完全角化和卵圆糠疹菌的寄生是头屑增多的主要原因。头屑的产生为微生物的生长和繁殖创造了有利条件而致刺激头皮，引起搔痒，加速表皮细胞的异常增殖。因此抑制细胞角化速度，从而降低表皮新陈代谢的速度和杀菌是防治头屑的主要途径。去屑止痒剂品种很多，如水杨酸或其盐、十一碳烯酸衍生物、硫化硒、六氯化苯羟基喹啉、聚乙烯吡咯烷酮-碘络合物以及某些季铵化合物，具有杀菌止痒等功能。目前使用效果比较明显的有吡啶硫酮锌、十一碳烯酸衍生物和 Octopirox、Climbazole（甘宝素又名二唑酮）。

吡啶硫酮锌（ZPT）被公认为高效安全的去屑止痒剂和高效广谱杀菌剂，而且可以延缓头发衰老，减少脱发和产生白发，是一种理想的医疗性洗发、护发添加剂。不过 ZPT 难以单独加入香波基质中，加入后易形成沉淀，出现分离现象，故必须配加一定的悬浮剂或稳定剂才能形成稳定体系，且对眼睛刺激性较大，香波中用量一般为 0.2%～0.5%。

十一碳烯酸单乙醇酰胺琥珀酸酯磺酸钠是一种阴离子表面活性剂，具有良好的去污性、泡沫性、分散性等，与皮肤黏膜等有良好的相容性，刺激性小，和其他表面活性剂配伍性好，是一个强有力的去屑、杀菌、止痒剂，用后还会减少脂溢性皮肤病的产生。其治疗皮屑的机理在于抑制表皮细胞的分离，延长细胞变换率，减少老化细胞产生和积存现象，达到去屑止痒之目的。用量为 2%（有效物）时效果比较明显。

Octopirox 是德国产的一种新水溶性去屑止痒剂，加入香波中不会产生沉淀或分层的现象，其机理是通过杀菌、抗氧化作用和分解过氧化物等方法，从根本上切断头屑产生的外部渠道，从而有效地根治头皮发痒和头屑的产生。其适用 pH 值范围为 5～8，加入量为 0.2%～0.5%。

8. 澄清剂

它是用来保持或提高透明香波的透明度。常用的有乙醇、丙二醇；新型的如脂肪醇柠檬酯等。

9. 赋脂剂

赋脂剂是用来护理头发，使头发光滑、流畅。赋脂剂的原料多为油、脂、醇和酯类，常用的原料有橄榄油、高级醇、高级脂肪酸酯、羊毛脂及其衍生物和硅油等。现对硅油及其衍生物予以介绍。硅油其化学名称为聚硅氧烷，美国 CTFA 并不认为聚硅氧烷是油类物质。由于聚硅氧烷可用多种亲油基或亲水基进行有机改性，从而得到具有良好配伍性和使有机相或水相具有表面活性的各种衍生物。通过官能团种类和数量的选择和控制，可使聚硅氧烷衍生物具有化妆品所需要的各种优良性质，因此它几乎可应用到所有的各类化妆品中，聚硅氧烷正在和将要取代（或部分取代）化妆品中的矿物油、酯、醇、脂肪化合物等有机成分，达到改善产品的功能特性和感觉特性。各类新型聚硅氧烷衍生物的不断涌现和广泛应用于化妆品中，是近年来化妆品开发的一个特点。聚硅氧烷衍生物将在化妆品中占有重要地位，它是一类极有发展前景的化妆品原料。

10. 螯合剂

它是用以防止或减少硬水中钙、镁等离子沉积在头发表面的一种添加剂。常用的螯合剂有乙二胺四乙酸（EDTA）或乙二胺四乙酸二钠（$EDTA\text{-}Na_2$），乙二胺四乙酸四钠（$EDTA\text{-}Na_4$）等。

11. 防腐剂及抗氧剂

防腐剂是用来防止香波受霉菌或细菌等微生物的污染以致腐败变质，常加入的防腐剂有尼泊金甲酯和丙酯或前二者的混合物、布罗波尔、凯松、杰马等。

抗氧剂是用来防止香波中某些成分因受环境的影响进行氧化反应使产品酸变的一类原料，常用的抗氧剂有二叔丁基对甲酚（BHT）、叔丁基羟基苯甲醚（BHA），维生素也是一种优良的天然抗氧化剂。

12. 珠光剂或珠光浆

这是一类使香波产生珠光的原料。透明香波中加入蜡状不溶物并分散其中，则可形成带有闪光与珠光效果的香波。常用的珠光剂有乙二醇硬脂酸酯（一般单酯形成波纹状珠光，而双酯形成乳白状珠光)、聚乙二醇硬脂酸酯，十六醇、十八醇也可配制珠光香波。珠光浆使用方便，常用于冷配香波中。

13. 香精与色素

香波中添加香精对香波具有重要意义，必须依据产品的要求进行精心选择和设计，香波的特性往往是品牌的象征。

香波可配制成无色透明香波或白色乳状香波，此外还可添加合适的色素，使香波具有宜人悦目的色彩，蓝、绿色为首选的色调。

香精和色素的选取，必须符合化妆品卫生标准的规定，选用安全的原料。

14. 护发、养发添加剂

为使香波具有护发、养发功能，通常加入各种护发、养发添加剂。主要品种有维生素类，如维生素 E、维生素 B_5 等，能通过香波基质渗入毛发，赋予头发光泽，保持长久润湿感，弥补头发的损伤和减少头发末端的分裂开叉，润滑角质层而不使头发结缠，并能在头发中累积，长期重复使用可增加吸收力；氨基酸类，如丝肽、水解蛋白等，在香波中起到营养和修复损伤毛发的作用，同时也具有一定的调理作用；中草药提取液，如人参、当归、芦荟、何首乌、啤酒花、沙棘、茶皂素等的提取液，加入香波中除了起营养作用外，有的能促进皮肤血液循环、促进毛发生长，使毛发光泽而柔软，如人参等；有的有益血乌发和防治脱发的功效，洗后头发乌黑发亮、柔顺、滑爽，如何首乌等；有的则具有杀菌、消炎等作用，加入香波中起到杀菌止痒的效果，同时还有抗菌防腐作用，如啤酒花等。

七、微生物酵素护发功效

现有的洗发护发功效评价方法主要围绕头发的力学特性、摩擦作用、静电作用、光泽、损伤评价等方面展开，可以大致分为仪器测定法和感官试验法。北京工商大学植物资源研究开发重点实验室以中加保罗集团公司生产的微生物酵素为原料，应用电子显微镜观察法和感官实验法对微生物酵素的护发功效进行了系统深入地研究。

（一）微生物酵素头发损伤护理特性

1. 头发的预处理

因为在头发上残留了很多油脂、洗发产品、灰尘等物质，所以要做预处理，清洗干净，SLS（十二烷基硫酸钠）是一种很强的表面活性剂，可以很好地清洁头发，方法为：

（1）从活体头发上剪取不经烫染的大于10cm长的头发段，将一端系扎成束，将发束用流水（40℃）浸湿。

（2）取1ml SLS浓度为20%（由上海家化有限公司提供），放在一侧手掌上，加少量水，双手轻轻摩擦以产生泡沫。

（3）用泡沫轻摩擦发束约1min，待泡沫停留2min。

（4）用流水（40℃）冲洗2min，将残留的表面活性剂彻底清洗干净。

（5）在流水下轻轻梳理发束并挤出多余的水分，以免发丝打结，然后室内风干待用。

2. 头发的护理处理

将预处理过的头发分成3组，分别标号1、2、3，固定好。1号不做任何处理为对照组，2号做蒸馏水处理，3号用5%的微生物酵素处理。

（1）将2、3组头发分别用对应的样品彻底浸泡。

（2）将头发用保鲜膜包裹，放入2个烧杯，再放入60℃的水浴锅，水浴30min。

（3）取出头发后彻底清洗干净，晾干。

将头发浸泡样品裹在保鲜膜内水浴30min是为了模拟焗油的效果，因为护理头发是一件长期的事情，不可能洗一次就有很好的效果，所以头发的损伤处理将护理方法和时间变得更有效更长。

3. 头发的损伤处理

梳理可对头发产生损伤效果，所以头发的损伤处理采用梳理损伤的方法。

将护理处理后的头发扎成一束，用长10cm，宽2.5cm，每厘米10个梳齿的梳子进行梳理损伤。发束浸入盛有蒸馏水的大烧杯，再用梳子轻轻梳理，挤出多余水分。正式的梳理过程中，用左手握住发束的根部，右手用尼龙梳子梳理头发。梳发时，每梳 2 ~ 3 下即调整发束的方向，使发束能均匀受力。每梳 5 次，梳子浸入盛有 50ml 蒸馏水的烧杯中搅拌数次，使沉积在梳子上的蛋白碎屑能溶入水中。每梳 20 次，发束也要浸入蒸馏水中并漂洗 5 ~ 10 次，使沉积在发束上的蛋白碎屑入水，梳理 200 次后，清洗干净，晾干。经查阅文献，梳理 200 次是使头发蛋白质损伤的合适次数。

4. 电子显微镜观察

将处理过的头发和对照组剪成约 1cm 长的段，粘在贴有导电胶的样品台上，在喷金台上进行喷金处理，用镊子将喷好金的样品放入电子显微镜工作室，在电脑上进行焦距、高度等数据的调节，调到最佳状态，分别观察 1 000 倍放大倍数下不同样品状态，并记录照片。

利用微生物酵素头发进行损伤前的护理处理，采用扫描电子显微镜（放大 1 000 倍）观察经护理处理后头发表面特征，头发表面特征电子显微镜扫描照片如图 4 – 13 至图 4 – 15 所示：

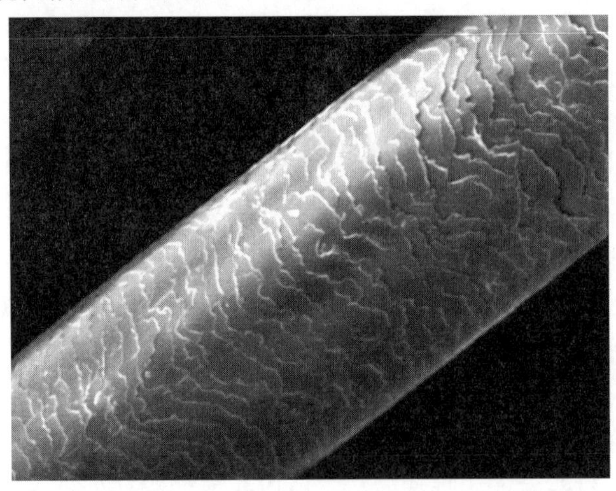

图 4 – 13　不做任何处理的头发电镜扫描图

正常的头发毛鳞片如覆瓦有序排列，可以看出图 4 – 13 正常头发电镜扫描照片上的头发毛鳞片多而整齐，无明显毛鳞片脱落。图 4 – 14 的头发利用蒸馏水护理处理，可以看出，表面的毛鳞片已经大部

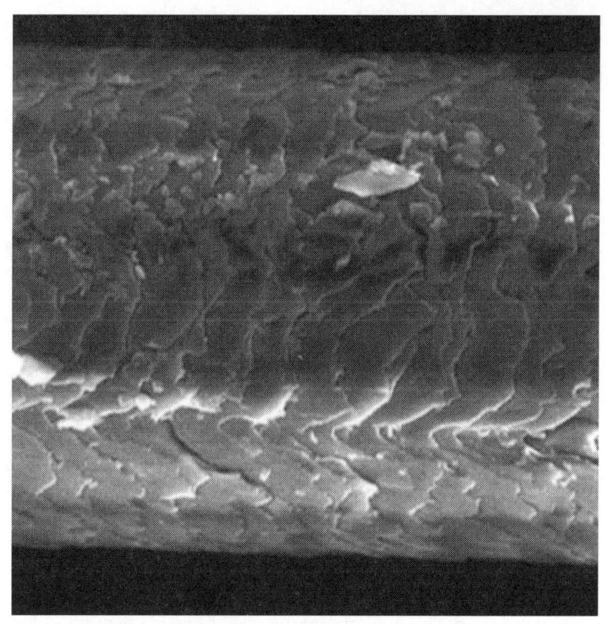

图 4－14　蒸馏水护理处理的头发电镜扫描图

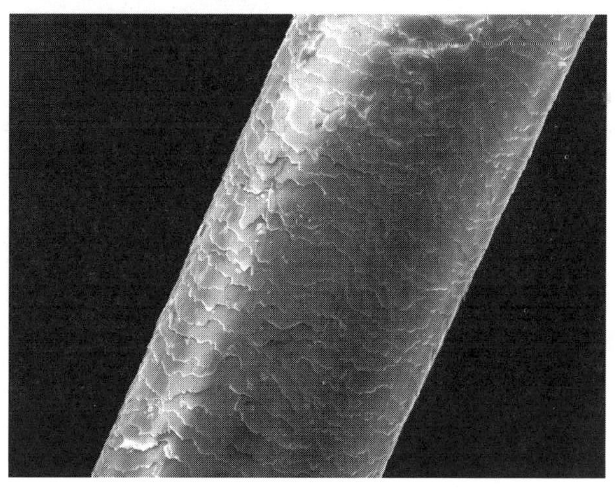

图 4－15　5%微生物酵素护理处理的头发电镜扫描图

分脱落了，毛鳞片不再以瓦状排列，可以明显看到脱落的鳞片碎片。图 4－15 头发经过微生物酵素处理，头发表面毛鳞片仍然排列整齐，没有碎片脱落，基本上没有受到损伤。实验结果表明，微生物酵素对头发损伤起到了非常好的护理效果，原因可能是因为酶蛋白具有成膜性，在头发表面形成了一层薄膜，对头发起到了保护作用。

（二）头发护理感官评价

将含有5%微生物酵素护发素和不含任何功效成分的对照护发素分别发给15名女性志愿者使用，以个人生活习惯，三种护发素分别连续使用5次，以湿梳理性、干梳理性、柔软顺滑性和头发光泽为指标，通过感官来评价护发性能。满分以5分计，5分为效果最好，头发易梳理、柔顺、手感好，依次效果减弱为4，3，2，1分，1分效果最差，梳理时缠结严重，头发粗糙、干涩。结果表明，添加了5%微生物酵素的护发素在湿梳理性、干梳理性、柔软顺滑性和头发光泽方面明显优于空白对照，其中，起作用的成分主要是各类酶蛋白（表4－7）。

表4－7　燕麦蛋白护发功效的人体感官评价

样品	湿梳理性					干梳理性					柔软顺滑性					光泽				
	5	4	3	2	1	5	4	3	2	1	5	4	3	2	1	5	4	3	2	1
对照护发素	8	7					4	9	1	1		4	7	3	1		3	7	2	3
添加5%微生物酵素护发素	11	4				7	7	1			6	6	2	1		7	8			

综合上述实验结果，微生物酵素可以有效保护头发，使头发表面免受损伤，对头发损伤起到了非常好的护理效果，作为功效添加剂应用到护发产品中，可以防治头发缠结严重，头发粗糙、干涩，分叉，使头发光滑亮泽、柔软顺滑，给人以青春靓丽的健康色彩。

第六节　微生物酵素的防腐功效

由于化妆品中富含各种有效成分，而这些有效成分为微生物的生长提供了一个优良的环境，而且化妆品生产和使用过程中难免会有微生物的侵入，这样化妆品不加入某种有抑菌作用的物质时，极易腐败变质，破坏产品的感官，对使用者的健康构成威胁。因此化妆品中必须加入防腐剂。防腐剂是指用于抑制或防止微生物在含水产品中生长并以此防止该产品腐败的一种抗微生物的化合物或复合成分。而化妆品的防腐体系要具有广谱的抗菌性和范围的广泛性，一般它的防腐体系是由若干种防腐剂（和助剂）按一定比例构建而成，其抑菌效能大小又与防腐剂种类和用量，化妆品的特性、组成，pH 值等密切相关。

一、化妆品中的微生物

（一）微生物对化妆品污染的表现

由于化妆品中的原料、添加剂中含有大量的营养物质和水分。这些都是微生物生长、繁殖所必需的碳源、氮源和水，在环境适宜的情况下，即在适宜的温度、湿度等条件下，微生物在化妆品中将会大量生长繁殖并破坏化妆品中的有效成分。受到微生物作用的化妆品就会发生变质、发霉和腐败。化妆品的变质很容易从其色泽、气味与组织的显著变化觉察出来。

1. 色泽的变化

由于有色和无色的微生物生长，将其代谢产物中的色素分泌在化妆品中，如最常见的由于霉菌的作用，使得化妆品产生黄色、黑色或白色的霉斑。

2. 气味的变化

由于微生物的作用产生的挥发物质，如胺、硫化物所挥发的臭气，和由于微生物的作用使化妆品中的有机酸分解产生酸气，这些挥发物质使得经微生物污染的化妆品散发着一股酸臭味。

3. 微生物酶（如脱羧酶）的作用

使化妆品中的脂类、蛋白质等水解，使乳状液破乳，出现分层、变稀、渗水等现象，液状化妆品则出现混浊等多种结构性的变化。

化妆品的变质不仅会导致色、香、味发生变化，质量下降，而且变质时分解的组织会对皮肤产生刺激作用，繁殖的病原菌还会引起人体疾病。

（二）污染化妆品的主要微生物

引起化妆品污染的微生物，主要是致病菌，其中又以病原细菌和致病真菌为主。

1. 病原细菌

（1）革兰氏阳性菌

①葡萄球菌：葡萄球菌是兼性细菌。人体感染金黄色葡萄球菌时引起化脓性炎症、麦粒肿和结膜炎等。

②链球菌：链球菌为兼性细菌。化脓性链球菌可引起猩红热、急性咽喉炎、风湿热和急性肾炎。

③双球菌：肺炎双球菌能引起大叶肺炎、结膜炎。

④芽孢杆菌：炭疽杆菌能引起炭疽病。

⑤梭状芽孢杆菌：破伤风梭状芽孢杆菌是破伤风的病原体。

⑥棒状杆菌：白喉棒状杆菌是白喉病的病原菌。

（2）革兰氏阴性菌

①奈瑟氏菌：脑膜炎奈瑟氏菌引起脑膜炎，而淋病奈瑟氏菌能引起淋病。

②假单胞菌：绿浓杆菌使烧伤病人感染，该菌还可引起肺炎。

③弧菌：霍乱弧菌能引起霍乱病。

④嗜血杆菌：流感嗜血杆菌能引起流感、小儿脑膜炎和慢性支气管炎。

⑤埃希氏杆菌：大肠杆菌是检验化妆品的一个重要生物指标。这种病菌引起腹泻、肾盂肾炎和膀胱炎。

⑥老贺氏杆菌：老贺氏痢疾杆菌是菌痢的病原菌。

⑦分枝杆菌：结核杆菌是结核病的病源菌，还有麻风病分枝杆菌能引起麻风病。

2. 螺旋体

螺旋体和螺菌不同，它是介于细菌与原生动物（原虫）之间的单细胞原核生物，它具有特殊的形状、结构和运动方式，用普通染色方法不易着色，用显微镜可以看见。

（1）色幼氏螺旋体：回归热螺旋体能引起回归热病，而文森氏螺旋体能引起咽炎和牙龈溃疡。

（2）钩端螺旋体：黄疳型出血性钩端螺旋体是黄疳病的病原体。

（3）密螺旋体：梅毒螺旋体是引起梅毒病的病原体。

3. 致病真菌

真菌微生物包括霉菌与酵母菌，在化妆品中能引起致病的真菌有：

（1）表皮癣菌：引起人或动物表皮生癣。

（2）白色念球菌：它可以进入人体呼吸道、胃肠道黏膜，当人身体虚弱时，可引起感染。

（3）新型隐球菌：它是一种酵母型杆菌，可以引起脑膜炎。

此外，真菌也可以引起过敏性反应，其作用与灰尘和花粉所引起的过敏反应是相似的。

在化妆品中对这四种致病菌，即金黄色葡萄球菌、大肠杆菌、绿脓杆菌和沙门氏菌要特别注重进行专门的检测。

另外化妆品会受到霉菌的污染，常见的霉菌为青霉、曲霉、黑根霉和毛霉等。

（三）微生物对化妆品的污染途径

微生物对化妆品的污染一般是通过下列几个途径而发生的：

1. 化妆品的原料

化妆品的许多原料（包括水）是微生物生长繁殖所需要的营养物质，受微生物污染的原料直接影响到化妆品的卫生状况。

2. 化妆品的生产设备

化妆品的生产设备，如搅拌机、灌装机等设备的角落、接头处，微生物极易隐藏在其中，而使化妆品带上微生物。

3. 化妆品的生产过程

若在生产过程中，工艺要求的消毒温度和时间不够，未能将微生物全部灭除，另外上岗操作工人卫生状况不良等都可使化妆品产品污染上微生物。

4. 化妆品的包装容器和环境

化妆品的包装物，如瓶、盖等若清洗、消毒不彻底，很易藏有微生物；生产、包装场所不符合卫生净化空气要求，也都会使微生物污染上化妆品。

微生物对化妆品在制备过程中的上述种种污染称为化妆品的微生物一次污染；而在化妆品使用过程中，由于使用不当等造成的微生物污染称为化妆品的微生物二次污染。

（四）化妆品中微生物的控制指标

微生物对化妆品的污染，不仅影响产品本身的质量，而更严重的是它危及消费者的健康和安全。因此世界各国极为重视，各国都制定了化妆品中微生物的卫生标准，将化妆品中微生物污染的状况作为产品的一个质量指标，以防止和控制微生物对化妆品的污染，这对提高化妆品的质量和保证化妆品的安全性具有重要的意义。

关于化妆品中微生物的控制指标，世界上并无统一标准，各国都是依据本国的情况自己制定，表4－8列举了一些国家（包括欧洲共同体）的化妆品的微生物指标。

表4－8 一些国家化妆品的微生物指标

化妆品	美国（CTFA）	英国（TPE）	欧洲共同体（EEC）	日本	中国
儿童用化妆品	活菌数不超过500cfu/g（ml）不得含有致病菌	100cfu/g（ml）	100cfu/g（ml）	100cfu/g（ml）	500cfu/g（ml）
眼部化妆品	活菌数不超过500cfu/g（ml）不得含有致病菌	100cfu/g（ml）	100cfu/g（ml）	100cfu/g（ml）	500cfu/g（ml）
其他化妆品	活菌数不超过500cfu/g（ml）不得含有致病菌	1000cfu/g（ml）	1000cfu/g（ml）	1000cfu/g（ml）	1000cfu/g（ml）

关于化妆品的微生物指标，有如下两点需要说明：

第一，在各国关于化妆品中微生物控制指标的第一项是细菌总数指标，如我国规定在眼部、口唇、口腔黏膜用化妆品以及婴儿和儿童用化妆品细菌总数不得大于500个/ml或500个/g，其他化妆品细菌总数不得大于1 000个/ml或1 000个/g。它是指单位容积（ml）［或单位重量（g）］中的细菌个数，这里讲的细菌计数单位是个。而在实际检测化妆品的细菌总数时，活的细菌总数是通过对检测试样处理后，在一定条件下培养生长出来的细菌菌落形式单位（colony forming units，以cfu表示）的个数，如表4－7中的以cfu等表示。

第二，在各国关于化妆品中微生物的第二项指标是，化妆品中不得含有致病菌。关于致病菌的定义，在微生物学中应是很清楚的，但其内涵所包括的细菌是很广的。而在化妆品中的微生物这项指标中，所指的致病菌应是特定和确定的细菌。特定菌（special microorganism）是化妆品中不得检出的特定微生物，包括致病菌和条件致病菌。有关特定菌的确定，目前世界尚无统一规定，各国有所不同。如美国规定的特定菌就有10种：大肠杆菌、克雷伯氏菌、沙门氏菌、变形杆菌、绿脓杆菌、金黄色葡萄球菌、嗜麦芽假单胞菌、多嗜假单胞菌、无硝不动杆菌、粘质沙雷氏菌；欧洲一些国家和日本规定的特定菌为3种：绿脓杆菌、金黄色葡萄球菌、大肠杆菌（日本为大肠菌群）；世界卫生组织WHO规定的特定菌为2种：绿脓杆菌和金黄色葡萄球菌；中国规定的特定菌是3种：绿脓杆菌、金黄色葡萄球菌和粪大肠菌群。中国与欧洲一些国家和日本规定的特定菌相同。

二、化妆品防腐体系的建立

为了消除化妆品的微生物二次污染，主要手段是在化妆品中加入杀菌剂或称为防腐剂的一类物质，以杀死和抑制污染后的微生物的繁殖，起着防止化妆品腐败变质的作用。

（一）化妆品常用防腐剂的种类与特性

许多化学物质具有抗菌效果，但用于化妆品的并不多。根据美国FDA和CTFA提供的数据，用于化妆品防腐剂的种类约有110～120种，其中化合物40多种，衍生物20多种，复合防腐剂约50种，中国用的大概是60多种，而各地使用最多的防腐剂是对羟基苯甲酸酯类。通常，防腐剂使用的浓度越高，效果越好。防腐剂用量高时可以直接杀死微生物，用量适当则可抑制微生物的生长，但防腐剂用量过高会导致人体产生过敏反应。防腐剂加入产品时还应考虑它是否在新体系中有良好的稳定性和长效性。因此在各种化妆品配方中，要考虑影响防腐剂效能的诸多因素。

针对不同的化妆品，所使用的防腐剂也是不同的。随着生产技术的不断改进和提高，防腐剂的种类也越来越多，现列表4－9如下：

表 4-9　化妆品中常用的防腐剂及其特性

名称	作用范围	使用浓度	溶解性	最佳 pH 值	稳定性	共容性/钝化作用
对羟基苯甲酸（甲、乙、丙、丁）酯	主要抗真菌和革兰氏阳性细菌，对假单胞菌的作用差	按最大的溶解度使用	水溶性差	约 8.0	好	与非离子和阳离子表面活性剂不共容
苯甲醇	抗细菌	1.0% ~ 3.0%	1g/25g 水	5 以上	缓慢氧化苯甲醛；低 pH 值时脱水	可能被非离子表面活性剂钝化
对氯间二甲酚	抗细菌、真菌和酵母	0.2% ~ 0.8%	水溶性差，溶于醇和乙二醇	4 ~ 9	在广泛的物理、化学条件下稳定	与一些阳离子表面活性剂不共容；被某些非离子表面活性剂所钝化
苯氧基乙醇	作用范围广，对革兰氏阴性菌特别有效	0.5% ~ 2.0%	在水中为 2.4%；可与醇混合	pH 限广	完全稳定	可能稍微被非离子表面活性剂钝化；与阴、阳离子表面活性剂共容
布罗波尔（Bronopol）	对革兰氏阳、阴性菌均有效	0.01% ~ 0.05%	水溶性极佳	4 ~ 8	对碱、光和热不稳定	与非离子表面活性剂和蛋白质相容，与金属接触有失活、着色现象
季胺-15（Dowicil-200）	对革兰氏阴、阳性菌均有效	0.1% ~ 0.2%	溶于水	4 ~ 10	好	与阴、非离子表面活性剂、蛋白质和许多化妆品原料配伍性好
咪唑烷基脲	对革兰氏阴、阳性菌均有效（包括绿脓杆菌）	0.1% ~ 0.5%	溶于水	4 ~ 9	不挥发，贮藏稳定	与各种原料的相容性好，能与非、阴离子表面活性剂和蛋白质配伍
脱氢醋酸	抗细菌、酵母和真菌	0.02% ~ 0.2%	钠盐很溶于水；酸不溶于水	5 ~ 6.5	pH 值高，活动性降低	遇铁化物退色
山梨酸	抗霉菌和酵母	0.03% ~ 0.10%	稍溶于水；溶于很多有机物	2.5 ~ 6.0	稳定	pH 值 6.2 以上不活动
卡松	对细菌、真菌和酵母均有效	0.003% ~ 0.1%	易溶于水、醇，不溶于油。	1 ~ 9	室温稳定期一年	可与其他原料配伍
甘油单月桂酸酯	抗革兰氏阳性菌、酵母菌、真菌和包有类酯的病毒	0.1% ~ 1.0%	溶于植物油、丙二醇和异丙醇；不溶于水和矿物油	小于 6.0 和大于 7.5 的范围内功效最好	在通常贮存条件下稳定	与大多数乳化剂共容；乙氧基化和丙氧基化非离子可使其钝化
重氮烷基脲	对假单胞菌、细菌、霉菌、酵母菌和变异革兰氏阴性菌均有效	0.03% ~ 0.3%	易溶于水	3 ~ 9	40℃ 以下稳定	能与所有化妆品拼料共容

续表

名称	作用范围	使用浓度	溶解性	最佳 pH 值	稳定性	共容性/钝化作用
羟甲基海因	作用范围广，对酵母不太有效	0.25%	溶于水	4.5~9.5	温度稳定性达 85℃	未发现不共容性
二羟甲基二甲基海因	作用范围广，对酵母不太有效	0.15%~0.4%	溶于水和乙醇	3~9	在广泛 pH 值范围内和温度达 80℃均稳定	未发现不共容性

早期使用的防腐剂主要有尼泊金酯类、苯甲醇、烷基二甲基苄基铵氯化物、对氯间二甲酚、苯氧基乙醇、布罗波尔（Bronopol，2-溴-2-硝基丙烷-1，3-丙二醇）、季胺－15（Dowicil-200，六亚甲基四胺衍生物）、杰马-115（Germall-115，咪唑烷基脲）、脱氢醋酸、山梨酸和卡松等。这些防腐剂至今很多仍在使用。另外现在使用的还有甘油单月桂酸、布罗波尔、Germall Ⅱ、羟甲基海因、季胺－15 等，其中尼泊金酯类、咪唑烷基脲、脱氢醋酸、山梨酸、甘油单月桂酸酯、布罗波尔、Germall Ⅱ、二羟甲基二甲基海因和季胺－15 等都是化妆品高效抗菌防腐剂。目前最常用的防腐剂是对羟基苯甲酸酯类、咪唑烷基脲、苯氧基乙醇和卡松。中国《化妆品卫生标准》中对 66 种防腐剂在化妆品组分中限制了含量和使用生产化妆品的种类以及条件。

（二）防腐剂作用的一般机理

防腐剂对微生物的作用在于它能选择性地作用于微生物新陈代谢的某个环节，使其生长受到抑制或致死，而对人体细胞无害。

1. 抑制微生物细胞壁的形成

防腐剂抑制微生物细胞壁的形成是通过阻碍形成细胞壁的物质的合成来实现，如有的防腐剂可抑制构成细胞壁的重要组分肽聚糖的合成，有的可阻碍细胞壁中几丁质的合成，有的则破坏细胞壁的结构，使细胞破裂或失去其保护作用，从而抑制微生物生长以至死亡。

2. 影响细胞膜的功能

防腐剂破坏细胞膜，可使细胞呼吸窒息和新陈代谢紊乱；损伤的细胞膜导致细胞物质的泄漏而使微生物致死。如苯甲醇、苯甲酸、水杨酸等物质，则是通过损害正常细胞的蛋白质结构而使细菌死亡。

3. 抑制蛋白质合成或者使蛋白质改性

防腐剂在透过细胞膜后与细胞内的酶或蛋白质发生作用，通过干扰蛋白质的合成或使之变性，致使细菌死亡。如链霉素、庆大霉素等，则是由于对细菌具有干扰其蛋白质合成作用，成为一种优良的抗菌素；如硼酸、苯甲酸、山梨酸等的作用，可使细胞内蛋白质变性；如醇类、醛类易使蛋白质凝固沉淀，而具有抗菌的作用。

（三）防腐体系的建立

1. 防腐剂的选择原则

虽然防腐剂在化妆品中的用量很少，但它却起着重要的作用。因此在确定使用哪种防腐剂时，必须考虑到化妆品组成原料的物理、化学性质，考虑到微生物因素以及其他多种因素。化妆品的理想防腐剂，应具有如下性能：

（1）广谱的抗菌活性。防腐剂的抗菌效率一般以最低抑菌浓度（Minimal Inhibition Concentration）来衡量，简称 MIC。MIC 越小，抗菌活性越大。防腐剂的 MIC 是由实验方法求得，具体操作为将防腐剂加入液体培养基中，用等系列稀释法稀释防腐剂成不同浓度的液体，注入管中，然后接种微生物并进行培养，观察微生物生长情况，选择微生物未生长的各管中含防腐剂最低的管浓度，即为最低抑菌浓度。最低抑菌浓度较小的防腐剂具有较强的抑菌效能。同一防腐剂对不同菌种有不同的 MIC。表 4－10 为一些常见防腐剂的最低抑菌浓度。

表 4－10　一些常见防腐剂的最低抑菌浓度

防腐剂	最低抑菌浓度（MIC 值）/（μg/ml）			
	葡萄球菌	假单胞菌	其他革兰氏菌	霉菌和酵母菌
苯甲醇	>3 200	3 200	>3 200	>3 200
苯甲酸	100	1 600	1 600	800
甲醛	100	200	100	200
尼泊金甲酯	>3 200	3 200	800	1 600
尼泊金乙酯	700	1 000	1 000	400
尼泊金丙酯	500	800	1 000	200
尼泊金丁酯	150	200	200	200

续表

防腐剂	最低抑菌浓度（MIC 值）/（μg/ml）			
	葡萄球菌	假单胞菌	其他革兰氏菌	霉菌和酵母菌
Bronidox	50	100	50	200
Bronopol	25	25	25	3 200
Dowicil 200	200	>1 600	400	>1 600
Germall 115	800	>1 600	800	>3 200
Germall Ⅱ	100	250	200	400
Kathon CG	12.5	12.5	6.25	12.5
Glydant	291	291	727	>3 200
Glydant plus	188	250	188	125
Oletron	0.01	>1 000	0.25	30
玉洁新 DP 300	0.01	>1 000	1.0	30
杰马 B	200	200	300	800
杰马 B-E	200	250	350	600
杰马 C	200	200	200	80
桑普 G	150	200	300	800
桑普 HG	250	100	250	800
桑普 LGP	150	150	150	150
桑普 MIT	100	150	200	900

（2）良好的配伍性。在化妆品中防腐剂与各种类型的表面活性剂和其他组分配伍时，应有良好的互溶性，并保持其活性，不会由于防腐剂的添加引起乳状液黏稠度改变，或不会分离出水相而有利于微生物生长。例如，一些早期的防腐剂，如酚类衍生物和季铵化合物等与非离子表面活性剂配伍时，就会失去活性，而起不到防腐效果。

（3）良好的安全性。防腐剂显然应是无毒性的、无过敏性和对皮肤无刺激的，即防腐剂在使用浓度下保证对消费者是安全的。

（4）良好的水溶性。因为微生物是在水相中生长繁殖，故防腐剂只有在水相中溶解的部分，才可以起到抗菌作用，所以防腐剂应是水溶性的，即在有效浓度下防腐剂应易溶于水，而起到抑菌灭菌作用。

（5）良好的稳定性。防腐剂对温度、酸和碱应该是稳定的。

（6）良好外在性状防腐剂在使用浓度下，应是无色、无臭和无味的。

（7）成本低。防腐剂应较容易制得且价格低廉。

2. 影响化妆品防腐剂活性的因素

（1）浓度。防腐剂浓度愈高，活性愈强。各种防腐剂均有其不同的有效浓度，一般要求产品中防腐剂的浓度略高于其在水中的溶解度。

（2）溶解度。防腐剂在水中的溶解度愈低，其活性愈强，因为微生物表面的亲水性一般低于溶剂系统，这样有利于微生物表面防腐剂浓度的增加。

（3）pH 值。通常认为防腐剂的作用是在分子状态而不是在离子状态。pH 值低时防腐剂处于分子状态，所以活性就强。如苯甲酸，只有在 pH 值低于 4 时才保持酸的状态，其有效 pH 值在 4 以下，如酚类化合物的酸性较弱，所以能适用较广的 pH 值范围。

（4）种类和数量。微生物种类愈多，数量越大，需要防腐剂浓度也愈高。尽管在配方中加入防腐剂可起到防腐的作用，但在制造过程中仍应注意环境的清洁，减少带入微生物的可能性。

（5）拮抗作用

① 化学作用。即防腐剂与配方中某一成分发生化学反应而降低以至消失其活性，如氨对甲醛，硫醇对汞化物，金属盐对硫化合物，磷脂、蛋白质、镁、钙、铁盐等对季铵化合物。

② 物理作用。即配方中某一成分影响了防腐剂在水中的溶解性，从而消弱了其作用。例如，少量的表面活性剂可增加防腐剂透过细胞膜的能力，有增效作用，但表面活性剂量大而形成胶束时，可对防腐剂增溶，降低了防腐效能。另外表面活性剂可与防腐剂形成氢键等结构，也会改变防腐剂溶解性能。

③ 生理作用。即配方中某一成分所起作用恰好与防腐剂的作用相反。

三、微生物酵素抑菌防腐功效

北京工商大学植物资源研究开发重点实验室以中加保罗集团公司

生产的微生物酵素为原料，采用液体培养法，对最常见的导致化妆品腐败菌——大肠杆菌、铜绿假单胞菌、金黄色葡萄球菌的抑制效果进行了测定，2%微生物酵素溶液对大肠杆菌、铜绿假单胞菌、金黄色葡萄球菌的抑制率分别为：19.21%、33.20%和38.01%。实验结果表明，微生物酵素有一定的抑菌防腐功效，微生物酵素作为功效成分添加到化妆品中，不仅可以起到护肤美容的作用，同时，还有抑菌防腐效果，可以减少化妆品中防腐剂的添加量，可以减少由于防腐剂而带来的皮肤过敏和刺激作用。

第七节　微生物酵素的美容实用技术

一、合理使用酵素系列化妆品

1. 眼部护理

眼睛也是需要呵护的精灵。特别是女人的眼睛，就像是两颗纯净的心，它流露着女人的喜怒哀乐。所以根据眼部特殊的原因要使用特殊的保养品。

（1）酵素眼霜：酵素眼霜的使用。在彻底清洁肌肤后，取绿豆大小的酵素眼霜于两个无名指指腹，相互揉搓，给酵素眼霜加温，使之更容易被肌肤吸收。轻轻沾拍在眼睛的周围，按内眼角→上眼皮→外眼角→下眼皮的顺序轻轻打几圈，可放松眼部肌肤并帮助眼霜吸收。

（2）酵素眼霜的亲密伙伴——酵素眼膜：敷酵素眼霜之前使用酵素眼膜能够使眼部肌肤得到更好的滋润。如果单靠敷酵素眼膜，取下后眼部肌肤会有紧绷感。敷酵素眼膜之前，最好能够先用热毛巾热敷一下眼睛，再从眼角涂向眼尾敷上酵素眼膜，对于眼部的循环会更加理想。

【眼部常见问题与解答】

Q：是不是一个酵素眼霜就可以解决所有眼部肌肤的问题?

A：这是不可能的，只是由于眼部肌肤所产生的问题是由各种不同的原因所造成的，所以也需要不同的产品解决。如果你的眼部有许多问题，如：黑眼圈与眼袋，那你就可以搭配两种产品交替使用，白天使用酵素淡化眼圈产品，晚上则使用酵素眼袋调理霜。这样一段时间后就很有很好的效果。

Q：酵素日霜可以替代酵素眼霜吗？

A：酵素日霜或许能使你皮肤滋润、保湿、柔软和娇嫩，可它不能解决黑眼圈、眼袋或红肿等问题。还有就是对于敏感性皮肤还可能造成不良的影响。因为眼部护理产品是根据眼部特殊的肌肤状况设计的特殊配方。

Q：眼部卸妆时应注意那些事项？

A：在化妆棉上沾满眼部酵素卸妆水，然后由上往下先卸睫毛膏，最后使用酵素眼霜。

Q：为什么眼睛需使用特殊保养品？

A：眼睛周围的皮肤脆弱且复杂，上下眼睑部位的皮肤分为七层，每一层都比脸部的皮肤更薄、更细。此外，这部位的组织结构松散缺乏油脂，因此易肿胀而产生泡眼、眼袋等现象。正因为眼睛周围如此脆弱，所以一定要使用眼霜。

Q：如何才能防止眼袋的形成呢？

A：当配戴隐形眼镜的时候，不要拉下眼皮，可轻轻拉高上眼皮，更不能养成揉眼睛、眯眼睛、眨眼睛的坏习惯。早、晚要涂酵素眼霜，早上可用有紧肤效用的眼部酵素眼霜，晚上则使用能补充水分的滋润性酵素眼霜。

Q：很不幸地眼袋已形成，我该怎么办呢？

A：滋养防护酵素眼霜，能有效舒缓眼部肿胀，紧致肌肤，改善幼纹。其高效保湿成分能够增加眼部 130% 的滋润度，使疲惫的双眸立即恢复清新滋润。

Q：酵素眼膜什么时候敷最有效呢？

A：泡澡时借着热气，能够加速血液循环。睡觉前敷让养分在你睡觉的时候发挥作用。切记不能敷着眼膜睡觉，否则一旦眼膜中的精华液全部挥发了，会带走肌肤中的水分。

Q：油脂粒可以挤吗？

A：最好不要，油脂粒通常自己会代谢掉的。

Q：出现油脂粒是因为使用了高营养成分的眼霜？

A：内在因素和外在因素都可能导致油脂粒的出现。内在因素，即身体内分泌失调，致使眼周肌肤油脂分泌过多，同时又没有得到及时彻底的清洁，导致出现一颗颗小的油脂粒。外在因素，即使用的护肤品过于油腻，使皮肤滞留下许多未被完全吸收的营养。

Q：用了好眼霜常常就会长油脂粒，用一般的眼霜又解决不了眼周干燥、缺水的状况，该怎么办？

A：并不是好的眼霜用了都会长油脂粒，选择那些水质的营养酵素眼霜，配合精华素类的酵素眼膜，就会解决你的问题。

Q：怎样去除鱼尾纹？

A：在日常保养中，建议你选用可以补充水分的酵素眼霜，同时进行一些按摩手法，刺激血液循环，增强肌肉，促使皮肤更新。手指从鼻梁处起向眉毛下面移动，然后经过面颊顶部，反复进行。

Q：如何祛除眼角细纹？

A：消除眼下皱纹先在眼皮、眉毛和太阳穴抹上酵素眼霜，然后手指轻按在双眼两侧，接着用力把皮肤和肌肉朝太阳穴方向拉，直到眼睛绷紧为止，双眼一闭一张连续六次，然后松手，重复四次，约一分钟的时间。

2. 面部护理

面部护理的一般程序：洁面乳－面膜－洁面乳液－乳液。

手洗净后挤出适量的酵素洁面乳于手心，放入几滴水搓出泡沫，把泡沫涂 T 区并用指腹画圈式清洁，再到脸颊。清洁按摩的时间不能过长，3～5min 就好，时间太长会把脸部揉出的污垢又揉回去。最后，用水把酵素洁面乳清洗掉。

使用酵素面膜时，应先从眼睛部位开始，轻轻贴于整个脸部，在肌肤与面膜之间不留有任何气泡，把空气阻隔在外，让酵素面膜与脸部肌肤完全贴合。敷酵素面膜约 15min 后即可取下，以温水冲洗。如果你的肌肤“又累又渴”或属于特别干燥的类型，可以多敷 5～10min，以达到期望效果，可是尽量不要超过 30min。

刚敷完面膜时，应涂些酵素乳液，防止水分一接触空气就蒸发掉了，以增长酵素面膜使用后的水嫩效果。

春夏交替，酵素面膜能让每一寸肌肤晶莹剔透，让你成为靓眼伊人。

【面部护理常见问题与解答】

Q：我的皮肤是油性的，一般不用化妆品，最近脸部开始起皮了！我该怎么办？

A：油性的皮肤虽然皮脂分泌比较多，但也容易出现缺水的现象，补充水分对任何类型的皮肤都是非常重要。使用补充水分的酵素面膜和酵素保湿乳液，或者经常向脸上喷些水。可以自己准备一个小喷雾瓶，灌一些白开水和纯净水在里面，经常向脸上喷一喷，效果也很不错。

Q：我的皮肤总是非常油，洗过脸之后 1 ~ 2h 用纸巾按一下额头和鼻尖，就会有油迹，我每天至少洗脸 3 ~ 4 次，有时候还用吸油纸，可是情况不但没有改善，而且越来越糟，我到底应该怎么办？

A：你的皮肤是属于非常油性的，也许是因为过度清洁或是选用了不恰当的护肤用品。过度清洁皮肤会使皮肤出油的情况更严重。酵素洗面奶能够有效地调节油脂平衡。

Q：我的脸上经常出现红红的小疹子，尤其是眼睛和嘴巴的周围，不知道是什么原因，有什么办法能对付它们吗？

A：长红疹是油性皮肤容易出现的问题，眼睛和嘴的周围皮肤薄，抵抗能力强，容易出现这样的现象。如果是因为油脂分泌旺盛造成的，治疗的办法就很简单，只要在睡觉之前用温和不刺激的酵素洗面乳将脸洗干净，不要涂抹任何护肤品，一般一两天之后就会痊愈。

Q：油性皮肤在夏季应该使用哪些护肤品呢？

A：夏季，皮肤的护理、清洁与平衡最重要，它不同于中性或者干性皮肤，所以选择护肤品的时候，要注意不能混用。全套的酵素护肤品就是很不错的选择哦！

Q：黑头是因为没有彻底清洁肌肤才出现的吗？

A：黑头是油脂硬化阻塞物，出现的原因是由于皮肤中的油脂没有及时排出，时间久了油脂硬化阻塞毛孔而形成。鼻子是最爱出油的部位，不及时清理，油脂混合着堆积的大量死皮细胞沉淀，就形成了小黑点。所以，清除过剩油脂和控油是关键。

Q：挤压就可以去除黑头吗？

A：适度的挤压可以算是去除黑头的方法之一。但是过分刺激反而使得肌肤的油脂分泌腺加速分泌更多油脂，就像我们挤压一个油棕果一样，力度越大出油越多。挤压还会给细嫩柔弱的肌肤带来更严重的伤害——毛孔粗大和疤痕。

Q：黑头可以一次根除吗？

A：众所周知，任何事物都有一个新陈代谢的周期，黑头也不例外。根除黑头要有耐心，已老化的黑头被清除几天后，新的黑头又在生成，这种新陈代谢的周期需要配合特别日常护理才会被慢慢根治。

Q：怎样去除讨厌的黑头呢？

A：可以每周定期专门做 1 ~ 2 次去角质和吸油酵素面膜，可以达到深层净化的效果。

Q：都说鼻贴去黑头很有用，但会使毛孔粗大，是真的么？

A：的确有很多使用者有这种抱怨。所以鼻贴不可做得过于频繁。而且做过鼻贴之后一定要用能强化收敛毛孔的酵素收敛水，以免毛孔扩大。

Q：我的肌肤这么油，只要洗干净，就不需要涂任何护肤品了？

A：这是很多油性肌肤的人士都会有的想法。洗面奶只能去除油分并不能持久控油。而且即便油性肌肤也需要保湿，因为紫外线、空调间会在不知不觉之中，夺取肌肤大量的水份。所以油性肌肤选择一款质地清爽无油，既能控油又能保湿的酵素乳液，还是非常必要的。

Q：痘印如何能去除？

A：痘痘如果没有伤及真皮层，其痘印还是可以消退的。但如果伤及真皮层留下疤痕，想消除则较困难了。用含有 BHA 或酵素的面霜，例如酵素晚霜，可以加速含有受损的角质及早代谢，从而达到淡化痘印的作用。最重要的是预防，在痘痘刚萌生时，就尽快将它消灭。这样就不会由于痘痘变大而产生明显的痘印了。

Q：我到底是用一种好还是用一个完整的去痘系列好？

A：这要看痘痘的状况。如果痘痘很多，那应该使用一整套酵素抗痘系列。但如果只是偶尔发几颗痘痘，则只需要用一种局部使用的特效的酵素抗痘凝胶。

3. 颈部护理

鉴于颈部皮肤皮脂分泌少，持水能力差，容易干燥等种种特点，保湿、滋润理所当然成为我们护理颈部皮肤的重中之重。每天洁面的同时，不要忘记清洁颈部，为颈部皮肤能够吸收更多的营养扫清障碍。肌肤清洁之后涂抹酵素颈霜。酵素颈霜含有让颈部皮肤紧致、滋润和抗老化的成分，每天早晚坚持使用，可延缓颈部皱纹的出现。

按摩不仅能够舒解疲劳，还能帮助颈部的血液循环，促进皮肤的新陈代谢，可令颈部皮肤紧致，提升颈部轮廓，减少颈部皱纹的产生。不过由于颈部皮肤的肤质薄、弹性差，对其按摩时，动作一定要轻柔，力度适中，否则将会起到适得其反的作用。

我们将酵素颈霜颈部涂抹均匀，双手由下而上交替提拉颈部。用食指、中指对颈部自下而上做螺旋式按摩。用双手的食指和中指，置于腮骨下的淋巴位置，按压约一分钟，做排毒按摩。头部微微抬高，利用手指由锁骨起往上推，左右手各做 10 次。利用拇指及食指，在颈纹重点地方向上推（切忌太用力），约做 15 次。

4. 手部护理

手部常被人誉为女人的第二张脸，如果你想让自己的玉手像脸蛋一样容光焕发，那么，日常的保养可是非常关键哦。

手接触的东西多，无论从卫生的角度讲还是从手自身的保健看都应及时清除手部的污物、灰尘等。洗手必需要注意方法，应用温水、或冷热水交替使用。过热的水使手的皮肤干燥变粗，过凉的水又不能完全洗净手上的污垢。手部清洁之后，要用柔软干爽的毛巾细心擦干，特别是指间、甲沟等处不遗留水渍，否则将为细菌生长提供滋生地。然后在手心、手背、手指和指甲上都涂抹酵素护手霜。

涂酵素护手霜时认真按摩双手，使手指变细，皮肤细嫩。按摩时可先从手背开始，轻轻画螺旋形直到手指，活动每一个手指，特别是关节处。指尖和指缝也不可错过，上下按摩10次以上；用一只手的拇指按摩另一只手的手掌，从手掌到肘部画螺旋形按摩。

每星期两次深层洁净手部肌肤，可以帮助漂白肌肤、清除死皮及促进新陈代谢。然后搽适量酵素护手霜，可滋润与补充手部肌肤水分。搽润酵素手膜包裹约十分钟，透过热力加强手部肌肤吸收营养物质，令双手恢复柔滑润泽。

【手部护理常见问题与解答】

Q：经常做饭，如何护理手部？

A：女性的双手，最容易泄露年龄的秘密。尤其经过了冬春两季，湿度的下降会导致双手肌肤变得粗糙甚至蜕皮、爆裂。夏天，想恢复完美无瑕的纤纤玉手，你需要做的功课就来了。首先要进行的是深层清洁。选择酵素手部乳液，按摩手背和掌部，酵素能深层洁净皮肤，去除死皮和促进细胞新陈代谢。接着进行手部按摩涂搽较油性的滋润型酵素护肤膏于手背上的指节及粗糙位置，可软化粗糙皮肤与关节位，还能充分滋润防护。再混和酵素护手霜和手部按摩油按摩双手。之后是深层护理，涂上酵素手膜后，用保鲜纸、热毛巾或棉手套包裹约十分钟，有助巩固皮下组织和深层滋润肌肤。最终就是完美保护。涂搽防皱酵素润肤霜，加强润泽肌肤及锁紧已经吸收的养分，让双手皮肤迅速恢复娇嫩柔滑。

Q：不知为什么，近段时间，我的每个手指甲周围都长有一些一条条的小刺，似乎又像脱皮的样子？

A：这种情况多由局部的摩擦等原因所致，注意手部的保护和护理，不要撕扯，以免引起感染。手上长倒刺，可将双手经常放在温热的橄榄油（用微波炉加热）中浸泡，如果还不见好转，应及时补充维生素 B_6 或维生素C。

Q：我的手老是干干的，很粗糙，如何护理手部皮肤呢？

A：每周用酵素护手霜调涂在双手慢慢揉搓，不仅可以去死皮，持续下去可使双手慢慢变细。同时洗手后尽量不要忘记涂酵素护手霜。另外，也可以每晚在热水中加少许盐，将双手在水中浸泡五分钟，之后擦干涂上酵素护手霜，坚持下去你的手就会慢慢变细变软的！

5. 头发护理

洗发前先将头发完全梳顺，有助于防止清洗时头发打结断落。

把头发由头皮至发尾用温水完全浸湿。取适量酵素洗发液倒于手心，不要直接倒在头皮上。在酵素洗发液中加入水分后搓揉成泡沫状，再分成头皮和头发两部分清洗。

用指腹在头皮上来回按摩，促进头皮的血液循环，清除老废角质与油污。然后用温水将头发充分清洗干净。将酵素护发素均匀涂抹在头发上，以增加头发的弹性和保护膜。以温水仔细冲洗头发，因为冲洗不干净对发质的伤害很大。以干毛巾轻轻按压发丝，千万不要粗鲁地用力摩擦脆弱易断的发丝。

【头发护理常见问题与解答】

Q：冬日气候干燥，头发很容易起静电，怎样才摆脱头发静电带来的烦恼呢?

A：要赶走静电，得先解决头发干燥问题。选用保湿度高的酵素洗发水，根据自己发质特点，保持一周 3 ~ 7 次的洗发频率，这样不仅能保持发丝的清洁卫生，减少对面部皮肤的污染，还大大削弱了因为颗粒物摩擦而造成的静电问题。

Q：天天洗发，对头发有伤害吗?

A：专家提出天天洗头发，可以洗出更健康的头发。因为优质的酵素洗发水能彻底清除头发上残留的汗水、油垢和污垢，保持头发的干净，同时酵素洗发水中的滋润柔顺成分还能在发丝表面形成一层保护膜，抚平翻上翘的毛小皮，保持头发滑爽润泽让秀发柔顺且易梳理。

Q：头发老打结怎么办?

A：对于长发美女来说，最引以为傲的焦点也的却总是被难于打理而烦恼着。确实，长发总是容易纠结交缠在一起，造成断发损伤，秀发就会失去柔顺的流畅完美的感觉。在使用酵素洗发水之前在长发发梢的部分先抹上一些酵素护发素，防止头发在清洗过程中绞在一起，这样再进行清洗，就不会使长发纠缠，免去了断发的苦恼。

Q：在烫发或染发之前，应该做什么准备，会让头发少受伤害?

A：在染发或者烫发前一段时间使用能够补充水分的酵素洗发水，让你的秀发水润光泽。从发根到发尾处要多使用酵素护发素。在正式染发或者烫发前，最好剪除已经被伤害或脆弱部分头发，并提前1～2周开始做护发准备，增强头发本身的强度和抵抗力。这不仅仅是减少头发在染发和烫发期间受到的伤害，也是增加染后头发光泽度和弹性的好方法。只有这样，染过或者烫过的头发才能获得最好效果。

Q：为什么会有头皮屑？头皮屑形成的原因是什么？

A：头皮屑主要有两种形式，一种是分泌过多的皮脂和污秽尘埃等混在一起，干了以后就成了头皮屑；另一种就是头皮表层脱落的角质细胞。

二、酵素DIY（Do it yourself）

1. 酵素面膜DIY

（1）酵素之苹果面膜

①制作方法：将苹果去皮捣泥后加入蛋清和少量酵素，搅拌均匀后涂于脸部，15～20min后用热毛巾洗干净即可。隔天1次，一个疗程为20d。

②美容功效：皮肤变得细滑、滋润、白腻，同时又有消除皮肤暗疮、雀斑和黑斑等功效。

（2）酵素之柠檬面膜

①制作方法：将一个鲜柠檬榨汁后加入清水并加入少量酵素，再加入三大匙面粉调成面膏状，随后敷在脸上，15～20min左右取下，用清水洗净脸部。每天1次，7d为一个疗程。

②美容功效：皮肤变得清爽、润滑、细嫩，长期坚持能延缓皮肤衰老。

（3）酵素之黄瓜面膜

①制作方法：取鲜黄瓜汁加入奶粉、蜂蜜适量，风油精、酵素少许调匀后涂面，20～30min后洗净。

②美容功效：此面膜具有润肤、增白、除皱的作用。同时还具有提神醒目之功效。

（4）酵素之番茄面膜

①制作方法：先将番茄压烂取汁，加入适量蜂蜜，调匀后加入少量酵素和面粉调成膏状，涂于面部保持 20～30min 后，用热毛巾洗干净。

②美容功效：皮肤变得柔软而且更加有弹性，长期使用还有祛斑除皱和治疗皮肤痤疮等功效。

（5）酵素之草莓面膜

①制作方法：牛奶 100ml，草莓 50g，捣烂如泥，加入酵素调成糊状，涂擦面部，保留 20min 钟后洗去。

②美容功效：此法可防止皮肤干燥、老化，使皮肤光滑、湿润、细腻。

（6）酵素之蜜桃面膜

①制作方法：蜜桃去皮后，切块并捣成泥状，加入适量牛奶，调匀后加入少量酵素调成膏状，涂于面部保持 20～30min，用清水洗净。

②美容功效：此法长期使用，可增加皮肤的活力弹性，使皮肤变得清爽润滑，细腻洁白。

（7）酵素之土豆面膜

①制作方法：将土豆蒸熟、捣泥，加入少量酵素，在土豆泥加上橄榄油搅匀，趁热涂抹在面部，待冷却后洗净。

②美容功效：这款面膜有滋润功效，使面部白嫩，光润。

（8）酵素之香蕉面膜Ⅰ

①制作方法：香蕉去皮后，切块并捣成泥状，加入适量蜂蜜，调匀后加入少量酵素调成膏状，涂于面部保持 15～20min，用清水洗净。

②美容功效：香蕉面膜具有天然的果酸，有保湿润泽的美肤之功效，而且还具有不错的保湿效果。

（9）酵素之香蕉面膜Ⅱ

①制作方法：香蕉皮捣烂成糊状后加入少量酵素，搅拌均匀敷于面部，15～20min 后用清水洗去。

②美容功效：此方法可使皮肤清爽滑润并可去除脸部痤疮与雀斑。这种方法适合任何一种皮肤，一周一次，可软化角质净白皮肤。

（10）酵素之绿茶粉面膜Ⅰ

①制作方法：在绿豆粉（1匙）中加入白芷粉（2匙）搅拌后，再加入绿茶粉（1匙）和少量酵素混合。将做成的酵素绿茶粉面膜敷盖整个脸部，再铺上一层微湿的面纸，停留在脸上约5～10min后，用冷水或温水洗净。

②美容功效：皮肤变得柔软而且更加有弹性，有明显的除痘功能。

（11）酵素之绿茶粉面膜Ⅱ

①制作方法：在面粉（2匙）中加入蛋黄搅拌后加入少量酵素，再加入绿茶粉（1匙）混合，将做成的绿茶面膜敷盖整个脸部，再铺上一层微湿的面纸，停留在脸上约5～10min后，用冷水或温水洗净。

②美容功效：超级美白祛痘（强力推荐、效果很好）。

（12）酵素之山药面膜Ⅰ

①制作方法：先将番茄粉（1匙）、酵素（少量）、山药粉（1匙）加凉饮用水搅匀敷脸，15min后用温水洗净。

②美容功效：它性质温和，是一种具有祛斑兼美白双重功效的抗皮肤老化面膜，相当适合25岁以上的女性使用。

（13）酵素之山药面膜Ⅱ

①制作方法：将山药粉加牛奶和酵素调成糊状。洗净脸后将混合的敷料涂于脸上，15min后用清水洗净。

②美容功效：山药能帮助抑制黑色素形成并防止皮肤快速老化松弛，夏天的话一个礼拜可以敷个3～4次，美白首选。

（14）酵素之薏仁粉面膜

①制作方法：薏仁粉、绿豆粉、将它们以1∶1混合，加入少量酵素，将之均匀的搅拌均匀涂抹于脸上，大约敷上15～20min后，用水清洗。

②美容功效：面部变得白皙，脸部还会变得瘦瘦的。

（15）酵素之杏仁粉面膜

①制作方法：将杏仁粉和食盐充分混和，加入适量水和酵素，调成糊状，敷于面部。大约 10～20min 后，当杏仁糊半干时，冲洗干净。

②美容功效：杏仁中含有大量低脂蛋白，可以有效滋养肌肤，有一定的美白效果，加入盐的作用是为了收敛肌肤和减少肌肤容易过敏的反应。

2. 酵素精华液 DIY

（1）酵素之维生素 C 精华液

①制作方法：将维生素 C 粉末、酵素和水加入空瓶中，摇晃均匀、充分溶解之后，即可使用。早晚取适量（约 0.5ml）维生素 C 美白精华液抹于脸部与颈部肌肤，可特别加强于斑点处。

②美容功效：美白淡斑、紧实除皱、预防肌肤老化晒伤、收缩毛孔。

（2）酵素之杏仁精华液

①制作方法：把蜜蜡（8g）、硬脂酸（1g）、甜杏仁精华油（40g）和葡萄籽油（20g）放进 250 毫升烧杯中，以 65℃水加热到完全溶解。蒸馏水也加热到 65℃，然后放入硼砂（1g），搅拌到完全溶解。搅拌，再温度降到 45℃的时候再加入玫瑰花露水（20g），继续搅拌均匀，冷却后加入酵素（1g），最后装进面霜盒中即可。洁面后，取适量的酵素杏仁蜜霜轻轻涂抹于脸部和颈部，按摩皮肤。用面纸或是化妆水擦拭干净，然后用温水清洗干净就可以上妆了。

②美容功效：皮肤变得细滑、滋润、白腻，同时又有消除皮肤暗疮、雀斑和黑斑等功效。

（3）酵素之茶花精华液

①制作方法：将乳果木油脂（2g）、山茶花油（5ml）、甜杏仁油（13ml）、乳化蜡（3g）和维生素 E（2ml）放入玻璃杯中混合，加热至 70℃。将蒸馏水加热至 70℃，再放入玻璃杯中，继续加热 5 分钟左右。用迷你搅拌器将混合液搅拌 10～15min。加入酵素（0.5g）橙花精油（10 滴）和薰衣草精油（10 滴），然后将成品放入已消毒的

容器中就完成了。

②美容功效：具有软化肌肤角质和强化肌肤保护的作用，可以让肌肤红润。

3. 沐浴露 DIY

（1）酵素之橄榄油沐浴液

①制作方法：将 1/4 杯橄榄油和 4 茶匙砂糖，混入一杯鲜椰浆内，加入少许酵素，拌匀后即可作为沐浴露。

②美容功效：橄榄油滋润皮肤，椰浆可以美白，而砂糖更有磨砂功效，能够有效地去除角质。

（2）酵素之杏仁牛奶沐浴液

①制作方法：杏仁粉 1 大勺，甜杏仁油 20ml，牛奶 100ml。在牛奶中加入杏仁粉和酵素，充分搅拌，再加入甜杏仁油，然后倒入浴缸中再入浴。多余的部分可放置在密封容器中，在冰箱中可保存一周。

②美容功效：此法能滋润皮脂分泌不旺、干燥粗糙的皮肤，解决身体肌肤的平衡稳定并为之带来弹性。

（3）酵素之柠檬沐浴液

①制作方法：把 2 个鲜柠檬榨汁后加入少许酵素，放入浴水中，浴后全身清爽无比。

②美容功效：皮肤产生光泽，更因有香味，使人感到芳香，解除一天的疲劳和紧张，特别在夏季，效果更好。能促进血液循环，净化排毒，酵素有白皙肤质的美肤效果。

（4）酵素之绿茶沐浴液

①制作方法：先冲泡一杯绿茶，然后将茶水倒入浴缸或浴盆中，补充适量热水至适宜温度后加入适量酵素后便可入浴。

②美容功效：可消脂减肥、健美皮肤、增强弹性等，浴后有一股茶香味，从内到外抵抗氧化。酵素有抗氧化作用，可以增进肌肤抵抗力，洗完后感觉肌肤紧致了一些，皮肤上的细纹也光滑了许多，据说还能促进排素排水、美体塑形。

（5）酵素之生姜沐浴液

①制作方法：先将生姜切成薄片，阴干 3 ~ 4d 后加水煮热，隔渣

取生姜水，待冷却后加入酵素。洗澡时加入适量酵素姜水浴液。

②美容功效：泡澡后血气畅通，面色红润，还可以促使血液循环加速、末梢血管活络，达到燃烧脂肪、瘦身的作用。

（6）酵素之柚子皮沐浴液

①制作方法：用刀把柚子皮白色部分分离开来，再把白色的果皮切成细丝放在烧杯中（没有烧杯的话可以用陶瓷或不锈钢器皿代替）。加入 0.5ml 乳酸或加入 0.5g 柠檬酸，再加 200ml 水，直接放在火上，煮大约 10min。过滤白色果皮等杂质和提取液。接着再加入 200ml 左右的水清洗残渣，使滤液总量达 400ml。过滤液趁热时加入硼酸 8g，使其溶解。

滤液温度冷却到 40℃以下时，加入 40ml 酒精、40ml 甘油。待冷却后加入 5g 酵素。

②美容功效：自制的酵素柚子皮沐浴液不仅省钱，而且美容功效超级棒！

（7）酵素之牛奶沐浴液

①制作方法：在牛奶中加入适量蛋清 、酵素配比、蜂蜜，混合调匀，加入精盐（去角质），慢慢地擦遍全身。之后用清水洗净。

②美容功效：这个方法很舒服，持续两周时间，你的全身肌肤将变得如婴儿般柔嫩、光滑、细腻，而且充满了迷人光泽。

参考文献

[1] 康白．微生态学原理．大连：大连出版社，1996
[2] 贾士芳，郭兴华．活菌制剂的现状和未来——重点以乳酸菌活菌制剂为例加以分析．生物工程进展，1999（16）：16～26
[3] 叶嗣颖．医学微生物学中的微生态学问题．中国微生态学杂志．1998（10）：253～255
[4] 杨洁彬．乳酸菌——生物学基础及应用．北京：中国轻工业出版社，1996
[5] 杨景云．医用微生态学．北京：中国医药科技出版社，1997
[6] 张篪，郑海涛，杜小兵，张蕾，朱彤，陈进超．我国广西巴马县长寿老人肠道双歧杆菌的研究．食品科学，1994（177）：47～49
[7] 曹郁生，刘兰，洪亦武，黄筱萍．双歧杆菌厌氧连续培养技术研究．中国乳品工业，2001（29）：4～6
[8] 邓一平，王跃，胡宏．双歧杆菌及表面分子对胃黏膜糖蛋白的黏附作用．中国微生态学杂志，2000（12）：192～195
[9] 房志仲，杨金荣，李璐，朱学慧，严海泓．凝结芽孢杆菌对大鼠降糖作用的实验研究．中国微生态学杂志，2001（13）：257～259
[10] 葛诚．微生物肥料生产应用基础．北京：中国农业出版社，2000
[11] 郭兴华．中国乳酸菌研究之我见——参加第六届国际乳酸菌学术讨论会有感．生物工程进展，2000（20）：6～7
[12] 郭兴华．第十三届国际悉生生物学会学术讨论会——内容及发展方向．实验动物科学管理，2000（17）：51～54
[13] 康白．促菌生研究总结报告．大连医学院学报，1984（6）：1～16
[14] 魏华，徐锋，徐玉琴等．鼠李糖乳杆菌的生物学特性及发酵性能的研究．食品与发酵工业，2001（27）：11～15
[15] 吴铁林，白日彭，骆稽西，张剑君，杨长青，王伯青，赵华福．地衣芽孢杆菌20386株特性及其生态制剂的研究．中国微生态学杂志，1990（2）：1～12
[16] 杨桂苹．丁酸菌的生物学功能研究．中国微生态学杂志，1998（10）：306～310

[17] 杨洁彬，郭兴华．乳酸菌——生物学基础及应用．北京：中国轻工业出版社，1999

[18] 张雪平，陆俭，傅思武，肖在滢，罗武英．酪酸菌与双歧杆菌对肠道致癌的体外生物学拮抗作用．中国微生态学杂志，2001（13）：260～262

[19] 郑芝田．胃肠病学．北京：人民卫生出版社，2000

[20] 包士三．细胞因子在肠道黏膜免疫中的重要作用．上海免疫学杂志，2001（21）：133～135

[21] 陈兴华．丽珠肠乐对中风便秘40例临床疗效观察．中国微生态学杂志，1995（7）：43～44

[22] 邓燕杰，袁会敏．乳杆菌与滴虫性阴道炎的关系研究进展．中国微生态学杂志，1999（11）：381～382

[23] 顾瑞霞，伊萌．乳杆菌抗肿瘤特性的研究进展．中国微生态学杂志，1999（11）：253～255

[24] 黄光华，黄欣，魏虹，蔡宝珍．微生态制剂“妈咪爱”治疗母乳性黄疸的临床观察．中国微生态学杂志，2000（12）：30～31

[25] 姜天俊，虞爱华．米雅BM细粒治疗感染性腹泻48例．中国微生态学杂志，1999（11）：6

[26] 李惠仙．丽珠肠乐对老年人心源性肝硬化的疗效观察．中国微生态学杂志，2000（12）：72～73

[27] 李娅琳，唐晓丹，周新芝，龙毓灵．双歧杆菌对肝硬化患者的疗效观察．中国微生态学杂志，1999（11）：18

[28] 曲陆荣，刘芝芬，富丽，刘勇．乳杆菌活菌胶囊制剂治疗细菌性阴道病62例与灭滴灵对照41例临床结果观察．中国微生态学杂志，1999（11）：90～91

[29] 赛红，康白．微生态调节剂及细菌类生物反应调节剂抗肿瘤作用的研究进展．中国微生态学杂志，1999（11）：61～63

[30] 颜玉，赖绍彤，鲍秀琦，王艳凤，杨景云．肠道菌群调整对肝硬化病人血浆一氧化氮和内毒素水平影响．中国微生态学杂志，1998（10）：36

[31] 张达荣，董晓旭，包幼甫．肠易激综合征患者服用酪酸梭菌制剂后肠道菌群状况．中国微生态学杂志，1999（11）：164～166

[32] 李亚杰，赵献军．益生菌对肠道黏膜免疫的影响，动物医学进展，2006（27）：38～41

[33] 沈同，王镜岩．生物化学．北京：高等教育出版社，1990

[34] 蔡谨，孟文芳．生命的催化剂——酶工程．杭州：浙江大学出版社，2002

[35] 鹤见隆史著，刘雪卿译．超级酵素．台北：世茂出版集团，2005

[36] 陈彦甫，神奇的酵素．台北：台湾福地出版社，2005
[37] 刘玮，张怀亮．皮肤科学与化妆品功效评价．北京：化学工业出版社，2005
[38] 董银卯．化妆品配方设计与生产工艺．北京：中国纺织出版社，2007
[39] 祁广建，沈国英，刘鹏春．化妆品中四种常见防腐剂的高效液相色谱测定．色谱，1994，12（6）：445～446
[40] EnzoSottofattori. 用 HPLC 法同时测定化妆品乳膏中的多种成分. 国外分析仪器，2000，（1）：49～51
[41] 刘青，陈文锐，吴宏中等．气相色谱法测定化妆品中的防腐剂苯甲醇和苯氧基乙醇．检验检疫科学，2002，12（1）：34～35
[42] 董银卯主编．化妆品配方工艺手册．北京：化学工业出版社，2005
[43] 杨亚军，林莉，丁家宜，刘峻，程艳．天然活性物美白功效的细胞生物学研究．日用化学工业，2002，32（3）：19～21
[44] 董建军．防晒与防晒化妆品的配方设计．食品与药品，2005，7（12A）：62～64
[45] 于淑娟．防晒剂的发展综述．日用化学工业，2005，35（4）：248～251
[46] 王腾凤，王新权，梁晓宇，林英光．祛痘化妆品祛痘功效评价方法的研究．日用化学品科学，2004，27（12）：21～24
[47] 赵晓斌，钱红．超氧化物歧化酶人工细胞（AC～SOD）在化妆品中的应用研究．日用化学工业，1995，（5）：6～8
[48] 徐燕莉．表面活性剂的功能．北京：化学工业出版社，2000
[49] 闫世翔．化妆品科学（上、下册）．北京：科学文献出版社，1995
[50] 裘炳毅．化妆品化学与工艺技术大全（上、下册）．北京：中国轻工业出版社，1997
[51] 王培义．化妆品－原理·配方·生产工艺．北京：化学工业出版社，1999
[52] 余克全等．抗衰老化妆品原料．日用化学工业，1999（4）：62～63
[53] 徐良，步平．美白祛斑化妆品及其未来发展．日用化学工业，2001（2）：42～45
[54] 毛培坤．新机能化妆品和洗涤剂．北京：中国轻工业出版社，1993
[55] 李东光主编．实用化妆品生产技术手册．北京：中国轻工业出版社，1998
[56] Knowlton，J. *et al*，Handbook of Cosmetic Science and Technology，Elsevier Advanced Technology，Oxiford，1993，397～434
[57] 孙爱兰，谭天伟，朱中伟．谷胱甘肽和壳聚糖美白活性的研究. 日用化学工业，2004（4）：270～272
[58] 汪昌国，金抒，李华山．皮肤美白剂进展．日用化学工业，2002（4）：

56 ~ 60

[59] 朱卫，蔺国敬，张贵民．个人洗护用品配方原理及应用技术（Ⅰ）——洗发香波的配方原理及其性能评价．日用化学工业，2004（5）：323 ~ 326

[60] Dupuis，J. *et al*，Quality and legistration，in Chemistry and Technology of the Cosmetics and Toiletries Industry，Williams，D. F. eds，Blackies Academic & Professional，London，1992，302 ~ 314

[61] 孙爱兰，谭天伟，朱中伟．谷胱甘肽和壳聚糖美白活性的研究. 日用化学工业，2004（04）：270 ~ 272

[62] 汪昌国，金抒，李华山，皮肤美白剂进展．日用化学工业，2002（04）：56 ~ 60

[63] 朱卫，蔺国敬，张贵民．个人洗护用品配方原理及应用技术（Ⅰ）——洗发香波的配方原理及其性能评价．日用化学工业，2004（05）：323 ~ 326

[64] 张丽卿．化妆品检验．北京：中国纺织出版社，1999

[65] 白景瑞，腾进．化妆品配方设计及应用实例．北京：中国石化出版社，2001